20

新知

文库

XINZHI

Biological Weapons:
From the Invention of
State-Sponsored Programs to
Contemporary Bioterrorism

生物武器

从国家赞助的研制计划
到当代生物恐怖活动

[美] 珍妮·吉耶曼 著 周子平 译

生活·讀書·新知 三联书店

图书在版编目（CIP）数据

生物武器：从国家赞助的研制计划到当代生物恐怖活动 /（美）吉耶曼著；周子平译．—2 版．—北京：生活 · 读书 · 新知三联书店，2016.5 （2021.4 重印）
（新知文库）
ISBN 978－7－108－05657－3

Ⅰ．①生…　Ⅱ．①吉…　②周…　Ⅲ．①生物武器－世界
Ⅳ．① E931

中国版本图书馆 CIP 数据核字（2016）第 049175 号

责任编辑　徐国强
装帧设计　陆智昌　鲁明静　康　健
责任印制　董　欢
出版发行　生活 · 讀書 · 新知 三联书店
（北京市东城区美术馆东街 22 号 100010）
图　　字　01-2007-1402
网　　址　www.sdxjpc.com
经　　销　新华书店
印　　刷　北京隆昌伟业印刷有限公司
版　　次　2009 年 7 月北京第 1 版
2016 年 5 月北京第 2 版
2021 年 4 月北京第 4 次印刷
开　　本　635 毫米 × 965 毫米　1/16　印张 18.75
字　　数　230 千字
印　　数　17,001－20,000 册
定　　价　38.00 元
（印装查询：01064002715；邮购查询：01084010542）

新知文库

出版说明

在今天三联书店的前身——生活书店、读书出版社和新知书店的出版史上，介绍新知识和新观念的图书曾占有很大比重。熟悉三联的读者也都会记得，20世纪80年代后期，我们曾以“新知文库”的名义，出版过一批译介西方现代人文社会科学知识的图书。今年是生活·读书·新知三联书店恢复独立建制20周年，我们再次推出“新知文库”，正是为了接续这一传统。

近半个世纪以来，无论在自然科学方面，还是在人文社会科学方面，知识都在以前所未有的速度更新。涉及自然环境、社会文化等领域的新发现、新探索和新成果层出不穷，并以同样前所未有的深度和广度影响人类的社会和生活。了解这种知识成果的内容，思考其与我们生活的关系，固然是明了社会变迁趋势的必需，但更为重要的，乃是通过知识演进的背景和过程，领悟和体会隐藏其中的理性精神和科学规律。

“新知文库”拟选编一些介绍人文社会科学和自然科学新知识及其如何被发现和传播的图书，陆续出版。希望读者能在愉悦的阅读中获取新知，开阔视野，启迪思维，激发好奇心和想象力。

生活·读书·新知三联书店

2006 年 3 月

目 录

1 前言

1 导论

1 第一章 生物媒介和疾病传播

24 第二章 英国与细菌战 军事科学的无情进展

44 第三章 第二次世界大战中的美国 工业规模和秘密

65 第四章 秘密分享与日本的生物武器计划 （1934—1945）

85 第五章 以核武器规模为目标 冷战与美国的生物战计划

109 第六章 尼克松的决定

131 第七章 苏联的生物武器计划

151 第八章 生物恐怖活动与扩散的威胁

174 第九章 国家安全与生物武器威胁

196 第十章 生物武器 制止扩散

219 参考书目

前　言

当前人们对生物武器及其用于生物恐怖活动的可能性十分关注，本书的目的是对之提供一个历史背景。国家赞助的生物武器研制计划的历史比大多数人所了解的要深广得多。20 世纪期间主要大国（法国、日本、英国、美国和苏联）研制生物武器的计划极为隐秘，以至许多文件至今仍未公开。1972 年，随着《生物武器公约》（Biological Weapons Convention，BWC）的签订，国家性的研究计划中止了，或者说在那之后变得更为隐蔽了。除了一个例外，国家的研制计划从未导致生物武器在战争中应用。1939 年到 1945 年期间，日本军队曾在自然暴发的幌子下偷偷地在中国传播鼠疫和霍乱。即使如此，世界上还没有出现过在战场上相互使用生物武器或空投细菌炸弹。1945 年以后直到冷战结束，核武器的威胁超过了生物武器。这之后，未经检验过的生物武器又成了一种新形式的威胁，在技术上它看来比核武器或化学武器都更容易获得。

生物武器没有怎么在战争中使用并不是因为缺少国家研制计划中所要投入的大量人力和资金。提倡使用生物技术制造新型武器的人开始时是设想研制模仿化学武器散播霉雾的运载系统，这主要是一种能产生雾气的炸弹，旨在杀伤某一局部地区的军队。这种构想很快就被制造巨大的细菌云团的想法所取代了，这种云团可随风飘散，使数千平方公里内的人受到侵染。相信生物武器未来前景的科学家及文职和军事领导者们认为它们有实现全面战争（total war）目的的潜力，即大量杀伤或削弱敌方平民。常有人问生物武器如何有别于其他杀伤性武器，回答是，它们是唯一明言旨在杀伤没有防卫力量的人和动植物的武器，在现代战争中战场上的实际威力不大。

我们生活在由现已废止的国家研制计划（特别是美国和苏联的）的技术积累所形成的后果的时代，在发达的工业国家中全面战争理论已是过时的理念，但是世界上针对平民的总体暴力威胁依旧存在。分析冲突的框架已转移到有限制的地区冲突以及在某些时候宗教或民族的极端分子与全球恐怖活动的勾结，对一些小国可能得到和使用全面战争技术的担心在增长。20 世纪 80 年代，我们看到生物武器向南非和伊拉克这样的世界冲突热点地区转移，如果生物武器在这些地方得以成功地研制，民族和种族间的敌对就可能导致这种武器的大规模使用。20 世纪 90 年代，在麻原彰晃邪教的身上我们看到对世界末日预言的看法转向了对生化武器的试验，最终导致了 1995 年东京地铁沙林神经毒气的袭击事件。

本书首先旨在解释生物武器受到 1925 年的《日内瓦议定书》（Geneva Protocol）的禁止之后，科学家和政界领导人能够调动资源研制这种武器的不同历史背景，其中包括第一次世界大战后那段时期法国和日本所持的特殊立场、第二次世界大战中英国和美国对科学家的征用，以及由冷战因素所推动的美国和苏联的生物武器研制计划。此外还包括上面所提到的伊拉克和南非的例子，这两个国家获取生物武器（以及核武器和化学武器）的野心主要是基于地区的冲突而不是冷战政治。

是什么使得生物武器成为一种失败的军事发明呢？即使当病菌已准备就绪、弹药已作过试验、攻击计划已制定好，政治和军事掌权者本可以使用它们，但他们仍没有跨越界限而把它们用于战争时期的战略攻击。化学武器的历史可以对此提供一些启示。第二次世界大战期间，盟国和轴心国的军事指挥者坚持没有使用化学武器，从而使已在第一次世界大战中试验过的一整类武器束之高阁。各种因素的合成促成了他们的决策。法律上的限制、公众舆论的力量、技术的缺陷（包括敌对方使用防毒面具和防护性服装等防御措施）都使得化学武器未能在战场上使用。[1]

预期敌方反击和战争升级的前景也使得化学武器未能使用，同样，这种对后果的顾及也阻止了核武器的使用。在所有战争中，突然袭击的好处可从敌方预期的反击的角度来估量，对于谁首先进行攻击之后的考虑，导致对报复和反报复的可能性的顾虑，这又使人产生对无法控制的升级和自我毁灭的担忧，结果可能是这种武器根本不值得拥有。[2]当人们研制生物武器以用来报复拥有类似武器的敌人时，恰符合这种制约的模式。

尽管如此，细菌武器仍然在被研制，而法律和政治环境并不能保证其不被使用。历史学家们可能寻求一致的解释，但不确定因素总是存在。1925 年的《日内瓦议定书》和 1972 年的《生物武器公约》表达了一种受到广泛的包括军方支持的规范，但它们并没有防止生物武器的积聚。在 20 世纪的英国和美国，公众舆论是有相当效力的，可是公众往往不知道那些研制计划，他们也无法影响有关政策。至于技术上的缺陷方面，试验的失败往往被淡化，这是由于军方保证只要有更多的时间和资金就可以研制出有巨大潜力的武器。在对使用生物武器后果的估计方面，政治当局和军事当局难以捉摸地不一致。有些人认为恰恰因为它们是不寻常的武器因而有着巨大的潜能；另一些人，如希特勒，认为它们是令人厌恶之物而拒绝对其提倡者给予支持。今天的问题是如何能够找到更有效的防止生物武器扩散和使用的方法，而不是让安全听从命运的摆布。

本书的最后一章描述了生物恐怖活动这个新论题，并至少可说勾画了当前这一时代的开端，其中，特别是对美国来说，国内的防范准备和国土的安全是重要的政策考虑的问题。随着冷战的结束，在近15年的时间里美国的政治家们一直把生物恐怖活动看做是对国家安全的一个主要威胁，并制定了一个防备计划的大纲。在9·11袭击事件及一个月后发现的炭疽菌信件之后，全国进入了戒备状态，一些城市，如华盛顿和纽约，开始了常年的高度戒备。2003年，通过国土安全部（Department of Homeland Security）的组建，美国为国民防卫创建了一个独特的机制性基础。这一组织机构的创建和更大范围的国土安全防范措施可能使美国处于一种永久性的紧急状态，把国家推向“风险社会”（risk society）的边缘，那是发达的工业国家在社会政策失灵时所处的状态。[3]如果公众受到生物武器攻击的威胁，他们如何能得到最好的保护，他们如何行动以自救？对此远没有明显的答案。

官方对于国土安全的重要指示之一是应用从医学研究中所获得的技术来为国民提供反生物恐怖活动的保护。运用生物学来保护国民免受一切可能的生物媒介的攻击是一项不易的工程，它要求有新的、对国防机构中的物理学家而不是生物学家来说更熟悉的安全制约措施。与此同时，有关生物防卫的倡议使人们对现代生物学的国际规模有了新的意识，它是任何一个国家（即使像美国这样强大的国家）都无法单独控制的知识获取活动。生物技术的全球性转移是不可避免的，由之人们对人类的生理活动将有更多的了解，包括认知、发育和繁殖。问题不是美国如何防卫自身免受生物恐怖活动的袭击，虽然这是一个需要认真考虑的问题，而更大的问题是，不论这些新发明出现在什么地方，我们如何防止它们被盗用，不管袭击的对象是谁。

有关生物武器的研究综合了不同领域的知识：生物学、医学、军事历史、政治学、法律学和伦理学。本书旨在使读者对这一复杂的领域有一些基本的了解，而书末提供的参考书目可作进一步阅读（我们特别建议读者这样做）的指导。生物武器整个论题的一个特点是存在很大程度的误解甚至曲解。本书中的几乎每一个事实都有上百页的背景故事，其更多的细节和深度不是一个简短的概述所能提供的。随着学者们工作的发展，更多的信息和分析的结果可能使今天公认的东西来个大颠倒。这种进步是这一领域健康发展的表现，其题材常常被利用来在人们的想象中产生一种恐怖有时是娱乐的效果。

一些重要的机构和计划承担了对公众进行生物武器知识教育的责任。哈佛—苏塞克斯计划（Harvard-Sussex Program）、蒙特雷学院（Monterey Institute）、布雷德福大学（University of Bradford，英国）和平研究系、美国科学家联盟（Federation of American Scientists）、斯德哥尔摩和平研究所（Stockholm International Peace Research Institute）等的资源可以通过电子网络查到。美国政府及其机构是有关生物武器史及美国反生物武器计划的重要信息源。伦敦的英国公共档案局（UK Public Record Office —— PRO，现为国家档案馆）藏有大量可供查阅的以前保密的有关英国及其计划的文件。

在世界意识到任何生物恐怖活动的威胁之前，一些杰出人士承担起限制生物和化学武器扩散和使用的义务，他们的文字投稿（本书中可见到不少线索）和积极性为后来者的工作确立了很高的标准。我本人的背景是紧急医疗体制方面的研究，我之开始生物武器的研究主要是在有关违反条约的争议中作为一个人类学领域的调查员。1982 年初我参加了对据称苏联在东南亚参与使用真菌毒素的独立学术调查，后来我又参加了对前苏联斯维尔德洛夫斯克市（Sverdlovsk）炭疽暴发的类似调查。我目前的工作是对2001年炭疽袭击事件的调查，该事件是美国防范生物武器威胁政策的重要推动因素。

布赖恩·巴尔默（Brian Balmer）、史蒂夫·布莱克（Steve Black）、保罗·多蒂（Paul Doty）、马丁·弗曼斯基（Martin Furmanski）、本·格莱特（Ben Garrett）、格雷戈里·科布兰兹（Gregory Koblentz）、奥利弗·莱皮克（Olivier Lepick）、里查德·塞缪尔斯（Richard Samuels）、尼古拉斯·西姆斯（Nicholas Simms）和尼基塔·斯米德维奇（Nikita Smidovich）阅读并对一些章节作了评论。德娜·布里斯科（Dena Briscoe）和特雷尔·沃雷尔（Terrell Worrell）阅读并修改了有关2001年炭疽菌邮件袭击事件的部分，哈佛—苏塞克斯计划的联合主任朱利安·佩里·罗宾逊（Julian Perry Robinson）和马修·梅塞尔森（Matthew Meselson）阅读了初稿并提出了许多有益的建议，我必须对他的帮助提出感谢。当然，新的、重复出现的错误和一些错误见解由我本人负责。

许多人基于专业经验对我提出了有教益的见解，其见解常常与我本人的看法有所不同，这些人包括艾莉莎·哈里斯（Elisa Harris）、杰西卡·斯特恩（Jessica Stern）、约叔阿·莱德伯格（Joshua Lederberg）、斯珀吉翁·基尼（Spurgeon Keeney）、亨利·基辛格（Henry Kissinger）、希拉·贾萨诺夫（Sheila Jasanoff）、朱丽叶·凯耶姆（Juliette Kayyem）、格雷厄·艾里森（Graham Allison）、本杰明·加勒特（Benjamin Garrett）、杰拉尔德·霍尔顿（Gerald Holton）、詹姆斯·勒杜克（James LeDuc）、彼得·布朗（Peter Brown）、凯瑟琳·凯勒赫尔（Catherine Kelleher）、伊尔文·路易斯·霍罗维兹（Irving Louis Horowitz）、汉·斯维特（Han Swyter）、保罗·舒尔

特（Paul Schulte）、唐纳德·马利（Donald Mahley）、罗伯特·米库拉（Robert Mikulak）、艾尔哈德·盖斯勒（Erhard Geissler）、段义夫（Yi-fu Tuan，音译）、拉简·古伯塔（Rajan Gupta）、保罗·法尔默（Paul Farmer）、大卫·斯科特（David Scott）、凯恩·阿里别克（Ken Alibek）、埃德加·拉森（Edgar Larson）、约瑟夫·杰米斯基（Joseph Jemski）和迈克尔·布雷（Michael Bray）。我在麻省理工学院安全研究计划（Security Studies Program at MIT）及迪布纳科技史研究所（Dibner Institute for the History of Science and Technology）的同事们给我提供了完成这个项目的良好的环境，这一项目是在9·11事件和炭疽菌邮件袭击事件之后开始考虑的。

苏塞克斯大学（Sussex University）科技政策室哈佛—苏塞克斯计划的员工们慷慨地为这项研究提供了协助。我要感谢哈佛—苏塞克斯计划（哈佛）的桑迪·罗波尔（Sandy Ropper）作了极有价值的档案方面的研究，感谢芭芭拉·林（Barbara Ring）长期在组织方面的协助。我还要感谢杰西卡·布伦娜（Jessica Brennan）、奥特姆·格林（Autumn Green）、托尼·维卡利（Toni Vicari）和奥斯汀·朗（Austin Long）在研究及编辑方面的帮助。

我在当代事件的研究和写作方面得到全球安全与稳定计划（Program on Global Security and Sustainability）的约翰·D和凯瑟琳·T·麦克阿瑟基金会（John D. and Catherine T. MacArthur Foundation）的资助。2002年迪布纳研究所资助了我在档案方面的研究。在波士顿学院（Boston Colloge），文理系主任约瑟夫·奎因（Joseph Quinn）、研究生院院长迈克尔·斯米尔（Michael Smyer）和社会学系主任斯蒂芬·波富尔（Stephen Pfohl）对我从事这项假期项目提供了支持。本书编辑、哥伦比亚大学出版社的詹姆斯·沃伦（James Warren）是一位有见识和学识的指导者，我的对外事务代理人吉尔·

尼林（Jill Neerim）和艾克·威廉姆斯（Ike Williams）提供了最好的专业性指导和服务。

本书对于国家长期赞助生物武器研究计划的记述读起来让人感到不安，可是值得记住的是，在整个历史进程中，人类对付重大流行疾病所投入的精力要比有意制造这种时疫的耗费大得多。生物武器的严峻历史提示人们，随着时间的发展，世界对于这种武器的估量发生了根本的向好的方面的变化，那些曾经使其合法化的国家最终视其为有违伦理而加以拒斥。

对于那些忙于日常生活的老百姓来说，生物武器研制计划的隐秘性带来一种特殊的危险。以往政府部门在确定事务的轻重缓急时是无定见的，暗中扩大或压缩制造致命瘟疫的计划，在把它们瞄准老百姓时毫无顾忌。即使对于纯粹防卫性的计划，其隐秘性也会增加危险性，因为这会给政府官员和公众的沟通带来负作用。任何疾病暴发时人们的本能是要获得一切尽可能准确的相关信息，而不是由国家安全专门机构过滤过的有选择的信息。这种本能应当受到鼓励。疾病是人们最切身的体验，要作出正确的自卫决策，人们必须预先而不是当警报鸣响时才对疾病传播的可能性有充分的了解。

像对其他的流行病一样，有意制造的疾病是可以防止和治愈的，但是技术绝不是全部答案。在很大程度上老百姓在蓄意的生物袭击面前总是脆弱的，因而我们需要有减少风险的政治方面的制约。生物武器可以通过使国家承担起保护公民和社会的义务的强有力的国际条约的制订和实施而得到控制，其着眼点是普遍性的而不是按种族有选择性的，这里公开性是一个根本的目标。任何减少这种武器威胁的政策都应当基于公众对下述情况的了解：政治选择可能增加国际传染病流行的风险，另一方面，减少这种风险的政治手段是存在的。本书正是在促进这一了解的精神指导下撰写的。

导　论

生物武器研制计划是屡见的以最坏的方式利用生物技术的故事之一，它展示了那些设想的而被忽略了的威胁，也展示了政府的秘密如何增加了使平民百姓面临灭顶之灾的危险。在这一过程中，法律和技术上的限制、公民的意识以及关键的政治活动家们的决策使这类新发明的武器未能像它们的研制者们所设想的那样被用于毁灭性的战略意图。本书讲述的是20世纪生物武器被纳入工业发达国家武库的历程以及在现时代的影响，在新技术涌现和存有顽固政治敌意的今天，使得它们可能产生比以前更可怕的威胁。

国家赞助生物武器研制计划的兴起，是与发达工业国家之间的巨大冲突及全面争夺战争技术上的优势分不开的。20世纪20年代法国开其端，1934年日本继其后，英国、美国、苏联接其踵，各国都真心地以为生物武器可以助它们赢得战争。为了探索这种可能性，这些国家都斥以重资进行研发。此前第一次世界大战中化学武器的研制对生物武器的技术进展起了辅佐的作用，这两类武器的发展历史常常是重叠的。空中战争和远程轰炸机的出现拓宽了人们以疾病杀伤敌国平民的眼界。第二次世界大战结束时，美国已在很大程度上实现了生物弹药的工业规模生产，它的下一个目标是使生物武器的攻击具有与原子弹同样的杀伤力。而后起的苏联在这方面投入了更大的战略力量。

到20世纪末期这些计划都被放弃了，其中苏联是最后一个。继这些大国之后，有关的威胁转移到了其他一些国家，这些国家似乎也看到了生物武器对解决他们的冲突可能起的作用。此外还有恐怖分子，他们可能力图获得这种武器以对大国特别是美国进行攻击。不论是国家还是恐怖分子掌握了生物武器，对于平民百姓来说都是一种巨大的威胁。生物武器研制之初，其倡导者设想以这种武器大规模杀伤非战斗人员以作为获取胜利的手段。只要能达到目的不惜任何手段，摧毁对老百姓生计至为重要的牲畜和农作物也在战略攻击计划目标之列。今天生物武器仍然是一种不加区分地杀伤无防御能力的百姓的手段，与核武器相比，掌握故意散播瘟疫的技能和技术要容易得多。使全体国民、种族或宗教团体失去人性的那种仇恨仍然像以前那样盛行。

除了政治冲突，未来的生物武器也必然受到生物技术发展的影响，这种发展一方面增加了医学治疗的手段，另一方面也加强了生物技术在破坏性使用上的能力。如果把生物技术广泛用于故意传播瘟疫及其他含有敌意的用途，将给战争的性质以至人类文明的进程本身带来灾难性的改变。

本导论将简要介绍在国家对之进行投资之前，在其与化学武器还没有区分的初期对生物武器的政治限制的情况，然后是对各章内容和论题的概要介绍。在我们开始考察文明国家如何濒于使用生物武器之前，需要对一些基本术语进行定义：

1. 生物战争指把微生物或其他生物媒介（包括细菌、病毒和真菌）和毒素用于军事用途，对人员进行杀伤，使其暂时或永久性致残，或出于军事目的对动植物进行破坏。毒素是以各种来源和生产方式从微生物或其化学类比物中提取的有害物质。

2. 生物武器指弹药、装备和其他运载手段（包括炸弹、飞机喷撒箱及其他器械）为敌对目的散播的生物媒介或毒素。其主要播撒手段是作为浮质被目标群体吸入，或被喷撒附着于农作物之上。浮质是空气中的悬浮微粒，以其轻微而随空气流动，不沉降于地面。

3. 生物武器媒介指被用做生物武器使用的微生物和其他生物媒介及毒素等，在次一层上它们指由其引起的疾病，例如炭疽芽孢杆菌是引发炭疽热的细菌。

化学与生物“毒物”

在 19 世纪末关疾病的细菌理论建立以前，人们对毒物和传染病没有明确的区分。与国家支持的计划不同，在前工业化社会中虽然可以见到一些让人感兴趣的军队故意使用毒物的事例，但那只是一些零星的情况。两千年前罗马作家维勒里厄斯·马克西莫斯（Valerius Maximus）概括了那时的优先选择：“战争是以武器而不是毒物进行的。”自那时以来，最常见的例外情形是以动物的尸体污染敌方水井或把因霍乱致死的尸体投入敌方设防的城市的做法，如 1346 年对围城卡法（Caffa）所实行的那样。较近代的臭名昭著的例子是 1763 年英国军队用染上病菌的毯子在敌方美洲印第安人部落中传染天花。[1]

在 19 世纪末，从事有关致病微生物和毒素（如肉毒毒素，它是由细菌产生的一种强毒物质）研究的人员绝大多数只抱有唯一的目的，即防止和治疗传染病。1874 年在布鲁塞尔举行的有关战争法律和惯例的会议上就在战争中禁止使用“毒物或有毒武器”达成了协议，但在当时把微生物用于战争目的还仅仅是一种设想，或者说，由于人们意识到化学和化学工业的重要性迅速增强，担心一种全新武器——有毒烟云的出现。1899 年出席海牙国际和平会议的欧洲代表们同意："避免使用旨在散布令人窒息的或有毒气体的炸弹。"[2]1907年由法、德、英等大多数欧洲国家签署的《海牙公约》（The Hague Convention）重申了以前的这一禁令。

这种不附有实施条例的简单的禁止是没有什么效力的。第一次世界大战期间，战争双方都制造了大量化学武器，包括氯气、光气、芥子气（实际是一种液体）、催泪瓦斯等各种有毒物质。德军1915年在比利时伊珀尔（Ypres）第一次大规模毒气使用中用数千支掷弹筒释放了大量氯气，这些气体随风从战场上飘散到协约国的阵地上。由于对这种突袭没有任何防备，被攻击的法国殖民军纷纷溃败，然而德军显然并未料到这种成功，未能及时利用这种暂时的突破，而协约国军队很快就掌握了同样的反击手段。

化学武器的一个重要特点（这削减了它们在战场上使用的价值）是，可以找到对付它们的简单的个体防卫手段。随着战争的进展，发明了十分有效的防毒面具和服装，士兵们被指导何时和如何使用它们。尽管由于这种防护设备和有关训练使得毒气在战争中没有起到决定性的作用，但化学武器对那些没有准备的军队还是给予了重创，有些是造成长期丧失战斗力。"一战"以后，化学武器被看做是那场战争中极为可怕的东西，一些人认为它们比战壕战中的其他灾难更严酷。英国诗人韦尔弗莱德·欧文（Wilfred Owen）描写他的那些战场上的惊恐的战友被"氯气的海洋淹没"，老兵和他们的家属们以及政治家们知道那种恐怖。

1922年签订的《华盛顿条约》（Treaty of Washington）禁止在战争中使用"令人窒息的及其他有毒气体，以及类似的液体、物质或手段"。美国参议院发表了意见并同意批准了这个条约，但这一条约却由于法国反对其有关潜艇战的规定而未能实施。不过《华盛顿条约》中有关化学武器的规定后来成为1925年签订的《日内瓦议定书》的蓝本。后一条约于 1925 年 6 月 17 日签订，1928 年 2 月 8 日起生效，目前已有包括所有大国在内的 132 个国家签署。《日内瓦议定书》禁止使用化学武器，并把这一禁令扩大到包括禁止“使用细菌战方法”。

美国签署了《日内瓦议定书》，但却未能得到国会的批准。20 世纪 20 年代，美国参议院中奉行孤立主义的领导集团，“退伍军人协会”成功地组织了对条约的反对活动，这些使得参议院未能对《日内瓦议定书》加以批准。美国自称遵守条约的原则，但多年来要求保留在一定限度内对其解释的权力。

生物武器未能实际在现代战争中应用，但有两种例外情形。同样没有批准《日内瓦议定书》的日本 1934 年至 1945 年期间在满洲里实行了一项生物武器研究计划，其军队唯一地制造了国际间疫病的流行。日本军队使用原始的方法，如通过传播瘟疫的跳蚤及对食物和水源进行污染，在中国老百姓中引起大规模的而且一再暴发的疾病。另外在东北边境的一次战役之后日本可能曾成功地对苏军实行过细菌攻击。日本人试图让这些瘟疫的暴发看起来是由季节或其他自然原因引发，而多年来有关这些攻击一直是个未解之谜。

另一个例外是以一种特别隐蔽的方式使用生物媒介，对此更难找到确凿的证据，其中有较明确的历史记载的是在第一次世界大战中，德国曾试图使敌方的驮畜感染炭疽热和鼻疽病。更重要的是，西方以及苏联的那些国家支持的研制计划在技术上比日本使用的要先进得多，它们对投弹和其他空气传载系统作了更精细的改良，研制了有剧毒的生物媒介。所有这些先进的研制计划都有着不为人知的潜能，而且越来越重视其在战略上使用的意义。

《日内瓦议定书》禁止首先使用生物武器，但对要获取这种新型武器却未置一词，因此它实际上默许国家为用以牙还牙的方式回敬使用化学和生物武器的敌国作准备。可以看出，它允许有限度地、对称地使用被禁止的武器，如果其目的是为了制止使用这种武器的敌国。这种以牙还牙的回敬方式是否也适用于对付老百姓是一个有争议的问题。如果一个国家的老百姓受到攻击，是否可对敌国的平民施以同样的攻击?[3] 防卫性和进攻性战备的界线是很容易变得模糊不清的。由于敌方的攻击能力多半是未知的，这就使得有关国家往往企图在最大程度上加强自己突然袭击的能力。

大多数大国对《日内瓦议定书》都提出了正式的保留说明，声称如果首先受到化学或生物武器的攻击，他们将不受条约的束缚。因此，为了防御的目的，他们保留自己反击的自由度。以法国为首的个别国家还补充了自身的保留，声称如果受到某一敌国的盟国军队的攻击，即使不是该敌国本身，他们也将不受条约的限制。由此，这些保留声明使得一些国家在自卫的前提下在不执行条约禁令方面有了更大的自由度。

就化学武器来说，武库的储备同样可能遏止敌方的首先进攻。有证据表明，这正是第二次世界大战中所出现的情形，当时英国和美国威胁说，如果德国在任何战线上使用化学武器，他们将进行严厉的报复。在生物武器上，各国政府都没有过分地声称自己的报复能力，生物武器计划的存在一般都更为保密，其在技术上的困难也比化学武器要大。防卫计划的建立在很大程度上是由怀疑引起的，很快便具备了进攻的能力，随后便开始研究先发制人的手段。加速建立和扩展大规模研制计划的口实常常是来自敌方生物武器的威胁。

细菌武器的诱惑

第一次世界大战后的和平运动导致国际联盟的建立和日内瓦裁军

会议的召开，但这种努力为另一种对立的见解所挫败，即现代技术应当充分被利用来加强国防和扩张。在欧洲及其殖民地，机关枪的出现改变了战场上的策略，还有一些新技术预示着更大的威力。例如空战的鼓吹者认为利用空投炸弹可以更迅速地解决国际争端，从而避免像第一次世界大战那种战场上漫长的拼杀。意大利军事分析家吉利奥·杜埃（Guilio Douhet）和美国的比利·米歇尔（Billy Mitchell）上校认为重磅炸弹和改进的空投技术可以消除广泛的地面战争。杜埃更把用毒气弹向敌方进行大规模突袭看做是一种缩短战争的方法。[4]甚至在技术上还没有可能做到的时候，一些军事科学家已经在想象利用飞机向敌方的工厂和城市上空散播看不见的细菌毒雾，这些科学家构想了第二次世界大战之前的那些最初的生物武器计划。

对那些最早的提倡者来说，化学武器和细菌武器（当时是这样称的）是先进的科学知识在现代的应用，它们比常规武器能更有效地大规模杀伤敌人，而不用一个一个地去消灭，攻击者自身也减少受害的危险。在理论上，空战使飞行员和机组人员免除了危险，而地面上的军队和远方的目标却要遭受攻击的危害。[5]

在化学和生物武器的历史上，这两种武器被吹嘘的现代化使那些鼓吹者利用来作道义上的标榜。“一战”期间，德国政府和媒体声称，化学武器的优点在于它们不会摧毁建筑物和桥梁，比强威力的炸弹更人道，因为它们避免了战场上的流血和杀戮。这种论点（它被化学武器的提倡者在其他场合所重复）把化学物质当做了一种合理的“更高形式的杀伤”。[6]与之类似，在第二次世界大战期间，英国专家把生物武器看做是一种更人道的方式，因为通过强威力的空中投弹，所杀伤的不是士兵而是本已垂危的平民（他们是这样认为的）。[7]

与化学武器相比，生物武器被认为具有的一个特殊优点是它们有对敌方的城市和工业中心进行大规模攻击的潜力。早在 19 世纪 20

年代人们就已经认识到，生物武器在战地上没有或只有有限的效力。携带病菌的气雾很难定向，它们的效果显现得慢且不易预测，而地面战争要求速度快，有促动力。生物武器可能有一次性突袭的优点，但像对化学武器一样，军队可有适当的防卫。如果敌方士兵进行了防疫，又有防毒面具和其他防护措施，生物攻击就可能是一种重要的战时资源的浪费。

另一方面，利用飞机向敌方城市和工业目标播撒病菌媒介则可能摧毁敌国的平民力量和经济根基。由此，生物武器符合 20 世纪兴起的全面战争理论，因为工业国家之间武装的敌对状态已使武装的士兵和普通平民的界线变得模糊了。[8]进攻性生物战策划的基础是不从人性的角度来看待敌方平民群体，为了赢得战争和控制权，需要有效地和可预测地使他们受疾病的侵染。对敌国后方的影响可能没有在前线那样速效和容易精确计算，因为它是对整个社会结构和平民群体的攻击。第二次世界大战中盟国对德国和日本城市所进行的“地毯式”轰炸与盟国的生物攻击计划原则上是没有什么区别的。与之类似，日本军队暗中在中国平民中传播疾病与其同时对中国和其他亚洲城市所进行的轰炸出发点是一致的。

在生物战计划中，所谓的非致命性媒介被推举为良性的和有效的武器。美国在 20 世纪 50 年代除制造了高度致命性武器，还制造了大量带有普鲁氏杆菌的炸弹，对这种媒介在当时已有了相当的研究。普鲁氏杆菌导致发烧、大汗、剧烈头痛和背痛，通常延续数星期以上，在自然暴发的情况下，死亡率估计在 2% 以上。而即使按照这种估计，大城市中也将有成千上万的人死亡，因此，这种武器的效果实际上也是致命的。如果在目标群体中包括大量已经处于危机中的人口（饱受战时之苦，营养不良、失去住房以及恶劣的医疗条件，还有老人、儿童、孕妇和病人），死亡率就将比预计的高得多。

对于每一种进攻性策划，都有一些军事防御措施，包括面具、防疫和药品，以减少突然袭击的危害。但是，能够做到系统地保护成千上万的平民免受敌人的攻击吗？国家所能做到的通常的防御措施也就是戴防毒面具和防空掩蔽，而这些对生物武器攻击的防御价值是有限的。

1940年在研制生物武器以对付德国预计的进攻时，英国采取的态度是：有良好的医疗条件、普遍健康的人口是对任何战时攻击最有效的防卫。第二次世界大战后英国卫生部意识到，鉴于所需增加的医护人员和医院的数量，“群体防疫的后勤工作是巨大的”，而且如果不是战争即将临头，政府要说服群众进行配合也是困难的。[9]20世纪90年代，当美国、以色列、日本等国家开始防卫预计的生物恐怖活动袭击时，保卫全体国民免受细菌战侵害的目标变得重要起来。由于曾经有过国家支持的大规模研制计划，这使得防卫平民免受预计的攻击的框架发生了根本的改变。没有改变的仍然是传染病效力的相对缓慢，这使得可以制订公共计划和反应对策。

对武器使用的综合制约因素

化学武器使用的减少和生物武器的很少使用是军事史上的未解之谜。“二战”时的双方都储备了化学武器，但主要大国都各自克制而没有使用。那个时代阻止使用化学武器报复的各种制约因素很可能也是后来阻止大国使用生物武器的原因。[10]国际条约和习惯法起了一定的作用，使得一些国家犹豫而未能跨过非法使用的界线，即使实际上并没有明显的制裁。只有不顾世界舆论谴责的国家才敢使用化学武器，因为使用者将被指为使用残忍的野蛮手段，就像20世纪80年代两伊战争时伊拉克对没有防备的伊朗军队和儿童所做的那样。在那些受公众舆论制约的国家里，国民的意见和不赞同的呼声对于阻止不受欢迎的武器有着很大的作用，“一战”后的化学武器就是这种情形。在上个世纪60年代的越战中化学武器又一次变成让人唾弃的武器，选民代表、新闻媒体、科学顾问都参与进来，先是反对毒气和杀草剂的使用，后来又反对所有生物武器和有毒武器的使用。

“二战”期间政府的高层领导在防止化学武器的使用和避免生物武器被军事部门所利用上起了很大的作用。富兰克林·罗斯福总统坚信不论化学武器还是生物武器都是不文明的，任何情况下都不应使用。颇有些奇怪的是，在使用毒气大批屠杀平民上毫不犹豫的阿道夫·希特勒也对化学武器和生物武器表示反感。1969年理查德·尼克松代表美国宣布不使用生物武器，这使得军事部门与美国及西方先进的生物技术脱了钩。20世纪90年代比尔·克林顿对生物恐怖活动的预见使得美国在该世纪末建立了国内基础防卫系统，并加强了反恐情报侦察。

多年来军事部门起着关键的制约作用，一般来说他们对于化学和生物武器也是反感的。军事将领们即使不是出于道义上的反感，至少也是由于愿意使用可预测和效果更直接的武器。曾先后做过罗斯福和杜鲁门（Harry Truman）总统最高军事顾问的威廉·里海（William Leahy）上将极力反对使用旨在攻击平民的武器。还有一些接受核武器的将领对化学和生物武器计划也持反对态度。

以单位磅的价值来看，化学武器的效果不如生物武器，而且也有着类似的难于对准目标的缺陷，这也限制了它们的使用。除了散播“毒云”以外，生物武器还有自身的缺点。一个主要的技术上的问题是难以确定对某种媒介一定剂量的反应，例如，吸入多少炭疽孢子可以致人死命。剂量反应的计算对于整个生物武器计划的价值评估是十分重要的，根据这一标准才能造出可预测性武器，在此基础上才能计算出弹药的需要量和对敌方目标空袭的飞机起飞架次。对剂量反应的计算最终决定着整体资源的分配和军事理论的建立，根据这种理论组织军事力量，使其经过训练后能够对威胁作出反应，并能辨识出使用生物武器的时机。[11]不断地作过动物试验以确定多大剂量的生物武器媒介可以侵袭敌方人群，只在少数情况下，例如在对野兔病（也称兔热）病菌和 Q 热菌（它们可以可靠地用抗生素加以治疗）的研究中，美国军方可以对人体作试验，以此才能更精确地估计攻击的效果，用其他方法估计生物云团攻击的效果都要包括许多猜测的成分。

另一个大问题是要精确地甚至只是大致地对准攻击目标。细菌云团一经释放便随气流飘散，而上升气流（特别是在城市上空）和地形的变化使得计算在所策划的攻击中有多少剂量被人群吸入有很大的不确定性。不论是文职还是军方领导者在考虑使用化学或生物武器时都不能不顾及可能遭到的报复。特别是用生物武器攻击更可能遭到同样的报复，而其后果比化学武器更难预测。谁能知道什么样的中世纪瘟疫会被释放出来？谁能知道敌方又炮制出了哪些新病菌？

大国在对化学和生物武器作估算时，还要考虑到那些丧失理性的政治掌权者的反应，例如盟军曾猜测希特勒在战争末期败局已定、军队被困的情况下会不会使用化学武器。美国在 1991 年的海湾战争和 2003 年的入侵中也对萨达姆·侯赛因（Saddam Hussein）可能的行为作过类似的猜测。这种多方面的“综合展望”曾制约了对核武器的决策，而生物武器未能在战场上使用其决策多半也是受此影响。[12]

在上个世纪的大部分时间里，制约化学武器使用的那些因素——被授予权力的公众所支持的法律和惯例、技术上的缺陷、军队的普遍不感兴趣、政府的领导以及对使用后果的估计等——在一个时期里减少了生物武器的危险，使之在很大程度上由机缘决定。

如本书中所记述的，大国中的一些科学家、政府官员和军事领导者成功地组织起来，借助战争环境或军事化政府，他们启动和实施了生物武器研制计划。由于没有政治上的公开性和审查，这些活动在助长内部保密的避免了鉴定的官僚机构中找到安全的庇护所。在这方面，它们与政府的其他计划一样。[13]

懂得生物技术如何被应用于军事目的的科学家们是这些秘密进攻性计划的重要参与者。在我们所记述的事例中，先是一两个重要的科学家说服政府官员授权开始武器的研制计划，接着他们与其他科学家和工程师一道开始进行空气生物学和传染病学研究方面的重要工作和工业方面的准备，甚至参与弹药的设计和试验。

生物学家和物理学家们怎么会投身于显然是针对平民、旨在杀戮的武器的研制中呢?[14]只有零星的回忆录和文件使我们可以了解参与计划的科学家们在道义方面的思考，他们多半和同时代的原子物理学家一样生活在密封的、未遭受挑战的专业群体中。[15]这些计划组织上的类似使得这些重要的参与者获得了相同的经历，即使是在思想体系对立的敌方的阵营中。[16]

生物武器计划的政治背景有很大的差别。民主的、独裁的、专制的政府都支持进攻性武器研制计划，给军人提供扩大计划的空间，甚至在和平时期也如此。但生物武器计划一直是边缘性的，从来没有得到过像常规武器和后来的核武器那样雄厚的资助，它们是化学武器的延伸。经过一个时期的发展，特别是在美国和苏联，这些计划在所设计的摧毁规模上变得堪与核武器相匹敌。然而是西方民主国家首先开始自愿放弃他们的进攻性生物武器计划的。法国、英国和美国都是核大国，它们对于这种有确定性的大规模杀伤武器已感满足，放弃了在未来进行细菌战的想法。相反，苏联则一直保持着所有的战略选择，只是在其政权行将结束时才放弃了生物武器。日本帝国、南非种族主义时期和伊拉克萨达姆政权也是如此。

三个历史阶段

生物武器的历史细节难以爬梳，其中有很多失踪的国家档案及大量错误和歪曲的信息。为了叙述上有条理，我们可以说生物武器计划经历了三个大的历史阶段：研究和生产都属合法的主动出击阶段；以条约形式对生物武器计划及其使用全面禁止的后续阶段；当前的仍在展开的阶段，其中存在着许多国家的和国际的安全目标上的冲突，在公众对政府的信任以及掌握基础科学为人类造福问题上出现了严重争议。

初期的主动出击阶段的特点是：在允许生物武器研制和生产的国际法律背景下（虽然国际法谴责其使用）实施研制计划，而对于反击、报复和正当的首先使用等的解释权则在工业发达国家及其军队部门手里，这些研制计划可以从掌握防卫能力转向掌握进攻能力（有时又转回来）而不违反任何条约。这一阶段开始于20世纪20年代法国的研制计划，它是这类计划中最早的，其重点是把疾病传播科学与新的空战技术结合起来，该计划由于德国1940年对法国的占领而终止。[17]

就在那一年，作为对已有的化学武器设施的补充，在对德战争中的英国开始了生物武器的研制计划。美国1941年参战后开始与英国和加拿大密切合作，旨在建立战略能力——攻击敌后方城市和工业设施的能力，同时也研制供秘密的特殊行动的武器。由于英国的工业能力有限，美国便动用自身的工业资源进行生物武器的研制。

轴心国战败、战争结束后，美国、英国、加拿大继续其生物战的战备活动，而苏联这方面的活动更为隐秘。在战后不久便开始的冷战时期中，炭疽热炸弹的战略攻击力被与原子弹并列，显示出巨大的潜力。在此关头，美国于1947年向联合国提交了一份决议草案，要求把生物武器和原子弹、致命化学药品一起列为大规模杀伤武器。“二战”期间生物武器研制的高度保密一直延续到20世纪的50、60年代，其间美国的研制计划使生物武器战略攻击技术大为提高。在这一时期，美国在紧密盟国的协助下进行过针对向美国大城市、海洋和北美广大地区散布细菌毒雾的模拟演习，苏联和共产党中国为假想敌。美国参与越战后，军方在研制首先使用的生物武器方面比以前有了更大的自主性。

生物武器发展的第二阶段是围绕着遵守与不遵守条约的问题展开的，它始于1969年，那年尼克松总统拒斥了生物武器，结束了美国进攻性武器的研制计划。在这一决定之后是1972年《生物武器公约》的签订，国际准则和法律重新引起了人们的重视。共有151个国家签署了《生物武器公约》，其规定范围超过了《日内瓦议定书》，要求禁止发展、生产和拥有生物武器。根据这一条约：

> 各签署国承诺在任何情况下都不发展、生产、储备或以其他方式获取或保有：
>
> 1. 微生物或其他细菌媒介或毒素，不管其何种来源，何种生产方式，何种类型或何种数量，只要不是为了疾病预防、保护与和平目的。
>
> 2. 为敌对目的或武装冲突而设计的使用这种媒介的武器、设备和运载工具。

由于这一条约，生物武器被剥夺了其合法性，任何从事进攻性研制计划的国家都只能秘密进行，或者公开承认违反为世界绝大多数国家所承认的国际法和准则。这种对生物武器的全面禁止，使生物武器发展历史的第二阶段有别于第一阶段，在第一阶段，根据《日内瓦议定书》，储备和拥有生物武器是不违法的。

但是《生物武器公约》没有强制性的核查条款（例如，公布所拥有的设施和计划及对其的核查），以使签署国确信彼此在遵守条约。《生物武器公约》是在冷战期间、在大国同意对核武器条约的核查措施之前制订的。条约的保存国之一苏联就利用信守条款的缺乏而肆意违背条约建立了大规模的研制计划。这种暗中违背使该条约的信誉受到损害。

1991 年苏联解体之后，世界对其大规模进攻性计划的强烈反应促使国际上对《生物武器公约》的加强。冷战业已结束，不再有工业大国违反禁止生物武器的国际准则。1993 年签订的《化学武器公约》（Chemical Weapons Convention，CWC）禁止发展、生产、储备和拥有化学武器，这也加强了《日内瓦议定书》对这类武器的禁止。根据《化学武器公约》还对美国和苏联的化学武器储备进行了监督销毁。与《生物武器公约》不同，《化学武器公约》有一个设在海牙的组织机构，有三百多名专业人员监督其实行。冷战后期曾有人希望对《生物武器公约》也建立一个类似的机构。

生物武器历史的第三个即防卫阶段开始于上个世纪冷战结束时的 90 年代，当时非对称性战争和生物恐怖活动引起美国越来越大的关注。俄罗斯政府的出现使得工业大国不论是从地缘政治、意识形态和经济方面都失去了进行针对彼此的全面战争的原动力。原有的为争取战略优势所储备的生物武器在新的全球武器冲突的背景下成了一种防扩散负担。照政治科学家玛丽·卡尔多（Mary Kaldor）的观点，新的战争乃基于（种族的或宗教的）认同政治（identity politics），从事这些战争的是那些受全球性武器和财产转送支持的分散式军队。[18]因此90年代在巴尔干进行的种族灭绝战与在南非进行的是同一类事情。像在其他地方一样，这一地区的匪帮式的网络可以倚仗那些被全球市场变化和资金流动驱赶出国土的年轻人。在这一框架下，伊斯兰原教旨主义者可以在个人主义和其他世界主义价值的召唤下对西方进行袭击。这样问题便成了：国家是否能在反对生物恐怖活动中起有效的作用。

2001年9月11日令人震惊的恐怖袭击给了美国人认为其本土没有外国侵犯之虞的盲目乐观情绪当头一棒。随后所遭受的一系列莫名其妙的炭疽菌信件攻击引起了美国人对生物媒介潜在危险的注意。这两个事件促使美国作出了迅即和激烈的反应，一方面进行了摧毁阿富汗塔利班和更换伊拉克萨达姆政权的军事行动，另一方面开始高度重视美国国内的防卫问题。国家的安全远不限于防止生物武器的威胁，但是在那一特殊时期，据传萨达姆所拥有的炭疽武器和对美国城市进行生物恐怖袭击的可能产生了巨大的影响，促使美国在国外开战并改组了联邦政府的国土安全机构。正如在1947年时的看法那样，细菌武器被归于大规模杀伤武器的范畴，虽然其使用仍然没有得到实际的检验。

生物武器是如何发明的

生物武器研制的主动出击阶段是一个漫长的时期，而且就其所开辟的路径来说，是一个充满危险的时期。本书第一章的开头描述了有关疾病传播的那些探索，它们对生物武器研究来说是至为重要的，正如它们对微生物及有关科学的重要性那样。最初参与生物武器研制计划的科学家是一些预想猜测者，他们主要是针对其国家可能受到的严重威胁作出反应，就日本来说则是为了实现帝国扩张的目的。20世纪20年代法国人开此先河，因此这里记述了该国在两次世界大战的间隙所进行的研究活动（但资料并不多）。

早期的研究探索了各种有意制造的瘟疫的传播方式：通过空投炸弹的方式用被感染的昆虫、被污染的食物、动物饲料、水甚至涂有细菌的羽毛来传播。这些方式中的首选是气雾，它被认为是大面积地侵染未受保护的人群的最有效方式。为此目的，病菌需具有持久的耐力，使得在通过炸弹爆炸把悬浮液或干粉变为气雾时不失去其毒性，即侵染力。

解决有持久耐力的病菌的问题部分依赖于选择适当的媒介，我们知道美国科学家对这个问题进行了细致的研究。从最初的研制计划到现在，所使用的许多媒介和毒素与世界卫生组织、美国疾病预防控制中心、北大西洋条约等组织的目录中所公布的相同。通常列出的有约四十种媒介，炭疽热、野兔病、鼠菌、霍乱、Q热、普鲁氏菌、天花等病的媒介是国家研制计划中选用得最多的。在致命毒素中，肉毒杆菌在初期的试验中用得最多，虽然它们难于批量生产和制成有效的气雾。从蓖麻子中提炼的蓖麻毒素效力也不大。选择病菌媒介的考虑还包括目标人群的易感染性，如果敌方人群对某种疾病易于防范，如接种防天花疫苗，这种媒介就往往被放弃。一些没有预防疫苗和医治药物的疾病的病菌如埃博拉病毒和其他一些出血热病毒，被作为有潜力的武器加以研究，因为它们对本国的军人和公民也是一种威胁。

最初开始研制的时候并没有多少证据表明，哪种病菌可制成有把握供现代军队使用的武器，这要靠权威的科学家说服文职和军事领导者，使他们相信这种不寻常的武器是有前途的。本书第二章描述了英国科学家在生物武器研制计划中所起的作用，英国的生物武器计划开始于第二次世界大战期间，是于1916年在唐港[①]建立的化学武器研究基地与化学武器的研究一道进行的。这种并行的研究使得生物学家可以把他们的知识与那些已经研究了气雾、空气动力学、炸弹设计和露天现场试验的科学家们的知识结合起来。英国最初对炭疽菌炸弹的研究很有成效，看来已经处于可批量生产的阶段。

英国生物战科学家不久就意识到，他们需要美国的资源才能使炸弹由原型变为实际生产出的50万枚炭疽菌炸弹，据估计这是对德国施行首发战略攻击所必需的。本书第三章考察的是如何在战争期间在极端秘密的情况下开始进行艰难的生物武器研究和生产的，在进行这一计划的三年期间使美国领导者有条件探索防御性和进攻性两方面的武器，这使得他们在战后可以声言（虽然不是公开地）美国的生物武器已经发展到了可以工业生产的阶段。

第四章转向对日本帝国军队的生物战计划的考察。1947年美国的生物武器专家参与了情报部门有关法律诉讼赦免的交易，以换取日本科学家提供其研制和使用生物媒介的信息。这些试验包括对中国俘虏的活体解剖和其他一些令人发指的酷刑。这一秘密交易使得有关的日本科学家免于战争罪犯的起诉，这为美国在随后20年间所进行的秘密研制计划和战略任务打下了基础。

第五章追述了在与日本人的交易之后美国研制计划的扩大，当时美国科学家极力说服军方，生物武器是一种可预计后果的威力强大的战略武器。1951年朝鲜指责美国使用日本式的生物武器（主要是昆虫）袭击老百姓，相关的背景是朝鲜战争，而冷战时期是很难摆脱意识形态的影响去搜罗指控的证据，找出指责背后的事实的，朝

① 唐港（Porton Down）是英国针对德国在第一次世界大战期间使用的化学武器而建立的化学武器研究基地。——译者注

鲜人的指责是第一个这种事例。西方支持美国，朝鲜、中国和苏联则坚持己见，认为美国和日本一样跨过了从生产到使用的界线。

要军方采用这种武器需有对全部武器系统的实地演示。在后来的10年中美国的研制计划进行了广泛的实地试验，包括可想象到的从北极到热带丛林的各种地形，同时也包括对人体的试验，主要是借以了解对一定剂量的反应和使野兔病病菌武器标准化。越战期间由于对军方限制的放宽，生物武器已经到了其倡导者所希望为军方使用的边缘。政府或一般民众很少有人知道这些武器的研制，有关舆论主要是反对越战中化学武器特别是催泪瓦斯和灭草剂的使用，认为它们是对人的生命和环境的违法威胁。生物武器的庞大规模一直没有浮出水面。

第二阶段：对条约的遵守

1969年尼克松总统在对美国的生物武器计划作了全面的考察之后决定放弃生物战研究，这一决定导致在随后的20年里对法律规章的强调，以之作为控制生物武器发展的手段。在尼克松的倡导下美国终于承认了早在1925年制定的《日内瓦议定书》，并促成了新的1972年《生物武器公约》的制定。本书第六章回顾了尼克松和他的国家安全顾问亨利·基辛格（Henry Kissinger）以及其他扮演重要角色的科学家、政治家、记者在这方面所起的作用，他们共同制止了有关武器的扩散。在这一漫长的时期里，生物武器事实上已经不再作为一种大规模杀伤武器而受人们的特别关注了。

由于没有有效的方法来加强透明度，冷战时代的一个特点就是一个国家对另一个国家的指责。意识形态的分歧还使得对己方盟国和政治伙伴的可疑活动睁一只眼闭一只眼。第七章概述了苏联的研制计划（有关的资料记载仍很贫乏），从初期的开端到1992年苏联总统鲍里斯·叶利钦（Boris Yeltsin）宣布违背了《生物武器公约》。

第七章中还包括美国对苏联使用生物武器的两项重要指责，在这两个事例中都有独立科学家的参与，以弥补《生物武器公约》核查手段的不足。第一个事例是1981年美国指责苏联在东南亚阴谋使用真菌毒素（称为“黄雨”）。第二个争端是有关1979年在苏联工业城市斯维尔德洛夫斯克附近出现的炭疽热瘟疫。与在朝鲜战争期间对美国的指责一样，在这两项指控中意识形态影响了证据的提供，国家秘密影响了透明度。这种收集证据的困境后来又再度出现，特别是在伊拉克及其研制计划的问题上，而在理论上，只要一个国家拒绝公开性和对《生物武器公约》的遵守，就会出现这种情况。

第三阶段：防范

生物武器历史的第三个也就是目前的阶段是防范措施。美国是当前世界上唯一的超级大国，对有关威胁和防范措施执掌着领导权。本书第八章考察了生物恐怖活动，这是20世纪90年代，特别是克林顿政府第二个执政期出现的新形式的生物武器的威胁。

这一阶段有关加强遵守《生物武器公约》措施的谈判在继续进行。与此同时，除了一般性的反恐情报收集和采取应对措施，联邦政府的官员们还致力于加强公众对恐怖活动的意识和政府的必要反应。已经有了一个保卫大城市的全国性“国内防卫准备”计划的基础。威胁的阴影不但在于美国人将成为以全面战争为目的恐怖活动的不加区分的攻击目标，还在于这种恐怖威胁将以疾病暴发的形式出现。[19]

在苏联研制计划揭示出来的同时，国际社会还了解到伊拉克和种族主义南非的进攻性生物研制计划。第八章把这两个国家的计划作为生物武器向较小国家扩散的例子。获得有关证据的方式（一个是通过联合国核查，另一个是通过法庭和公众听证）使人们看到加强公民安全的两个新的不寻常的方式。在伊拉克，通过强制的透明性促进了对萨达姆的核武器、化学和生物武器的消除。在这个时期，特别是在伊拉克问题上，人们再次听到生物武器与化学武器，当然还有核武器，合在一起被称为大规模杀伤武器。

第九章回顾了 2001 年 9 月 11 日塔利班基地组织对美国进行袭击以及后来匿名的炭疽菌信件攻击后对美国政策的影响。炭疽菌信件攻击的影响在是年 10 月、11 月达到高峰，一时间炭疽孢子似乎无处不在，弄得人人自危，影响了邮政工作。炭疽菌信件感染了包括佛罗里达、纽约、新泽西、康涅狄格等州和哥伦比亚地区在内的 22 人，其中 5 人死亡，而他们中没有一个是炭疽菌信件要袭击的目标。

炭疽菌威胁也是使美国和英国认为有来自伊拉克的威胁的原因之一。美国国务卿柯林·鲍威尔（Collin Powell）在向安理会申述进攻伊拉克的理由时提到了伊拉克的炭疽武器。在第九章的回顾中我们看到，乔治·W·布什（George W. Bush）总统在短短的两年时间里动用了武力、联邦政府的民防组织和技术政策等综合手段来对付所预料的生物恐怖活动的威胁。现在的问题是：单靠国家的安全政策及越来越加强的保密和集中控制是不是保护公民免受生物恐怖袭击的最好方式。如果政府对威胁的解释看来是从政治的角度出发，以一些模糊不确定的情报为根据，公众怎么能相信这些解释呢？

当前的世界与 20 世纪大部分时间的状况已有很大的不同，那时美国人可以比较容易地回避全球性问题。就我们所讨论的这个问题来说最紧要的是：对生物武器的防卫，现在是否比那时更好一些。从积极的方面来说，大国（也可说所有的国家）对废除这些武器的条约都作了认真的承诺，而在冷战结束之前并不是这种情况。现在由于监控技术的提高和更为开放的旅行和交往，隐藏生物武器研制计划看来变得更加困难了。很少再有那样的政府，其公民愿意在与生物武器有关的问题上在国际上蒙受羞辱和风险。

但是生物武器扩散的问题却比以往任何时候都大。生物技术的进步不但可以用来改进基本的生理过程，如认知、发育、生育和基因遗传等，同时也可以用于摧毁生命。这些技术发明一方面在加速医学科学的进步，另一方面也“为暴力、恐吓、压制、压服提供了前所未有的机会”。[20]和过去一样，最危险的因素是政府对国民保密和世界上有人在暗中研制并使用生物武器。科学能被控制吗？能够制订足以制止灾难性的新一代生物武器研制计划的国际条约吗？

本书最后一章所阐明的论点是，没有单独的一项限制措施能够成功地阻止生物武器的扩散和使用。目前已经提出了一系列的解决措施，包括法律手段、贸易控制、联邦和地方国土安全措施，以及聘用微生物学家来从事生物防卫计划。这个新的政策领域目前很活跃，而且仍处于定型阶段。在20世纪的很多时候，人们可以指出在这个或那个国家里有数千人在忙于从事进攻性生物武器的研制计划，而现在美国有数万人在参加保卫其社会免受这种武器和生物恐怖活动的工作，其他国家的政府也都同样警觉起来。这些努力还需要有更强的国际网络的配合，这种网络能够确保提供在扩散开始之前即对之加以制止的法律手段，包括正面的和负面制裁。总之，从上个世纪到本世纪在制约规范上所发生的改变应能起到很大的作用，不仅仅是促进国家在防卫方面的演习，同时也为所有国民提供长久的针对生物武器的防护。

第一章

生物媒介和疾病传播

在历史上的大部分时期里，人们认为疾病的传播是一种神秘的现象，它不是由人类而是由神、巫师和命运控制的。集体性地患病，包括摧毁城市和军队的流行瘟疫，是一种时常出现却被错误理解的事件。从中世纪一直到19世纪相当晚期的西方学者和医生常常借助古希腊的学说，坚定不移地认为“瘴气”，即腐败的气味，是瘟疫的根源，而天气或星球的变化增加了暴发的机会。[1]瘴气信念的一个积极作用是掀起了清理城市垃圾、露天污水道、滞水、贫民窟及不卫生的屠宰场的运动，这些措施可以大幅度地降低传染病流行的危险。不论在欧洲还是亚洲，公共卫生措施导致了经济的增长，但是在对瘟疫的宿命论的或缺乏实证科学的解释时期，整个社会对凶猛的瘟疫仍然束手无策。

在19世纪末，当时还没有任何一个国家有生物武器研制计划，医学科学家发现了微生物，从而造成了医学认识上的长足进展，例如：哪种细菌可引起哪种疾病；食物、水和人体接触可以传染疾病；病原体可通过不同的物种循环；昆虫和原生动物在瘟疫的引发方面起着一定的作用。一旦找到了这些因果联系，从方法论上讲人类就能够控制瘟疫的暴发了，特别是可能在人口中防止此前几个世纪曾造成巨大危害的那些瘟疫（它们对城市中心和穷困地区造成的危害尤其大），如鼠疫、霍乱、白喉、天花、流感和疟疾。科学知识本身不是魔棒，战争、被迫迁移、饥荒、营养不良、以前存在的疾病以及极度的贫困（特别是在殖民帝国）仍然是瘟疫流行的政治先决条件，现在和那时一样，这些仅仅依靠科学是解决不了的。稳定的生活、公共卫生运动和有关疾病传播的科学知识一起，使得人类得以繁衍。

到了20世纪20年代，西方社会就很少再出现那种对社会秩序构成威胁、造成大量人口死亡的突然的瘟疫暴发了。城市的公共卫生有了改进，水和食物供给由国家监督，作为进一步的防护发明了预防接种和药物治疗。由于大多数儿童期的疾病被征服了，人口的寿命延长了，这种趋势现在仍在继续，现在导致死亡的是工业社会侵袭老人的那些疾病如癌症、心脏病和中风。在世界的其他地方，由于公共卫生差，未能免除战争和贫困，仅靠科学知识未能防止大规模的瘟疫。发达国家和发展中国家，或者南方和北方，这种两极对立仍很明显，一方面是普遍的良好的健康，另一方面是广泛流行的本可治愈的疾病。

随着西方国家逐渐摆脱了瘟疫所造成的群体性灾难，一些国家的政府发明了生物武器作为夺取战争优势的一种手段。第一次世界大战中德国军队进行了首次攻击，所针对是动物而不是人。该攻击对英国和法国从中立国美国、挪威、西班牙、罗马尼亚及南美港口进口的载重马匹和驴进行了国际性大规模杀伤。[2]受到贿赂的码头装卸工以炭疽菌和鼻疽菌毒杀那些驮畜，整船的牲畜被感染和杀害。在德国人看来，这些攻击没有违背任何国际条约。[3]可是在很多年里，这项新发明使人们怀疑德国还可能发明和暗中使用了其他的生物媒介。

本章首先简述细菌理论的建立，然后讲述细菌武器的初期历史，当时法国人曾试图通过把炸弹形成的气雾与新的空中战争的威力结合起来，以便在对德国人的战争中占据优势。生物武器史的这一初期阶段的特点是：对敌国的报复准备与禁止使用生物武器之间的对立冲突。法国一方面签署了1925年的《日内瓦议定书》，另一方面又在从事生物武器的研制计划，以补充他们在第一次世界大战期间已经建立的化学武器装备。

有关科学家们对细菌武器最初的态度我们所知不多，因此本章中重新检视了早期的一份重要文献《细菌战》（Bacterial Warfare），它是两位美国生物学家西奥多·罗斯伯里（Theodor Rosebury）和埃尔文·A·卡巴特（Elvin A. Kabat）于1942年写的，适值日本偷袭珍珠港后不久，科学家们开始参与战争的活动。这份报告在当时是保密的，直到1947年才公开发表。[4]罗斯伯里和卡巴特与其他类似的科学家们一道处于一种全新的研究工作的边缘，对此他们作为爱国者而欣然地投入。在这篇文章写就六十多年后的今天，报告中有关生物武器的潜力和防范的论述仍然在产生着共鸣。这篇文章在阐述生物武器可能对敌人造成的威慑作用的同时，也在一定程度上表示了对使用这种武器的道德上的犹疑。

瘟　疫

有关瘟疫的历史记载表明，对疾病传播的无知增加了死亡和患病的危险。由于不知道疾病暴发的根源和传播的原因，大批人口处于毫无防卫的状态。[5]19世纪30年代给欧洲造成巨大灾难的流行霍乱，后来有了微生物学知识，加上政府公开的普及教育和提供基本的医疗条件，是可以防止的。那场瘟疫1817年始于印度，1826年再度暴发，远播到莫斯科，从那里又流传到西欧。当时没有人知道这种疾病是由一种叫做霍乱弧菌（vibrio）的细菌引起的，也不知道它们大部分是通过被粪便污染的饮用水源而传播的。据报道，受到这种疾病感染的人40%—70%死亡，有的是在几天之后，有的甚至在几小时之后。军队对受感染人群的强制隔离引起骚乱和暴力。[6]在霍乱流行的全过程中，欧洲医生们的解释是，它们是由“空气状况”和瘴气（或者是有毒的臭气）引起的。[7]

19世纪时，医生们不能辨别一种瘟疫与另一种瘟疫的区别。热病、疹子、食欲丧失、关节痛的症状与六种可能的“瘟疫相同”。[8]只有天花是一种例外，由于出痘而不会产生这种诊断上的混淆，对之可进行预防接种，但不是所有地方都接受这种做法。曾有几百年的时间，中国和印度的走门串户的民间医生用患者的结痂来给其他人作预防接种，这种做法通过贸易路线传到了君士坦丁堡，1720年当时在那里的英国大使的妻子玛丽·沃特利·蒙塔古（Mary Wortley Montagu）夫人发现了现在叫做天花苗的东西并把它带回了英国皇家宫廷。这种有意地使人体中毒的新发明引起了神学和医学上的争论。[9]1796年，英格兰医生爱德华·詹纳（Edward Jenner）进行了接种试验，从母牛身上提出一种血清，注射到人体上后可防止天花感染。医学界很快就分成对立的两派，一派赞同詹纳的做法，另一派则表示怀疑或恐惧。对免疫和接种的普遍理解还是几百年以后的事情。和在军事和公共卫生史上一样，接种在生物武器史上的作用也是很突出的，一方面是因为它们在防护上所起的作用，另一方面是由于对其危险的副作用及对身体的污染始终怀有的担心。

19世纪后半叶，欧洲科学家对疾病进行研究的方法是寻找自然的秘密规律，这种规律可以凭借坚持不懈的努力、灵感、实用的显微镜和简陋的实验室而发现。1858年法国医生路易斯·巴斯德（Louis Pasteur）发表了细菌导致疾病的论证，所依据的是他对发酵所作的试验。他随后开始批驳细菌在有机物质中自发产生的观点，他揭示出细菌实际上存在于空气中，是肉眼所看不见的。1876年巴斯德的著名对手、德国医生罗伯特·科赫（Robert Koch）通过对炭疽杆菌的试验对细菌理论作出了严格的证明，而这种导致炭疽热的细菌也就是在随后的一个世纪里成为生物武器媒介的热门话题。科赫用他的纯细菌培养技术跟踪炭疽细菌的生命周期，从其蛰伏的孢子形态到盟发状态，再到杆状发育阶段，然后又回到孢子状态。科赫随后又发现了引发肺结核的结核菌以及霍乱菌，并为在实验室里隔离和培养细菌制定了标准。他同时又发明了疫苗，以表示母牛的拉丁词 vacca 命名之，以示对詹纳工作的崇敬。1881 年他宣布发明炭疽菌疫苗，由此结束了这种疾病在家畜中的暴发（动物流行病）。

像蒙塔古夫人的天花接种和詹纳的血清一样，细菌理论在开始时是被医学机构抵制的，而那些懂得其重要性的试验科学家们开始用新的基础实验室技术培养疾病媒介，并对由带菌者传播的疾病加以研究。在法国和德国的巨大突破基础之上发展起来的西方微生物学是后来的一个世纪中所有生物武器研制计划的基础。微生物可被用做武器媒介并不是显而易见的事情。就所了解的情况说，它们在寄存体以外是不稳定的。与化学合成物不同，微生物被用来做炸弹填充物看来是非常脆弱的，它们将会受到投射时的震动和高温的影响。必须对细菌的稳定性和耐受性加以研究，才能知道生物武器是否可行。

法国生物武器研制计划

作为《凡尔赛条约》（Treaty of Versailles）和盟军相互监管委员会（Inter-Allied Control Commission）监管机制的一部分，法国海军化学研究实验室主任奥古斯塔·特里拉特（Auguste Trillat）1919年应法国政府的请求，对德国一家制药厂进行了检查。这位生物实验室主任在该工厂看了透露过，德国人在继续进行生物武器的研究。[10]法国人很清楚德国人在战争期间对驮畜所进行的攻击，法国自身也通过间谍和战俘用鼻疽菌和炭疽菌对德国的牲畜进行过类似的杀伤。[11]特里拉特的报告传回法国后引起了惊慌。德国人自己也有惊慌之处，那是由有关苏联细菌炸弹的传闻引起的，但其军事专家对细菌战表示怀疑，认为它会反过来殃及攻击者自身，因此他们把注意力集中在化学武器上。[12]法国作战部 1921 年宣布，法国将开始生物武器的研制计划。为了领导这个计划，军方求助于特里拉特，后者已经进行过有关细菌空气传播方面的试验。

特里拉特可能是对细菌武器的军事价值作出估价并参与实施其计划的第一位政府科学家。他认为可以把细菌培养液装入弹壳中，炸弹引爆后可形成有甚大传染力的“细菌云雾”。[13]他还告诉法国有关当局，最有效的攻击手段是从飞机上投掷生物炸弹。[14]与此同时，另一些人也在考虑在未来用飞机投掷化学炸弹，其中包括法国军事将领马歇尔·福赫（Marshal Foch）元帅。后者在 1921 年写道：“飞机的载重能力在增强，载重量几乎是与日俱增，这种进展使得可以引进一种全新的大规模使用毒气的方式。越来越高效和大容量的炸弹的使用，不但使陆军变得更加脆弱，也使后方的部队驻扎地及平民居住区受到威胁。”[15]

特里拉特对士兵防卫细菌武器的手段如防护面罩信心不足，他也不认为防护疫苗能提供完全的保护。他想象细菌武器将在敌人后方防线上，对敌军的预备队、工业区和城市中的平民、庄稼及供水源大肆破坏。要建立防御的反击力量，他建议对炭疽热、普鲁氏菌病、霍乱、痢疾、鼠疫、伤寒等进行研究，以作为潜在的武器。

制造病菌云团是一项困难的挑战。像许多当时的生物学家一样，特里拉特认为微生物是脆弱的，但在寄存体外它们可以借助潮湿的环境存活，像咳嗽和打喷嚏喷出的唾沫可以传播细菌一样。他的试验证明了他自己的理论：湿的媒介团能保持最大的毒性，因此他摈弃病菌可以在进行干燥处理后有效传播的看法，不过后来科学家证明这一点是可能做到的。[16]

在当时对细菌武器缺陷的讨论中，科学家们怀疑微生物能否抵御爆炸造成的冲击力，[17]不过特里拉特认为瞬间的爆炸将驱散而不毁灭这些微生物，因此由炸弹造成感染云团是可行的。[18]他还认为空气是细菌的一个“广大的培养场所”，只要它是潮湿的就能促成细菌生长，使其能在一个城市的上空有效地散布。他的预见并不是出于一种猜想，而是基于他对变动的大气条件及其对细菌云团毒性的影响进行过研究。

由于德国 1940 年对法国的占领以及战前和战后法国自身的保密，人们始终不知道法国在生物战计划方面到底走了多远。巴斯德留下的机制使法国得以拥有一个强大的全国和国际性研究机构系统，加上大学和医学院的培训，这为法国在生物武器探索方面提供了无可置疑的有利条件。除了在海军中央炮兵实验所的研究以外，云团和炸弹试验还在勒伯谢特（Le Bouchet）国家炸药厂进行，动物试验则在设在巴黎的陆军兽医实验室进行。除了借助特里拉特和他的同事们的一些出版物以外，对这些研究的内容是很难进行估价的。虽然法国和英国战前曾在阿尔及利亚进行过化学武器的合作试验，但法国的盟国看来对此也所知甚少。[19]

1927 年到 1934 年间，法国的生物战研究似乎有所缩减，这多半是出于法国对《日内瓦议定书》的承诺。随着希特勒上台，法国人对德国威胁的意识加重，特别是担心德国人的空中进攻。[20]

法国人的担心一部分是由有关德国人利用间谍在巴黎地铁进行空气传播生物媒介试验的传闻引起的。重新审视了德国文献的法国科学家也发现对生物武器可行性所抱的令人不安的乐观态度。所引的一家德国媒体的评论说："胜利的一国将是知道如何找到毒性最强的杆菌和使自身对之拥有最有效的防疫疫苗的国家。"[21]在1937年召开的一次法国军事人员会议上有人提出了这样的看法：战时的德国人将乐于普遍燃起战火，将会有创造性地打一场全面战争，"以确保对军人和不论年龄不分性别的平民的杀伤"。[22]

1935年到1940年间，法国军方又开始积极地进行生物武器试验，而别的西方大国如英国、美国、德国等却没有这样做。在这一时期，后勤供应问题变得更加引人注目了，在选择何种病原体方面仍没有定见。以何者为攻击目标：是人、动物、庄稼还是水源？如果是人，则作为受体的人群的状况就是一个起影响作用的因素。这意味着要考虑其免疫状况是否已被战争条件、恶劣气候（特别是寒冷）、疲劳或士气低落等所削弱，年龄、疾病、种族等是否影响其承受力。最好选择什么样的侵染途径？气雾被认为是最有效的，细菌也可以通过伤口、昆虫叮咬或食物和水源的污染而引入。病原体必须是毒性的，也就是说可以快速地引起严重的疾病。在发酵、载入弹药和储藏的时间推移过程中它能否保持毒性？弹药能否有效地生成气雾而又不影响病菌的活力？在解决诸如这类问题时，法国在后期的国家计划中预想了科学家的见解，在其最初对可能的媒介如引发野兔病、普鲁氏菌病、芜菁科昆虫病、鼠疫和炭疽热等病菌的选择上也是这样做的。法国人在后来的国家计划中还认为由细菌产生的毒素，特别是肉毒素〔由肉毒杆菌（Clostridium botulinum）所产生〕为理想的选择。

在公开的法国文献中还有有关建立针对可能的生物战攻击的公民防务的主张。一位来自军方的物理学家建议成立一个叫做"微生物防卫中心"的机构，并提出了三项措施：（1）通过对城市和港口的空气、尘埃、水源和食物的检测以及捕捉老鼠并对之进行检验，加强对病原体的检查；（2）用面具和接种疫苗对公民个人进行防护；（3）在建筑物和其他有人居住的地方散播具有预防作用的抗菌“雾气”，这也是特里拉特早先提出的一项建议。[23]

1940年春季，由于德国军队的推进，所有研究站点的法文资料据报道都被销毁或藏匿起来，研究计划也随之撤销。尽管英国人曾担心在巴斯德研究所的某个研究室里的法国生物学家与德国人进行过生物战试验的合作，但是并没有发现有关这种合作的证据。

法国人曾很认真地对待据称德国人可能进行生物战的威胁，但美国的军事专家对此却持怀疑态度，认为对抗细菌的防卫措施看来超过了实际细菌战的威胁。例如，里昂·福克斯（Leon Fox）少将1933年曾在《军事外科学》（*The Military Surgeon*）上发表了一篇文章，其中考察了生物战的可能性，包括从肠道疾病到呼吸系统疾病以及昆虫传播疾病暴发的可能性。在第一个范畴内，他相信现代的卫生措施能够减少对水源、牛奶和食物进行污染的可能。对于呼吸系统疾病他的信念是，人有自然的免疫力，而在这方面影响最大的疾病（在他看来是感冒、肺炎和流行性脑炎）是具有传染性的，使用者自身将和敌方一样受到严重的侵害。他承认炭疽热是个例外（这种病不通过人际接触传染），但他认为那不是个严重的威胁。至于鼠疫和伤寒（在他看来最重要的由昆虫传染的疾病），他指出消灭跳蚤、虱子和鼠源以防止疾病暴发是比较容易的。富克斯认为，仅从务实的角度来看就能确定生物武器以及化学武器会不会被在战争中使用。他对生物武器能否达到理想的标准是不看好的，他指出：“在当前，无法逾越的实际的技术困难将使生物媒介无法作为有效的战争武器而被使用。”[24]

罗斯伯里和卡巴特论生物武器

在战争爆发后的10年中，英国和美国的生物学家把这种“无法逾越的技术困难”视为一种挑战。1942年，加利福尼亚大学物理学院和医学院的专家西奥多·罗斯伯里和埃尔文·卡巴特勾勒了全面生物武器计划的要素，包括生物武器媒介的选择以及进攻和防御目标的框架。[25]在英国的协助下，美国在一年的时间里启动了生物战计划。罗斯伯里是以师级参谋的身份参与这项工作的，并且一直服务到战争结束。他的级别较低的同事卡巴特也以自己的研究贡献于这项计划。

罗斯伯里和卡巴特的这份50页左右的报告以启发性的对化学武器和生物武器的比较开始。像特里拉特（他们了解他的工作）一样，罗斯伯里和卡巴特评论说，那种看不见、摸不着，大面积传播的化学和生物武器在平民心理上造成一种恐惧（他们用的一个词是insidious①）。此外，化学药品和病原体可以同样毒害身体，导致疾病和死亡。那么生物武器的独特之处在哪里呢？这里作者指出了六个特点：

1. 感染性生物媒介有潜伏期，也就是说，它们的效力是滞后的，要经过数天才显现。

2. 疾病媒介还可具有传染性，也就是说，它们可以从一个人传到另一个人，它们也可以通过动物或污染的食物和水源进行传播。

3. 疾病媒介以传染力即它们在人群中个体身上引发病症的频率来区分。

4. 传染力可因个体的免疫力而有差异，个体对特定疾病的易感性是不同的。

---

① 英文insidious一词含有以隐秘、不可捉摸的方式散布危害之意。——译者注

5. 与化学媒介不同，感染性媒介不是制造出来的，它们是可以繁殖的生命形态。

6. 如果没有其特殊的哺乳动物载体，疾病媒介往往变得不稳定并失去毒性，虽然这种毒性可以通过技术手段增强。

这些特点都是针对特里拉特所面对过、而英国人和美国人将要着力解决的技术性问题而言的，对于所选择用于研究的疾病媒介的许多方面都还是未知的，任何蓄意制造的瘟疫其实际影响力只是理论上的，而且将停留在这个阶段。

罗斯伯里和卡巴特认为特里拉特专注于浆液和潮湿的大气状况，其意义不如关注细菌在空气中的传播。他们的研究表明，喷撒到空气中的细菌历经数小时从地面收回后毒性并没有减弱；肺炎、牛痘、流感、脊髓灰质炎、肺结核等的传播媒介比以前想象的要稳定。罗斯伯里和卡巴特以有关实验室发现意外情况的文献以及对稳定性的试验报道作为讨论的启发。例如，密歇根州立大学曾出现过一次令人困惑的普鲁氏菌病的暴发，后被追溯为由空气中的浮质所导致；实验室里所出现的数十次有关野兔病的灾祸表明了在一定距离和时间内散播的微生物的稳定性。这两位科学家对干燥技术如冻干法比早期的特里拉特有更多的了解。所有这些知识都表明把病原体纳入现代战争是有可能取得成功的。

什么是最佳的生物媒介的运载系统呢？罗斯伯里和卡巴特的结论是："飞机显然是传染性媒介的最有效的运载手段。"[26]但是他们并没有对炸弹（bomb）或炮弹（shell）表示支持。尽管特里拉特很自信，但实际上人们对爆炸时细菌的传播和存活力仍有很多未知。罗斯伯里和卡巴待认为，可以通过低空飞行的飞机散播受到感染的跳蚤之类的带菌体（就像日本人被指责的在满洲里所做的那样）直接对地面部队进行攻击。[27]存在着飞机污染美国水库的可能性。此外，对空中媒介的传播也需要进行试验，什么样的用冻干法处理的媒介可以最有效地用来制造感染云团。

从一开始，两位作者就反对任何形式的首先使用细菌武器，相反，他们主张为防卫的目的对细菌武器加以研究，并把其研制作为一种威慑手段。他们引述了温斯顿·丘吉尔（Winston Churchill）1942年的讲话，其中提到，如果德国不惜使用毒气，英国就会“在可能的最大规模和范围内对德国的军事目标进行报复”。[28]罗斯伯里和卡巴特的看法是：“如果敌方猜想我们没有作好以牙还牙的报复准备，他们使用细菌战的可能性就势必会增加。”[29]

罗斯伯里和卡巴特设想将需要制定一个完整的生物武器生产计划。他们指出，如果军方想要实现工业水平的生产，将需要建立或改造工厂，其规模相当于或比生产商业性防疫疫苗的工厂更大。鼠疫、野兔病等高度传染的媒介将需要全部隔离的建筑。如果军方研究高毒性、抗药物的细菌品种，将需要对处理这些不寻常的细菌出现事故时造成的疾病传染保持警惕。

候选病原体

罗斯伯里和卡巴特的报告的大部分用于着力拣选七十余种可能的媒介，作者剔除了其中37种，建议对另37种作详尽的考察。拿他们所列的媒介与现时代生物战的媒介名录相比（见表1.1）可以看出，大部分媒介仍保留着。炭疽热和野兔病病菌以及若干病毒（特别是天花和黄热病病毒）是比较固定的候选者，虽然炭疽热目前在美国仍多被看做是导致动物疾病暴发的原因，而不是对人类造成侵害。“二战”后增加的致病媒介包括出血热系列病毒，如沙拉热病毒、马尔堡病毒和埃博拉病毒。

表 1.1　列举的可能作为对人类使用的武器的生物媒介

生物媒介及所引发疾病的 WHO 编码[a]	联合国[b]（1969）	世界卫生组织[c]（1970）	联合国裁军委员会文件[d]（1992）	澳大利亚集团[e]（1992）	北大西洋公约组织[f]（1996）	疾病控制中心[g] A 类（2000）	《生物武器公约》[h]协议草案（2001）
细菌类别（包括立克次氏体属和衣原体）							
炭疽热，A22	×	×	×	×	×	×	×
五日热，A79.0				×			
普鲁氏菌病，A23	×	×	×	×	×		×
鼻疽病，A24.0	×	×	×	×			×
类鼻疽，A24	×	×	×	×	×		×
土拉菌病，A21	×	×	×	×	×	×	×
伤寒，A01.0	×	×		×	×		
志贺氏细菌性痢疾，A03	×				×		
霍乱，A00	×	×		×	×		
鼠疫，A20	×	×	×	×	×	×	×
Q 热，A78	×	×	×	×	×		×
恙虫热，A75.3					×		
斑疹伤寒，A75	×	×	×	×	×		×
岩山斑热，A77.0	×	×		×	×		×
鹦鹉热，A70	×				×		
真菌类							
球孢子菌病		×	×		×		

续表

生物媒介及所引发疾病的 WHO 编码[a]	联合国[b]（1969）	世界卫生组织[c]（1970）	联合国裁军委员会文件[d]（1992）	澳大利亚集团[e]（1992）	北大西洋公约组织[f]（1996）	疾病控制中心[g]A 类（2000）	《生物武器公约》[h]协议草案（2001）
病毒							
汉塔恩/朝鲜出血热等，A98.5		×		×	×		
辛诺柏病毒证，J12.8							×
克里米亚—刚果出血热，A98.0		×		×	×		×
裂谷热，A92.4		×		×	×		×
埃伯拉病毒热，A98.3				×	×	×	×
青猴病，A98.4		×		×		×	×
淋巴脉络丛脑膜炎，A87.2				×			
阿根廷出血热，A96.0				×	×	×	×
玻利维亚出血热，A96.1				×	×		×
拉沙热，A96.2				×	×	×	×
蜱传脑炎/俄罗斯春夏季脑炎，A84.0/A84	×	×		×	×		×
登格热，A90/91	×	×		×	×		
黄热病，A95	×	×		×	×		×
奥姆斯喀出血热，A98.1					×		
日本脑炎，A83.0		×		×			
西部马脑炎，A83.1		×		×			×
东部马脑炎，A83.2	×	×		×	×		×
基孔肯雅蚊症，A92.0	×	×		×	×		
O’nyong-nyong 热，A92.1		×					

续表

生物媒介及所引发疾病的 WHO 编码[a]	联合国[b]（1969）	世界卫生组织[c]（1970）	联合国裁军委员会文件[d]（1992）	澳大利亚集团[e]（1992）	北大西洋公约组织[f]（1996）	疾病控制中心[g]A 类（2000）	《生物武器公约》[h]协议草案（2001）
委内瑞拉马脑炎，A92.2	×	×	×	×	×		×
天花，B03（smallpox）	×	×		×	×	×	×
猴痘，B04				×			×
感冒				×			
流感，J10,11	×	×			×		
原生虫							
纳格勒阿米巴病，B60.2（naegleriasis）							×
弓浆虫感染症，B58		×					
血吸虫病，B65		×					
资料来源：《公共卫生系统生化武器应对措施：世界卫生组织指导，2004》							

注释：

a 疾病按世界卫生组织《国际疾病分类》（第 10 版）一书中的编号分类。

b 联合国：《秘书长报告：化学与细菌（生物）武器及其可能使用的危害》（纽约，1969）。

c 世界卫生组织：《世界卫生组织专家组报告：化学与生物武器对人的健康的影响》（日内瓦，1970）。

d 联合国裁军事务署：《生物武器公约国公布资料汇编》。

e 澳大利亚小组文件 AG/Dec92/BW/Chair/30,1992.6。

f 北约（NATO）：《NBC 防卫演习医务手册》（1996）。

g 疾病控制与预防中心：《生物与化学恐怖活动：战略防备和反应计划》。

h 《禁止研制、生产、储备细菌（生物）和毒素武器及其销毁公约》签约国特设小组文件。

这两位科学家认真地对所选择的候选微生物作了评估，采用了10项标准，包括媒介的可获得性（是否能容易地培养），特效免疫的医治的可能性（敌方可能很容易地拥有或获得的防御手段）。其他重要指标包括受侵害的人群中可能和在多长时间内患病或死亡的人的比例，有关疾病是否传染及其所有可能的传播模式，所散播的媒介是否会对环境造成污染，如果友邻部队试图夺取某个地区的话是否会对他们构成负作用威胁。

全面战争的目标决定了可能媒介的选择，不必再区分是否会在平民中造成有意的疾病传播或破坏他们的食物来源。这样，生物武器的军事目标被看做主要是“破坏敌后防线的工业区，破坏军事中心或军营；用做‘焦土’（scorch earth）政策的一部分，以及杀伤有价值的动物，摧毁食品厂和工业作物”。[30]对以生物媒介封锁城市和如何打破这种封锁也作了简要的考察。

一些人们熟知的疾病侵害被认为不宜采用。例如麻风病的潜伏期太长，白喉（它被认为是一种儿童病）对成人的“杀伤率”太低，即受严重侵害的人不会太多。天花和破伤风的问题是敌方人员会因以前受到过侵害而获得接种和免疫。急性骨髓灰质炎病毒不易培养且感染率低。肺结核是一种“低杀伤力”的慢性病。

罗斯伯里—卡巴特的名单上最初有肉毒杆菌，被描述为所有肠胃毒剂中毒性最强的，大大超过了其他毒剂，很少的一点儿就可致命且潜伏期短。天花没有进入候选名单，疫苗接种可使其变得没有效力。名单中也排除了霍乱和斑疹伤寒，但后来美国和一些国家的计划对之感兴趣。列入名单的有流感和韦尔氏病（细螺旋体病）——这是一种通常不致命的水生细菌感染，后来军方对这两种病都不怎么感兴趣。以前战争中的杀手痢疾（志贺氏菌病）在这张（以及别的）名单上排得很靠后，因为通常的卫生预防就可加以防止。罗斯伯里和卡巴特对通过有意地释放蚊子引发疟疾表示关注，这是法国人提出来的，但没有被普遍接受，尽管美国在战争期间和战后曾对蚊子传播的疾病进行过进攻性和防御性的全面研究。

所选择的媒介

对可供使用的生物媒介在几十年中保持着高度的共识。[31]通过后来的鉴定罗斯伯里和卡巴特对他们的判断只作了很少的变动。他们把炭疽热杆菌蛰伏孢子列为从整体来看最重要的媒介，指出“在对动物的传染性上来说只有很少的微生物能超过它，在寄主的广泛性上来说更是独一无二的”。[32]

大多数有关人类受炭疽热感染的资料都来自于工业，例如一个毛纺厂工人可能感染呼吸性炭疽热或由于擦伤或割伤而受皮肤炭疽热感染。世界上在没有可靠的动物防疫和兽医检查的地区，食用受过感染的肉可能引起肠炭疽热，这也是一种死亡率很高的疾病。早在巴斯德①时代就有一种理论，认为呼吸管道擦伤易引起炭疽热感染，而呼吸炭疽热（也称为“羊毛分检员病”）本身与大量接触粉尘有关，那是一种增加感染机会的“机械性刺激因素”。由于没有完全可靠的医治方法，炭疽热一直因其过分的危险而无法在人体上对这种理论进行检验。罗斯伯里和卡巴特知道未加医治的炭疽热死亡率极高，他们确信炭疽热的潜伏期很短，只有几小时到几天的时间。对多数受侵染者来说确实如此，不过后来对动物进行的试验和1979

① 巴斯德（1822—1895），法国化学家、微生物学家，证明微生物引起发酵及传染病，首创用疫苗接种预防狂犬病、炭疽热和鸡霍乱，发明巴氏消毒法，开创了立体化学，著有《乳酸发酵》等。——译者注

年斯维尔德洛夫斯克流行的炭疽热却表明，对某些人会有较长的潜伏期。[33]

从用做武器的角度看，炭疽热孢子的顽强性正是其优点所在：它们不论在冷热环境中都可以存活四年而不失其毒性；在实验室中，在干燥的环境下它们可以忍耐高达100摄氏度的高温。至于保护方面，两位作者注意到一个问题：盟军的部队需要进行防疫，但是除针对动物的外没有可用的疫苗。即使对动物疫苗也有副作用，在兽群中的致死率高达1%。罗斯伯里和卡巴特先于其时代地提出应研制“完全无害而有效的（炭疽热）疫苗”。他们预计，在遭受攻击后再去消除炭疽孢子的污染将是很困难的。

在候选的疾病中，鼠疫的排名非常靠前。在人类历史上，淋巴腺鼠疫（指腹股沟腺炎或腋窝及腹股沟肿大）曾由老鼠所携带的受感染的跳蚤传播造成过毁灭性的瘟疫。如果对人的感染传到肺就会造成死亡率很高的肺鼠疫，它有时由淋巴鼠疫诱发，通过人与人的接触传播。实验室中的试验表明，鼠疫杆菌稳定性很强，故通过冷冻干燥后作为气团散播（以传播肺鼠疫）看来是可行的。“鼠疫菌可以通过空气途径传播，在某种可以十分清晰地界定的条件下可造成破坏力极大的瘟疫，这一点是无可怀疑的。”[34]

传播野兔病和普鲁氏菌病的媒介后来也成为罗斯伯里和卡巴特名单上重要的生物武器研制计划对象。战后美国通过人体对野兔病病菌剂量反应的研究，使得野兔病媒介和炭疽热及黄热病媒介一道，成为可标准计量的炮弹填充物。

普鲁氏菌病有几种已知的可感染动物（特别是家畜）和人类的变体，其中羊种普鲁氏菌（brucella melitensis）引起的病征最严重。这种疾病（潜伏期为四天到四个月不等）可持续长达三个月的时间，且可能再度复发。普鲁氏菌病造成的死亡率不高，据估计不到

2%，故在后来的武器研制计划中被作为一种与致命率高的疾病相比较相对“人性化”的媒介。此外，鹦鹉热（psittacosis）虽然致命率没有炭疽热和鼠疫那样高，但因其具有极强的空气传播感染性，因此是“最实用的生物战媒介之一”。要把这些媒介和其他病菌制成有效的气雾这个问题，只有通过对动物在受控的温度、湿度、风向和风速条件下的试验才能解决。罗斯伯里和卡巴特建议通过大学来进行这项试验。他们指出通过这种对空气传播感染的考察也会有助于提高公众的健康水平。

仅次于空气传播媒介的是由带菌者传播的疾病，它们是由跳蚤、虱子、蚊子、虱类蜱、蚋等寄生物携带者传播的，这些寄生物包括细菌、病毒及原生动物。这种可能性也是要通过动物试验来进行评估的。有关病菌携带者传播的疾病提出了这样的问题：全球哪个地区可能成为被攻击的目标。例如，由蚊子传播的登格热的特点是发作比较突然（通常不到六天），恢复得慢，这种病被认为与热带气候有关。同样由蚊子传播的黄热病也是这样，虽然在美洲也有发现，但对亚洲的潜在破坏力最大。罗斯伯里和卡巴特提出，引发Q（query）热病等的立克次体菌（寄生于细胞中的微生物，可由叮咬的节肢动物传播）可用气体传播。在传染性、病征的凶险性、恢复期长以及可能的高死亡率方面，引发斑疹热和Q热的虱类蜱细菌名列前茅。

两位科学家简略讨论了可能导致动物和农作物疾病的生物媒介。在感染动物的疾病当中，炭疽热、鼻疽病、裂谷热病毒、马脑炎等也会严重地感染人。但他们注意到，对牛、羊、猪等动物有很高传染性的口蹄疫却不会感染人。有几种病毒可以感染鸡和猪。牛瘟对普通牛和水牛有着很强的侵害性，加拿大的生物战科学家后来曾指出这种病对北美牛群存在着威胁，提出研发新的防疫疫苗。这两位科学家最后列举的动物疾病是牛胸膜肺炎（Mycoplasma mycoides），这种威胁亚洲牛群的病在1895年已被根除。

罗斯伯里和卡巴特提出了十几种可能侵害农作物的细菌、病毒和真菌（它们大多数只侵害植物和农作物），此外还有一些可能用来破坏农作物的昆虫如棉籽象鼻虫和玉米螟。他们再次指出，对侵害动植物的媒介的效力及可能的技术防御手段需要进行试验。在生物武器的选择中，侵害植物的病菌是末选，因为一旦释放，它们将很难控制和根除。

军事防御

如何使军队防御可能的细菌武器攻击是一切生物战计划的必要内容，需要给军队提供对敌方可能使用的传染病媒介和己方所使用的病菌防御措施。根据化学武器的模式，良好装备的防毒面具可以滤除病菌气雾。一旦受到攻击，士兵们可以很快戴上防毒面具，但他们事先要得到遭受看不见的气雾攻击的警报，在战场的条件下，要做到这一点是很困难或不可能的。对于某些但不是所有的病菌媒介，可以通过服用（经过试验的受到侵染后用的）预防或治疗药物对士兵提供防护。疫苗或抗血清可以提供24小时的防护，但对罗斯伯里和卡巴特所列重要药物中的大多数起不到这样的作用，通过大剂量地使用某种媒介也可以使这种防护失去效力。此外，如作者所指出的，某些生物媒介可以结合使用，或通过实验室试验改造而提高毒性。如果敌方选择了某种情报部门没有破获的未知武器，这种出乎意料的因素会使所的防御陷于瘫痪。

“二战”期间在任何一条战线上都没有使用过生物武器或化学武器，事实上，在通过技术发明使战斗中的士兵免受疾病侵扰和感染方面，第二次世界大战可说是一个转折点。疫苗、磺胺类药物，合成抗疟药阿的平及其衍生物、DDT（防疟疾和斑疹伤寒）、使用血浆和全血的新技术以及后来青霉素的批量生产等，都促成了存活率的提高。

民　　防

罗斯伯里和卡巴特没有回避生物武器和公共健康之间的矛盾。他们论述道，公共健康的主要目标是尽可能多地发现传播疾病的因素，以便打破相关的因果链。反之，把疾病作为一种武器则是公共健康这一目标的逆反。罗斯伯里和卡巴特这样描述道："对于细菌战的研究者来说，其重点发生了根本性的转移，他们对因果链条中薄弱环节的关注，其目的只是为了加强之，如果不能使其加强就放弃整个链条。他们主要关心的是大规模感染的初起，而不是其永久性的细节方面。当然如果为了反细菌战或细菌战开始后控制大规模感染的目的，情况就不同了，他就要借助有关整个流行病链的知识。"[35]

由此可以符合逻辑地推论，反生物武器的民用防卫重点在公共卫生的加强。及早发现对于控制有意制造的瘟疫是极为重要的。医生，特别是重要工业区的医生，要做到消息灵通，应该对可能使用的媒介十分警觉，懂得如何诊断由所选择的媒介引发的疾病，对任何疾病暴发中所出现的不寻常症状和情形保持质疑态度。

此外，罗斯伯里和卡巴特提出了三个层次的民用防备，这些措施虽然没有完全贯彻，但可用来和美国当前的防备计划作一比较。第一个层次是紧急状况反应，这需要扩大或调动现有的私营或公共卫生医疗设施。作为对这一层次的支持，各个大的军事设施和大的工业区需设有流动的"细菌战医疗小组"，与地方的卫生、警察、民防机构进行合作，能够实施检疫，从危险地区疏散未受感染的人群，参与面具的分发，保证有足够的疫苗及预防和治疗药物。这些小组还要负责在发现有细菌媒介出现的时候向民众宣传有关个人卫生和预防措施的知识。防空和救火队可作为消除污染和媒介侦察小组。

作为第二个层次的防备，他们建议采取常备或半常备措施，以减少呼吸系统疾病以及在工作单位和兵营中由食物引发疾病的危险。他们设想的方法是当时通常所采用的：抗菌喷雾、红外线照射、化学抗感染和消毒。

作为第三个层次的防备，罗斯伯里和卡巴特讨论的对付瘟疫的权宜性方法，建议采取广泛的公共卫生措施，解决贫民窟群居拥挤、卫生条件差及缺乏接种和防疫措施的状况，这些地方已经成了滋生瘟疫的温床。他们写道："认为可以对这些拥挤地区发生的细菌侵染的可能后果掉以轻心是极不明智的。"[36]紧急措施适用于军事和工业设施，但对平民也需要有减少一般瘟疫影响的长期措施。

这些建议是在罗斯福政府重新强调公共卫生的重要性的背景下提出的。[37]例如，在罗斯伯里和卡巴特所在的纽约市实行了很多新的公共卫生计划，包括社区卫生、儿童保健、灭蚊、提高家庭营养、牙齿保健，以及建立新的医院、地区诊所和实验室等。在对紧急状况的卫生增强方面，两位科学家提到已有的强大基础设施，对此只需作少量的增加。在后来的 50 年中，美国的公共卫生设施大多被中心医院、高科技医药和以为个体病人客户服务为主的医疗保健所取代。

战后，罗斯伯里回到医学科学领域，发表了一些有关细菌学和感染病学的著述，此外也提醒人们对细菌武器加以警觉。他 1949 年写的一本论著《和平还是瘟疫?》(*Peace or Pestilence*?) 一直是一本经典著作，其中概述了生物武器研制计划的危险，要求公众意识到政策问题的严重性。[38]卡巴特直到1947年为止一直是化学师团的顾问。他成了一位杰出的免疫学家，1991年获得乔治·布什颁发的全国医学科学奖章。

在下一章中我们将要论述，战时公共健康与生物武器（或者说是“公共健康的逆反”）的矛盾曾是“二战”前几年英国政府讨论的中心。随着战争变为现实，公共健康提倡者为一方，推动英国卫生保健制度的全面加强，而另一些权威的文职生物学家则走上了一条完全不同的道路，参与了军方生物武器的研发。英国的研制计划不是这一领域的首创，在其前有法国和日本，但英国的活动却是技术和组织上的一种成功，是最先使生物武器从设计阶段变成弹药、工业生产和模拟的空中攻击的现实。

第二章

英国与细菌战

军事科学的无情进展

1940 年英国启动了细菌武器研制计划，它起于一种偶然，但却建立了实验室研究和实地弹药试验的永久性组织模式。英国的率先行动促使美国也行动起来，后者在规模上（但没有在创造性上）很快就超过了英国。英国的计划体现了一种在战争环境下“不经意地升级”的特点。在开始时高层官员并不知道已经批准了一种新型武器研制计划，[1] 对德国破坏力的恐惧促使英国人作出建立报复性生物战能力的决定。早先对于德国人能力和意图的猜测已经引起了英国人对生物武器的担心。

间谍与破坏活动

德国在第一次世界大战期间进行的对协约国驮畜实施鼻疽病和炭疽热感染，比起英国记者亨利·威克汉姆·斯蒂德（Henry Wickham Steed）1934 年的披露来就不算什么大事件了。斯蒂德说，根据他所接收到的秘密文件，德国间谍正在调查用化学和生物武器对伦敦和巴黎进行空袭可能产生的影响。[2]

第一次世界大战中，德国人对飞机和飞艇（特别是齐柏林飞艇）的使用曾引起英国民众的恐慌，以这种方式进行的轰炸炸死了1 400 名英国平民，这比起战场的损失来说是一个小数目，但它却令人恐惧地表明，英吉利海峡不再是阻挡大陆的传统敌国的可靠屏障。在空战中，战斗性和非战斗性的区别（它已经被工业时代的战争弄得模糊了）已不再起作用，而对军事目标的不精确的轰炸以及以城市为目标的轰炸使老百姓处于双重危险之中。斯蒂德所揭示的德国人可能把飞机和有杀伤力的气团结合起来作战在整个欧洲引起了担忧。

威克汉姆·斯蒂德的文章开头，翻译了据称是一个德国秘密部门（空中气团防护部）的指挥官于 1932 年 7 月记述的有关战略轰炸的备忘录："如你们在前一段时间被告知的，法国在我们西线的防御工事使得步兵攻击难于进行，而炮兵攻击几乎是不可能的，这使得只有大力发展和扩充空中武器，以便对重点的敌军和工业中心，以及特别是大城市中的平民人口，施行有效和无情的空中打击。"[3]

斯蒂德所引述的其他德国文件概述了在巴黎和伦敦地铁口播撒在通常情况下无害的红灵菌（bacillus prodigiosus）的计划。使用这种通常称为沙雷氏菌（Serratia marcescens）的模拟物意在作为一种试验手段，如文件中所说的，其目的是查明空气流如何在譬如说六个小时内通过整个地铁系统扩散毒气或病菌。这个试验的前提是：由低空飞行的飞机所散播的细菌或化学药品会被空调系统吸入地铁通道。文件中声称在柏林和汉堡的地铁系统已经进行过遭受敌方空中袭击的试验。文件还详细描述了 1933 年 8 月 18 日在巴黎地铁的八个站口所进行的试验结果。

并不是所有专家都对斯蒂德的信息的真实性表示信服，文件中包含有内在的矛盾，还有一些并非德国的科学记号，甚至不是可辨识的科学记号。一位批评者指出，经过六小时之后，巴黎 8 月 18 日的强风会把所播撒的细菌吹到远至比利时的边境。[4]斯蒂德坚持他所收到的信息的真实性，理由是他的信息来源，但他对此又没有透露。

关于德国试验的传说不能自圆其说之处并不稍减其使世人震惊的意图。在公开场合，英国和法国政府尽量缩小斯蒂德文件的意义，而在私下里，英国的情报部门把斯蒂德的信息与在其前后所收到的另一份报告进行了对照。英国间谍报告说，在柏林为高级军事科学家所开设的有关毒气武器的课程中有关于细菌战的内容。[5]有关资料上说，德国的生物媒介只作报复使用，因而不违反《日内瓦议定书》。这些情报都被视为非结论性的，但是怀疑德国人研制生物武器的种子已经种下了。

在那一时期，双方情报部门的缺陷导致彼此错误地估计对方的化学和细菌武器的实力和意图，有时又对情报作了错误的估价或忽视，这使得政府的许多推想是没有根据的。当一位战俘透露出可靠的消息说，第三帝国正在研制一种叫“塔崩”（tabun）的神经毒气时，英国政府对这一信息不予理睬。[6]而另一方面，德国人错误地以为英国的化学战计划已经研制出了神经毒气，这显然是阻止他们使用自己已经成吨制造的“塔崩”的原因。战后，第三帝国元帅赫尔曼·格林（Hermann Goering）对拘禁他的人说，纳粹司令部在盟军进攻法国的那一天（D-day）没有下令使用神经毒气是担心盟军以同样的手段进行报复，杀死驮畜，而当时由于缺少卡车和吉普车用油，德国军队很大程度上要依赖驮畜。[7]

在“二战”前的建构阶段，英国及盟国不断收到有关德国生产生物武器的报告，但都是一些暗示性的，而且（后来证明）都不准确。希特勒本人对生物武器的反感是一个重要的制约因素。德国微生物学家料想英国可能播撒侵害农作物的病菌或空投致命细菌药瓶，他们自己只限于进行气雾试验。除了希特勒的反对以外，在第三帝国时期，德国生物学的伟大传统堕落为推崇优生学和种族主义理论，这导致在死亡营中进行的试验以及对犹太人和吉卜赛人的屠杀。1944 年底，当事实已经表明德国不具备生物战能力时，英国人以“镜子”猜想（“looking-glass” presumption）为自己的报复性研制计划辩解，即英国人认为其生物武器研制计划研制出的任何东西，德国人肯定也已经研制出了。

隐　秘　人

如果不是因为一位叫莫里斯·汉基（Maurice Hankey）的人（他曾长期担任英内阁秘书，是两次世界大战间隔期间最有影响的公务人员），英国人在生物战方面可能一直只限于采取纯粹的防御性措施——民众卫生保健的加强，为军队提供疫苗、药物和面具等。[8]

汉基在他 1974 出版的传记《隐秘人》（*Men of Secrets*）中没有提到他在生物武器研制计划（在战后仍在继续）方面所起的作用，[9] 在有关他本人的文件集中也没有透露他的重要影响。在历史学家把他记述为反对生物武器计划的人物多年之后，他最终被英国生物武器科学家们承认为其开创人。[10]在英国历史学家布赖恩·巴尔莫（Brian Balmer）报道的最近解密的文件中，也记述了汉基作为隐秘角色所起的关键作用。[11]

在其职业生涯中，汉基一直是英国防卫政策的幕后影响人。第一次世界大战期间他任战时内阁秘书，1918 年他成为英国内阁秘书，这一职位是他创建的，他本人任其职达 20 年之久，同时他还兼任皇家国防委员会秘书。在第二次世界大战前的那些年月里，他负责组建内阁和安排防务议事日程，常与首相内维尔·张伯伦（Neville Chamberlain）密切磋商。他还在许多重要的委员会中任职，并组建了若干他自任主席或可操控的委员会。1938 年他从官方职务上退休，后又重返政务，为行将来临的英国与德国之间的冲突进行动员准备。1939 年他在新的战时内阁中任无所任大臣，详细策划了内阁的建构，支持有关组建防卫德国空袭的国内安全部（Ministry of Home Security）的建议，他还与另一新的官方机构经济战争部（Ministry of Economic Warfare）密切合作，酝酿成立了特别作战处（Special Operations Executive），这是一个负责从事秘密破坏活动的机构，后来成为生物武器计划的委托人。

生物战与科学顾问

在斯蒂德文件公布之前，它们曾被送交给汉基，汉基提请当时三位著名的科学家加以注意，他们是：利斯特研究所（Lister Institute）主任约翰·莱丁汉姆（John Ledingham）、伦敦卫生与热带医学研究院的教授威廉·托普利（William Topley），以及国家医学研究所副主任斯图亚特·道格拉斯（Stewart Douglas）。这三位科学家都对文件的真实性持将信将疑的态度，认为这些试验如果真的进行了的话，是有关化学而不是生物媒介的传播。此外他们总体上也对生物武器表示怀疑。[12]与奥古斯塔·特里拉特（他们可能不知道他的有关著作）不同，他们认为爆炸产生的冲击会把大部分细菌杀死，而从飞机上喷撒会使得气雾过于飘散而不至于引起大规模严重的疾病流行。

在围绕斯蒂德的争论发生之后，汉基私下里会见了生理学家、医学研究会秘书爱德华·梅兰比（Edward Mellanby）爵士，询问该研究会是否将考虑生物战威胁的问题。梅兰比断然否定了这种想法，他认为研究会的职责是促进医学研究维护健康，而不是用于军事目的，更不是研制武器，即使是为了报复之用。

汉基没有退却，却致力于把梅兰比培训为一名顾问，并对其增强新兵营养健康状况的计划加以鼓励。1936年汉基成为细菌战分组委员会的主席。他吸收梅兰比为成员，同时招揽了莱丁汉姆和托普利及其他一些顶级医学科学家（当时道格拉斯已经去世）。该委员会的任务是起草有关“生物武器实用性”的报告，并就“万一出现该情况的应对措施”提出建议。梅兰比和他的科学同事开始会见来自军方和化学防卫研究机构的代表，该组织的大部分预算被用于设在唐港的化学武器研制计划上，唐港位于伦敦以西较远的威尔特郡。

直到1938年汉基所召集的科学顾问仍然对细菌武器研制的实用性以及德国细菌生物武器的威胁表示怀疑，而委员会主要考虑的问题是德国对英国的空袭可能造成的伤亡，其次是战争伤残、破坏和困苦可能造成的疾病。大部分有影响的委员会成员对大规模瘟疫流行都有过亲身经历，他们曾在由战争和社会破坏造成严重瘟疫流行的国家（美索不达米亚、塞尔维亚、印度和中国等）服务过。[13]他们又是经历过1918年流行性感冒暴发的一代人，当时感冒在全球流行，使数百万人丧生，显示了流行病的机会性特征。委员会最关注的是在它看来在未来战争中英国老百姓的薄弱环节：由空中轰炸致伤所造成的医疗需求、对水源的威胁、战时食品和流离失所可能在平民中造成的大规模瘟疫流行。[14]

历史学家亚瑟·马维克（Arthur Marwich）在论述全面战争对英国的影响时形容1938年是“政治家们为平民伤亡问题困扰思虑”的时期。[15]这种思虑促成紧急医院救护计划的提出，它需要自愿者与地方和国家级医院的合作。到1941年时，英国全国80%的医院都被纳入这项计划，它们对各种急需医治的病人而不单是被炸伤的人和老兵免费救治。这种紧急医院救护后来成为战后医疗体制的一个组成部分。

汉基的委员会针对公共医疗起草了一份很长的报告，建议成立一个全国紧急细菌实验室网络以协助为公民受伤者提供更好的诊断和治疗。报告被提交给以梅兰比为首的医学研究会，后者成立了一个特别小组委员会对之进行评估，并任命托普利（他也是作者之一）为主席。1938 年 7 月帝国防务委员会批准了成立一个全国性实验室的建议，梅兰比称之为紧急公共卫生救护站。这一实验室网络战后以公共卫生实验站之名留存下来，成为英国疾病防治体制的一个重要组成部分。

直到此时，汉基的委员会的工作一直是高度保密的，现在委员们向汉基提出应该允许对公共卫生的目的进行公开的宣传。帝国防务委员会的答复是只允许与参与委员会另一药品储藏计划的非政府组织进行有限度的接触。

1939 年 9 月，当时英国与德国已经正式开战，汉基要求他的顾问委员会全力关注生物武器的潜力问题。委员们虽然承认有关的破坏可能会导致公众的恐慌，特别是肉毒杆菌毒素可能具有很大的危险性，但是他们仍然不接受生物武器可能引发严重的流行瘟疫的看法，他们不为越来越多然而却是零碎不全的有关德国生物技术的报道所动，这些技术包括炸弹、药品和喷雾。当被要求对有关方法的实用性进行审查时，他们始终对气体悬浮物抱怀疑态度，相信有效的日常公共卫生就是最好的应对。他们淡化炭疽热、野兔病和其他一些非传染性疾病的危险性。在 1939 年 11 月提交的一份报告中，梅兰比和委员会特别提出飞机是一种“十分笨拙低效的传播细菌的手段”，不能“把一种传染媒介在适当的时间撒放到适当的地点”。

尽管如此，汉基仍然坚持考问他的科学顾问委员会有关疾病媒介的科学上不确定的那些问题。是否就细菌对炸药的反应进行过试验？炭疽孢子是怎样在空气中传播的？最终，梅兰比要求汉基去征得张伯伦首相的同意，允许在国家医学研究所进行一系列有关空气悬浮物的试验。汉基把这种试验说成是纯粹防卫性的而绝非为了研制武器之用，张伯伦同意了。这些从未作过完全报道的试验既可用于防卫也可用于攻击的目的，梅兰比的要求成了对炭疽热和其他可能的生物武器媒介的潜能进行全面探索的第一步。

弗利德里克·班廷爵士

与此同时，在加拿大的弗利德里克·班廷（Frederick Banting，他是他自己设在多伦多大学的研究中心的主任）越来越确信，希特勒和德国军队以及意大利和日本的军队将展开生物战，而英国政府必须使自己在这个领域里站稳脚跟，不论是在进攻方面还是在防卫方面。[16]班廷1891生于安大略省的农村，第一次世界大战期间是一名助理医师，他和其他一些人一样知道在对德国的化学武器实行报复方面英国及其盟国的准备是多么不足。在完成外科医生的培训之后，他立刻转向医学科学，他后来发现的胰岛素拯救了成千上万人的生命。因为这项工作，他与约翰·詹姆斯·麦克劳德（John James Macleod）共同获得了1923年的诺贝尔奖。[17]

班廷是未来空战重要性的信奉者，他设想到在1万到1.2万米高度的飞机大面积散播细菌的可能性。虽然他对细菌学所知不多，但他推想可有各种方法实施感染。他猜想飞机的使用，他宣称，“在新的细菌战条件下，引发疾病的细菌可以在任何地方散播——必须记住，只要细菌侵入人体就会引起疾病”。[18]

班廷热切地主张英国建立生物战能力，他没有明确宣扬首选使用细菌武器，但他提出拥有强大的报复力量将使英国对德国占有决定性优势。他断言，“如果德国使用细菌，盟国需能毫不迟疑以百倍的力量进行报复”。[19]

在为加拿大起草的一份形势分析报告中，班廷提出了他对报复、防卫和德国生物战威胁的意见，在可能的破坏性媒介中他列出了破伤风、狂犬病、气性坏疽、鹦鹉热、炭疽热、肉毒杆菌、口蹄疫（对动物）等。他要人们警惕由昆虫传播的疾病以及对水源的攻击。这份报告被提交给了英国的官方人士，但他的看法没有被接受，英国的官方人士仍然倾向于前此由汉基的科学顾问们提出的加强公共卫生的主张。1938 年 9 月梅兰比访问渥太华时曾提出了他的公共卫生主张，那已成了政府的主导观点。

1939 年在德国入侵波兰及英法宣战之后，时已 47 岁的班廷立即加入了加拿大空军，成为一名少校，全身心地投入了战争。在仍然担任研究所主任的同时，他还兼任两个调动加拿大科学力量的高级委员会的主任，一个是医学研究方面的，另一个是航空医学方面的。在后一委员会中班廷创建了一个研究高空对于飞行员的影响的项目。

1939 年 11 月班廷来到英国，以他的权威性为战时的工作尽力。他与他的科学家同事、毒理学专家伊斯雷尔·罗宾诺维奇（Israel Rabinowitch）访问了设在威尔特郡的唐港化学武器研究设施，发现那里的研究计划正在全面展开，只是由于战争的原因无法进行大规模的实地试验。罗宾诺维奇提出加拿大的旷野可能派上用场。后来艾伯塔省两千多平方公里的萨菲尔德（Suffield）牧场成为化学和生物武器的实地试验中心。

班廷此次出访的另一个紧迫目的是说服其他一些有影响的科学家相信开展生物战研究计划的必要性。他确信德国的生物武器试验已经进行了多年，德国将会毫不犹豫地使用生物武器，英国必须准备好进行战略报复。他对一位位有建树的生物学家进行劝说，但都无功而返。1939年圣诞节前夕班廷与梅兰比一起喝茶，后者显然缺乏热情加深了他的失落感。班廷还与汉基有所接触。

班廷此时的观点是，平民是现代战争整体的一部分："过去，战争大多只限于穿制服的军人，但是随着战争机械化程度的提高和空军的介入，战争越来越依赖于国人的供养，现在一个前线的士兵需要国内八到十个人工作的供养，这使得战争的局面发生了改变，真正成了一个民族与另一个民族之间的战争。在这种情况下，杀伤十个国内非武装的劳动者与使一个士兵丧失战斗力有同等的效力。如果能以较小的风险达到这一目的，那么它将是最好的战争模式。"[20]在接受了这种严酷的计算后，班廷便开始构想如何制定一项生物武器研制计划。在他带往伦敦的一份备忘录中，他提出一个新的组织计划。

这一新的组织将包括三方面的工作：第一方面的工作是对所有已知的可能制造生物武器的媒介资料进行收集和评估。对于那些对病原体的稳定性持怀疑态度的人，班廷指出，导致伤寒、百日咳、脑膜炎等的病原体已被成功地冷冻和干燥。据他的推测，其他微生物的稳定性问题也可以得到解决。计划的这个部分将评估对这些媒介的对抗处理措施。

计划的第二方面的工作将是武器研究，像其他人一样，班廷也对浸毒子弹感兴趣。此外他还建议对炮弹和炸弹以及制造从飞机上散布的"细菌尘"进行研究。他预计需要进行工厂规模的细菌生产以及制定保护工人的安全标准。他从理论上推测（事实上有些是正确的），可以研究一些方法以绕过传播某些危险疾病如鼠疫和黄热病所需的带菌者的问题。

班廷建议的生物武器研制计划的第三方面是建立"警戒委员会"，它是一个情报性机构，负责跟踪可疑的疾病暴发，侦查可能的间谍活动，如出售和使用有媒介生产迹象的实验室设备及其他机械。该委员会还将负责在疾病暴发出现后向公众作简要的警示、规定和指导。他提出，该委员会可能还需要考虑准备足够的口罩，在需要的时候广为散发，以制止疾病的传播。对于敌人对英国展开种种细菌战的方式抱警觉态度的班廷甚至考虑到，敌人可能通过邮寄信封散布病菌，而2001年在美国确实出现了这种情况。他特别关心水源被放毒的问题。他警告说："在人为的细菌战制造的瘟疫流行面前，有关自然瘟疫流行的那些固定看法必须改变。"[21]

在备忘录的最后他提出，如果英国政府要求，加拿大（通过加拿大国防部）可以提供训练有素的生物学家、广阔的试验空间以及炮兵和武装部队。

1940年2月班廷离开伦敦，当时他确信他有关生物武器的建议遭到了拒绝。他后来轻蔑地称汉基是"一个掌管着英国政府的屈从人意又狂妄自大的头号笨驴"。[22]

"战争云雾"

班廷其实是错看了汉基，后者对他有关细菌武器及将其置于与化学武器计划同等地位的论断是很看重的。班廷离开英国后不久，汉基即要求他的科学顾问委员会（已在战时内阁的领导下改组为生物战委员会）对加拿大科学家提出的生物战建议加以考虑。该委员会整体上仍将信将疑，但汉基在会议结束时建议，至少应作一下那些试验，最好是在现有的化学武器研制基地唐港。他在私下里与梅兰比及其他一些较顺从的委员会成员进行了一次讨论，随后他指定莱丁汉姆和一个小组委员会对细菌武器的可能性进行研究。莱丁汉姆后来向生物战委员会报告说，细菌武器可能有三种使用方式：一是把步枪子弹浸毒，试验证明这是有效的；二是用细菌媒介进行破坏，这一方式德国人在前一次世界大战中已经用过了；三是空中传播，有关这方面还需要有更多的了解。

委员会不同意再建议政府采取其他行动。在他们看来，浸毒弹头对生产它们的工人和使用它们的军人来说是太危险了。用微生物或有毒物质进行破坏虽可奏效，但要杀死少量拥有蓖麻毒素的敌人或以鼻疽菌和炭疽热感染马匹，无须用一整套武器研制计划。委员会论证说，如果细菌云雾是可行的，要达到攻击的危险性规模将需要有可观的国家企业。委员会成员很难想象，德国会把它的战时资源转移到这个方面。在这方面他们的估计证明是准确的，但这指的是对德国，而不是对他们自己的政府、加拿大和美国。

1940 年 5 月 10 日，丘吉尔取代张伯伦成为首相，他同时也掌管了国防部的事务。报纸上本来应是刊登丘吉尔任命消息的大标题被德国进攻荷兰的消息给取代了。在任职多年之后，汉基此时退出了政府。他过去在一些问题上曾与丘吉尔发生过冲突（包括丘吉尔喜欢在媒体上争论政府的政策），而丘吉尔却很赏识汉基超群的组织才能，他写信给张伯伦，提议应当任命汉基为兰开斯特公爵郡大臣，该任职将使他“能继续担任他所主管的几个委员会的主席”。张伯伦表示认同，他在丘吉尔的备忘上批示“V. good”（很好），并在下面加了两道横线，以示欣然同意。[23]

1940 年 7 月，当时已不担任任何公职的汉基在一份备忘录上写道：“最近我已认识到，在细菌战方面我们应当更进一步，以使我们在遭受这种恶劣方式的攻击时能进行报复。”[24]一个月前法国被德国攻克，有传言说法国的秘密武器计划已落入德国人手中。德国力图摧毁英国的空军力量，作为可能入侵的前奏，此时正在对伦敦等城市进行轰炸，以吸引皇家空军出动。1940 年德国“拥有当时世界上效力最高的中短程轰炸机群，与英国皇家空军不同，德国空军解决了许多导航和轰炸瞄准问题”。[25]孤军受敌，英国正处于丘吉尔所称的“最精妙时刻”（its finest hour）。

随着德国人炸弹落下，一贯见机行事的汉基即作出决定英国需开始生物武器计划。在前一年，即1939年8月初，唐港的化学防卫试验站的领导权由作战指挥部转到了供给部。汉基没有和战时内阁（他认为后者头绪万端无暇顾及细菌战问题）及丘吉尔首相商量，而是私下里跟梅兰比爵士和其他两位委员会成员讨论了如何着手细菌武器计划的问题。他随后与梅兰比去见掌管唐港化学武器研制的供给部部长赫伯特·默里斯（Herbert Morrison），请求在唐港与化学武器一道开始细菌武器的研制。值此国家受困的危机情况下，提出生产新型武器是有道理的。默里斯答应了请求。1940年8月18日他批准在唐港组建一个研制生物武器的生物部。汉基意图绕过政府委员会、战时内阁和首相的理由是，生物武器研究是探索性的，与在化学武器计划内进行的其他试验活动相同。[26]

根据莱丁汉姆的建议，汉基聘用医学研究会细菌化学部主任保尔·费尔得斯（Paul Fildes）来领导新的秘密研究部门。后者接受了这个职务，作为一个细菌学家他理解他的职责是在短期内拥有大规模的攻击性能力。作为一个公民，他认为他的上级是汉基而不是军方。10月初，在与唐港方面作出了安排之后，汉基还需向战时内阁和首相本人通报。他随后得到特别作战部随意的有关摧毁农作物研究情况的询问。汉基借此机会给丘吉尔写信说，应当对生物武器的“实用性”进行调查，以便英国一旦受到这方面的攻击时军方在“内阁作出决定后能够进行报复”。丘吉尔同意了他的意见。汉基已思考过生物武器的前景，他于1925年时写道：“以枯萎病摧毁农作物，以炭疽热杀死马匹，以鼠疫使整个地区而不单是军队受毒——这便是军事科学无情进展的线路。”[27]

此后，汉基随时向丘吉尔通报费尔得斯的工作情况，费尔得斯（以报复的名义）掌握进攻性能力的目的还没有得到战时内阁的批准。1942 年 1 月内阁最终通知汉基他们对此已予批准，但一再警告说，这类武器的使用批准权只在内阁或国防委员会，对该计划应严守秘密。第二天又附来了一个便条，告诫汉基新的武器计划不得挪用时下战争所用的资源。

为了迅即掌握以牙还牙的报复能力，费尔得斯从亚麻子饼着手，唐港的试验表明，牛群极喜欢吃这种食物。他随即要求伦敦肥皂厂生产了500万个运到唐港。在一个绰号为“小圆面包厂”工作的当地妇女给这些亚麻子饼注入炭疽热孢子。这项计划起初叫做“素食者行动”，后来改称为“阿拉丁行动”。但这些牛食饼从未被使用过。据估计，十几架兰开斯特轰炸机出动一次所投放的炭疽菌饼足以对德国北部农村的大部分牛群构成威胁。假如使用了这些饼将会造成大批牛群死亡并引发人群疾病，同时将减少食物供给并对皮革工业造成破坏。[28]由于炭疽热孢子可以在土壤中存活数年，这些牛食饼也可能在未来引起疾病暴发。

费尔得斯的主要目标是研制汉基的委员会未曾想象的东西：用炸弹广泛散播的致命炭疽菌云团。在唐港，气象和物理学家、弹药专家、陆地和海面大规模实地试验专家为实现这一目标提供了很大的帮助。身为细菌培养专家的费尔得斯不久就有了一个规模与化学武器研制相接近的生物武器模式研制团队。他聘用了在唐港从事化学武器研究的大卫·亨得尔逊（David Henderson），使他从事细菌云团的研究工作。鉴于炭疽热孢子耐受性强、毒性大，费尔得斯把主要力量投入对炭疽热的研究，以此绕过了细菌脆弱性的障碍。与亨得尔逊一道，他们进行了炭疽孢子云团的研究。到 1940 年底，费尔得斯和他的团队已开始在唐港进行小规模的喷撒和炸弹试验。

工业巨头对生物武器的赞助

1940年夏天，正当汉基在唐港秘密开始进行生物武器研制计划时，班廷利用一个不寻常的机会促使加拿大开始类似的研究，同时也间接地对美国和英国的研制计划产生影响。法国陷落之后，有三名富有的加拿大工业巨头捐出数百万美元用于与战争相关的研究，他们是伊顿百货公司创建人约翰·大卫·伊顿（John David Eaton）、加拿大太平洋铁路公司总裁爱德华·贝蒂（Edward Beatty）爵士、施格兰酒业公司老板萨塞缪·布朗福曼（Samuel Bronfman）。[29]班廷是他们所咨询的三位科学家之一，另外两位是国家研究委员会主任C·J·麦肯齐（C. J. Mackenzie）工程师和从事化学武器生产的著名化学家奥托·玛斯（Otto Maass）。

他们六人一道组建了一个高度保密的科学和军事专家委员会（技术与科学发展委员会），以对有战争创见的防御计划作出决定。班廷不久就得到2.5万美元，用于生物武器的实验室试验。在既要有防御性的也要有进攻性的生物武器准备的信念下，他在自己身边建立了一个加拿大生物学家和物理学家组成的核心小组，对各种病原体和化学武器的生理影响进行研究。班廷自己在多伦多大学的实验室及该校附属的著名康瑙特实验室（Connaught Laboratory）都参与了活动，后者在多伦多市以北有一个很大的试验场地（“农场”）。

班廷的第一次生物武器实地试验是空中攻击模拟。1940年10月初他成功地在多伦多东北的鲍尔瑟姆湖（Balsam Lake）从一架低空飞行的飞机上播撒了锯末，之后他与助手一道对地面进行搜寻以查看播撒路径。这看起来有些奇特的试验是有其道理的，几个星期之后他手下的年轻助手们成功地在锯末上进行了伤寒菌的干燥，迈出了对人类大规模使用生物武器的第一步。

有了这次成功的飞机试验，班廷便立即到渥太华去见国防部部长，要求批准生产大规模播撒的细菌。那天晚上他满怀爱国激情地在日记中写道，要杀死“300 万到 400 万年轻的德国猪，毫无慈悲，毫不留情，那些国内的德国人，那些希特勒的德国猪，杀死他们是我们的使命”。[30]

班廷的生物战想法得到加拿大首相麦肯齐·金（Mackenzie King）的赞同，1940 年 11 月 19 日他接到加拿大国防部关于生产细菌的许可。班廷的构想是大规模地生产，一座可以安全快速地生产 100 吨带毒生物体的工厂。战时的加拿大很难找到一座这样的工厂，但他的工业规模的构想却与美国的以及后来的那些计划相吻合。

通过 C·J·麦肯齐，班廷有关秘密工厂的话直接传到卡内基学院院长、国防研究委员会创始人万尼瓦尔·布什（Vannevar Bush）的耳中。身为罗斯福总统顾问的布什遂启动了美国第一个对可能的生物武器战略的调查。后来事实表明，美国和加拿大生物武器研制专家们之间的合作是直接的和权力平等的，这与英国人当初想象的是不同的，他们以为加拿大科学家只是初级的合作伙伴，主要是为英国的试验提供广阔的空间。

1941 年 2 月 21 日班廷在去伦敦（从那里很可能还要去唐港）的途中因飞机在加拿大沿海省份失事而丧生，他的死引起了加拿大的举国哀悼。数天之后，2 月 24 日费尔得斯发表了成功地进行炭疽云团试验及其可能被用于生物战的报告。

生物武器试验与检验

试验与检验对于军方接受生物武器技术是至关重要的。小型试验表明炭疽菌耐受性强、杀伤力大，但费尔得斯还需更精确地计算其毒性的侵染性。1942 年 4 月他的小组建成了一个细菌气雾室，使动物接触的方法是把动物的口鼻对准一个气孔，让气雾通过。气雾室试验使得便于确定最有效地引起肺部感染的气雾颗粒的大小和估计使实验室动物致命的剂量。对炭疽菌试验的一个目的是从动物试验中推算出实行一次空中战略攻击所需的生物弹药量和飞机数量。吸入性炭疽热据说是一种没有可靠治疗方法的危险疾病，用人体作试验是不可能的。

费尔得斯急切地想试验在露天大面积释放的炭疽炸弹气雾对拴系着的羊群的影响。唐港虽然相对较远，但要进行这种有潜在危险的试验离人群居住区仍然太近。为此费尔得斯向当时监管其试验的唐港执行委员会提交了一份建议。他已经学会了如何与政府打交道，虽然他对于军方对他研究的控制一直没有妥协，但他也知道他的武器需要“潜在的用户”，特别是皇家空军。费尔得斯获得了批准，那年夏天唐港化学与生物武器研究的一个小分队来到苏格兰，在格林亚德岛（Gruinard Island）对面的大陆沿岸建立了一个基地，他们将在那里进行具有历史意义的试验。后来在战争期间他们也在威尔士沿岸的彭克劳德（Penclawdd）进行了生物武器试验。

对费尔得斯有利的是，丘吉尔首相对非常规武器持开放态度，而且已经对化学武器予以支持。他确定英国应有快速和大规模化学武器的报复能力，他敦促增加生产，不久英国便有了两万吨毒气储备，15% 的轰炸机看来也作好了使用的准备，丘吉尔也向敌人宣传这种能力。作为对于德国将对苏联（当时已是英国的盟国）使用化学武器的传言的一个回应，丘吉尔在一次激烈的广播讲话中警告说：“我想清楚地说明，我们将视对我们的盟国苏联在未有挑衅的情况下使用毒气为对我们自己的使用，如果我们确信希特勒犯下了这种新的罪行，我们将运用我们在西方强大的和不断增长的空中优势，对德国的军事目标展开广泛的最大规模的毒气战。因此现在要由希特勒来决定，他是否想把这种恐怖加入空战中。”[31]

这一措辞激烈的宣言也促使美国科学家西奥多·罗斯伯里和埃尔文·卡巴特在1942年的一份报告中提出要拥有生物武器的报复能力。

1942年，当格林亚德岛的试验开始进行的时候，丘吉尔可能已经怀疑日本（据悉当时已有生物武器）也已研制了生物武器。当时中国人向西方求助，指责日本军队在中国东部城市散播鼠疫。虽然英国殖民官员否认了这种说法，丘吉尔仍圈阅了有关报告，让他的防务专家们传阅和讨论。

第一次实地试验

来自唐港的一位让人敬畏的科学家、气象学家奥利弗·格莱姆·苏顿（Oliver Graham Sutton）率领一支500人的研究队伍在格林亚德进行了试验。亨得尔逊等一些人员负责细菌武器的研究，费尔得斯本人常常到访。这支队伍中也包括化学防卫研究机构的人员及军事工程师、内科医生、兽医学家和弹药专家。他们在大陆沿岸扎寨，在那里建起了简易住宅和小型实验室。格林亚德是一个两公里长、一公里宽的无人居住的小岛，上面长满了野草、石南花和欧洲蕨。从当地村民那里购买了155只绵羊用于试验。

7月15日，在格林亚德进行的第一次试验用的是经过改装的13.6公斤重的炸弹，内装3升炭疽悬浮液。为了避免空投的不准确性，炸弹放置在距离地面1.2米的铁架上，通过遥控引爆，炸弹在地面产生肉眼可见的云团，顺风飘散。7天之后，距离爆炸中心

80 米到 90 米范围内拴系的羊差不多均已死亡。进一步的试验表明，炭疽云团在 370 米范围内都是致命的。为了与实际更加接近，9 月份一架威灵顿轰炸机从 6 400 米的高空投放了一枚炭疽弹，但炸弹落于一片泥炭沼泽中，对羊群没有产生影响。小组人员转移到位于彭克劳德的以前化学防卫机构使用的一处地点，在那里从 4 600 米的高空投下一枚炸弹，离目标只差 6 米，距爆炸点 100 到 300 米的羊不久后都因炭疽菌感染而死。1943 年 7 月到 9 月格林亚德的试验一直在进行，那里的试验结果由唐港对激化物的研究而得以增强。

格林亚德岛的试验表明，按重量计算，在 460 米的距离内，炭疽炸弹比当时的任何化学武器的威力要大 100 倍到 1 000 倍。不仅如此，后来还研制了效力更大的电引爆的 1.8 公斤的炸弹，106 枚这样的炸弹可装入一枚由第一次世界大战中使用过的燃烧弹改装的集束炸弹中。费尔得斯还确定了使羊死亡的大约剂量，这是未来研究和生产的一个十分重要的基准。这些试验（它们只是后来进行的大量试验的前奏）还包括开始通过模拟的生物战培训士兵。

1943 年 8 月，格林亚德岛的试验却不得不停止，原来那年春天一场暴雨过后，埋在岛上海岸处的死亡羊只看来发生了位移，漂流到大陆上，导致五十多头牲畜死亡。政府对那些惊恐不安的村民们说，是在附近巡弋的希腊船只上抛下了受感染的动物尸体所致，并对村民的牲畜损失给予了补偿。为了避免出现更多的事故，费尔得斯希望未来的试验在加拿大和美国的广阔空间进行。

费尔得斯声称首先成功制造现代生物武器的报告在各负责国防事务的委员会中流传。较之比其重得多的化学武器所具有的优势说明这种炸弹很可能是有前途的。费尔得斯的成功被作为德国人也研制了类似的生物武器的证据，虽然并没有支持这一说法的情报信息。费尔得斯本人坚决认为德国人已有了相同的武器，并认为英国对付威胁的最好的防御办法是拥有报复能力。他在技术上所取得的突破（杀死羊群的炸弹）成了拥有一个充分的随时可用的生物武库的“镜子”辩护理由（“looking-glass” justification）。[32]

随着研制上的成功，费尔得斯便用第一次世界大战中德国人为化学武器所作的辩护来为生物武器作人道方面的辩护，英国著名遗传学家 B·S·霍尔丹（B. S. Haldane）也作过这样的辩护。[33]原来的辩护是针对士兵的，费尔得斯则说他的做法对平民也有好处。针对有人说生物武器不是“军人对军人的”因而引起公众的憎恶，他写道：“用烈性炸药杀死军人或平民就比生物武器更人道些吗？……在我看来很明显的是，大部分人会说，如果不得不再一次忍受战争的痛苦，他们宁愿面对细菌攻击的危险，也不愿遭受烈性炸药的轰炸。”[34]从费尔得斯的论点出发，就不存在合乎逻辑地迈出下一步的人道和技术方面的障碍，下一步即大规模地生产炭疽细菌，继而大规模地生产炭疽炸弹。从一个战略的视角看，炭疽炸弹开辟了一个新的与报复之用脱钩的摧毁方式。

有关炭疽弹的成功，费尔得斯与加拿大人和美国人保持着经常性的联系。英国已经为战争的开支陷入重重抵押，费尔得斯被警告说，他的生物战计划不得再增加此方面的负担。加拿大既没有熟练的工人也没有其他多余的工业资源，在生物武器问题上费尔得斯已经把英国带到尽其所能的地步，在工业生产方面，他的计划需要美国的支持。

第三章

第二次世界大战中的美国

工业规模和秘密

1940年在唐港建立的生物部是一个机构方面的创新，它导致英国朝着具有战略规模的报复性生物武器的能力发展，这一目标在当时没有得到其他国家的认可。这一计划的第一个行动是生产500万个炭疽牛肉饼，以备德国在以细菌武器攻击时进行报复。其第二个更重要的步骤是在格林亚德和彭克劳德所进行的炭疽炸弹试验。那一看来不很显眼的成功为班廷以工业规模生产生物武器的构想打开了大门，这一想法由美国利用其丰厚的物质资源得以继续。战后美国的生物武器计划有了进一步的扩大。

格林亚德的炭疽弹试验虽然取得了进展，但要使生物武器纳入盟军的战争计划仍存在着重大的技术上的障碍。需生产大量炭疽孢子作为炸弹填充物；这些孢子需与那些非孢子化的细菌和其他尘埃分离，要保持不减损的毒性，要能以微粒在空气中飘散，使得被深深地吸入肺中造成感染。计算受侵害人对剂量的反应是件麻烦的工作，剂量反应需从动物试验来估计，以得出进行一次有效的战略攻击所需的弹药量，不过这种估计并不需要十分精确。不同类型的炭疽炸弹所需的媒介填充物和炸药的设计也是一个令人头痛的问题。炸弹一经研制并实地试验成功，人们便意识到，要达到战略的规模需要生产数十万枚这样的炸弹。在英国国内为化学武器已经投入了四座工厂，并冒险把生产和储存点设在了机场附近，以便炸弹可以随时装载。要使对炭疽炸弹再作出类似的承诺是不可能的。

1942 年夏天美国化学作战部曾就美国生物武器计划的构想及所需的地点、人员和设施等与费尔得斯及加拿大的生物武器专家进行接触。1942 年秋天，当炭疽弹的试验工作仍在进行时，费尔得斯和他的主要科学家、细菌专家亨得尔逊来到加拿大和美国以寻求支持，汉基为费尔得斯之行与英国特别作战处事先作好了安排，后者对生物武器和费尔得斯的工作特别感兴趣。事实上，他的试验越是取得成功，来自国防部门各个方面的控制也就越大。这种监管是一种多重机构监控的官僚形式，来自包括内阁、供给部、国防部以及一些并不总是支持费尔得斯计划的独立科学顾问。[1]在费尔得斯 1942 年进行的这次出访中，他需要强调英国的防卫立场和极度不愿首先使用生物武器的态度，虽然不能排除报复性使用。[2]通过争取加拿大和美国对炭疽弹计划的支持，费尔得斯就可以绕过英国政府对于把国家战争资源转作他用的反对。

抵达加拿大后，费尔得斯和亨得尔逊找到那些愿意帮助的科学家，征求他们对计划的意见。但是 1942 年秋天到达美国之后费尔得斯却感到失望，尽管化学作战部有兴趣，美国政府对生物武器，不管是进攻性的还是防御性的，只约略作了一些询问。

美国对生物武器的科学建议

从 1941 年夏天到费尔得斯来到美国之前，有关美国生物武器活动的秘密讨论和策划是由文职科学顾问为主进行的。由科学家来确定军事研究的方向这种做法曾由国防研究委员会以机构的方式确定下来。罗斯福总统的顾问、麻省理工学院工程师万尼瓦尔·布什（Vannevar Bush）创建了一个委员会，以便让科学家们就武器技术提出建议。随着欧洲战争的加剧，生物学家被吸收到研发生物武器的计划中来。

1941 年 7 月作战部召开了一个科学研究与开发处、军医处、化学作战部和陆军情报处代表会议，讨论生物武器的威胁和美国制定有关计划的可能性问题。会议建议作进一步的研究，对此作战部部长亨利·斯蒂姆逊（Henry Stimson）要求美国国家科学院院长弗兰克·杰维特（Frank Jewett）提交一份报告。杰维特把这一任务交给了威斯康星大学的生物学家埃德温·弗莱德（Edwin Fred），后者组建了一个由 12 位科学家组成的秘密的作战顾问委员会，联系成员包括化学作战部、军医处、美国公共卫生部、农业部及陆军的科学家。

委员会在研究起草报告的过程中，日本对珍珠港的偷袭使美国卷入了战争。特别在有关毒气战的问题上，斯蒂姆逊决定美国将不受《日内瓦议定书》的约束，因为它可能“涉及国内、政治和道义问题而妨碍我们的准备，降低我们的战争潜力，从而被我们的敌人视为国家软弱的表现”。[3]

1867 年出生的斯蒂姆逊是老资格的共和党政治家，曾在威廉·霍华德·塔夫脱（William Howard Taft）总统手下担任作战部部长，在赫伯特·胡佛（Herbert Hoover）总统手下担任国务卿。1932 年日本入侵中国东北以后，他提出了“斯蒂姆逊原则”，宣布美国将拒绝承认威胁其利益或由在未受到挑衅时发动的侵略而造成的形势或条约。1940 年他应胡佛的请求出任作战部部长，由此脱离了共和党。他担任公职的时期超过了胡佛，后来在杜鲁门政府中他主张对日本使用原子弹。

1942 年 2 月一份完整的国家科学院报告放在了斯蒂姆逊的办公

桌上。报告的起草者们认为生物武器对美国的国家安全构成了严重的威胁，美国应当着手进行攻击和防御方面的准备。1942 年 4 月 29 日斯蒂姆逊把国家科学院的报告和他自己的有关意见提交给了罗斯福总统。他的意见特别强调了生物武器对人员、工厂和动物的威胁。他称生物战为“肮脏的勾当”，请求秘密地大力着手研究防御和进攻措施。斯蒂姆逊认为，适当的防御措施来自于对进攻手段的充分研究，他要求美国要像对化学武器那样作好以生物武器进行报复的准备。[4]在两个星期后举行的一次会议上，罗斯福口头上同意了委员会有关对生物武器进行研究的建议。从那时起斯蒂姆逊是否随时向罗斯福报告美国生物武器研制计划的进展便无从得知了。

罗斯福不反对拥有战时的生物武器报复能力和对英国人的支持，但像反对首先使用化学武器一样，他肯定也反对首先使用生物武器。1940 年冬天，美国开始秘密向英国提供毒气。[5]参战以后，美国建立了两座庞大的化学武器工厂，一座是位于阿肯色州占地 20 平方公里的派恩布拉夫兵工厂（Pine Bluff Arsenal），它在生产最高峰时雇用了 1 万人；另一座是位于丹佛附近占地 80 平方公里的落基山兵工厂（Rocky Mountain Arsenal），拥有 3 000 名雇员。这两座工厂每年可生产几百万吨化学炸弹和炮弹，几万吨散装刘易斯毒气、芥子气和光气（碳酰氯）。1942 年美国政府又在犹他州开辟了杜格维试验场（Dugway Proving Ground），占地一千多平方公里，那里的巨峰（Great Peak）后来被指定作为生物武器试验场。

1942 年罗斯福威胁要用化学武器对日本进行报复，1943 年又对德国发出此威胁。[6]但与丘吉尔不同的是，他原则上反对使用这种武器：“我不愿意相信有国家，甚至我们目前的敌国，能够或愿意对人类使用这种非人道的武器。”[7]

罗斯福的亲密朋友、他的战争期间的总参谋长威廉·利希（William Leahy）上将对生物及化学和原子武器持坚定的反对态度，认为全面战争理论是野蛮人的行为在当代的表现。他在自传中讲述道，1944 年 7 月他在与其他顾问进行一次非正式讨论时，向罗斯福总统表达了他的这种看法："总统先生，这种做法（使用细菌和毒气）将违背所有我听到过的基督教伦理以及所有已知的战争法律。它将是对敌国非战斗人员的攻击。对之的反应是可以预知的 —— 如果我们使用了，敌国也将使用。"[8]

生物武器显然是易引起争论的，在对战争顾问委员会的报告作出答复时，作战总参谋部建议，作为安全措施并为了防止引起公众恐慌，该计划的策划应由一个非军事机构秘密进行。[9]联邦安全署（1939 年新组建的一个机构，包括公共卫生部、食物与药品管理局及儿童局）被挑选出来作为一个新的国防研究与开发机构 —— 作战研究部的掩护，后者隶属于陆军和海军。

1942 年 8 月斯蒂姆逊任命家庭医药公司总裁乔治·默克（George Merch，该公司以其名命名）领导作战研究部。[10]作战研究部的一个下属机构叫做研究策略咨询处，它有两个由国家科学院协助组建的科学咨询分部，一个叫联络组，另一个叫 ABC 委员会（这是一个随意拼凑的字头缩写名）；作战研究部的另一个下属机构叫总政策顾问处，成员包括国家科学院的杰维特、科学研究与开发处的万尼瓦尔·布什，以及哈佛大学校长、国防研究委员会的化学家詹姆斯·科南特（James Conant）；作战研究部第三个下属机构的成员有负责研究与开发的弗莱德博士；负责技术协助的兽医阿弗·汤普逊（Arvo Thompson）上校，他后来曾参加日本的赦免交易谈判；以及负责信息与情报处的小说家 J·P·马昆德（J. P. Marquand），信息与情报处与陆军情报处、战略工作处、海军情报处及联邦调查局有联系。美国的防御和进攻性计划对军方和私营资源的调配就由此开始了。

作战研究部的第一项工作是对军队负责医务和安全的官员提供有关侦察和防卫措施方面的指导，要求他们提交有关计划和实施情况的报告。它的第二项工作是与美国的大学和研究所签订了 25 个实验室研究合同。与这项研究一道，医药公司〔包括默克、波菲泽（Pfizer）和斯奎布（Squibb）公司〕积极参与了政府的防御工作，生产疫苗、药品、血清及（从 1943 年起）合成和大规模生产青霉素。[11]

费尔得斯 1942 年 11 月到访华盛顿时，化学作战部正准备为生物武器的研制承担更多的责任，像那些受聘参与工作的文职科学家一样，化学作战部对炭疽弹计划予以了积极的支持。

加拿大合作者

在班廷的影响下，生物武器研究早在 1940 年就与加拿大陆军的化学战与气雾理事会（Directorate of Chemical Warfare and Smoke）建立了联系。班廷和化学教授奥托·玛斯负责指导两种武器研究的科学项目，加拿大国家研究委员会负责这些项目与军事目的的协调工作。由于有很大的自由度，加拿大的科学家们有时能与英国和美国的官员们一道制订化学与生物武器的研究计划，然后去向他们自己的政府争取批准和资助。

1941 年 2 月班廷的死亡使加拿大的生物武器研究失去了动力。[12]那年 11 月在加拿大医学研究委员会（班廷曾任该委员会的主席）的推动下，一些科学家聚在一起商讨能为战争作些什么研究。他们泛泛地讨论了鼠疫、跳蚤和昆虫载体，还谈到了伤寒、肉毒杆菌毒素和牛瘟，后者是一种流行于亚非一带的牛群疾病，他们担心如果这种病菌被用于战争可能会灭绝北美的牛群。

美国12月的参战使班廷的计划又被提起。此后不久美国化学作战部的一位官员来到多伦多查阅班廷的档案，重新审视了他1939年有关生物武器计划的建议及有关的备忘录和报告。加拿大的科学家们表示愿意提供帮助，化学战与气雾理事会下新成立的C—1委员会被授权组织计划。考虑到英国炭疽弹计划的目标，该委员会主任E·G·D·默里（E. G. D. Murray）选择了圣劳伦斯河上一个偏远的角落格罗斯岛（Grosse Isle），那里废弃的检疫建筑可被重新装修用于大规模生产炭疽孢子，加拿大投资了4万美元用于建筑和设备，他们希望美国也予以投资。

斯蒂姆逊与加拿大人达成的协议之一是为格罗斯岛基地提供资助，不过不是用于炭疽菌生产而是进行牛瘟疫苗的研究。ABC委员会担心这种疾病会给美国的畜群带来毁灭性的打击，因此予以高度重视，而斯蒂姆逊后来把这一规定放宽了，使美国可以暗中对这一研究及加拿大未来与生物武器有关的计划予以资助。斯蒂姆逊没有谋求签订一项外交协议，那样将会涉及国会、国务院等一些机构，他的做法是签订一个合同，根据该合同美国将向加拿大的一个政府机构购买某些秘密报告，按15万美元一份计。这些报告将送交美国化学作战部主任，然后提交给默克和作战研究部。

这项合同安排不久就被用于美国对格罗斯岛炭疽孢子生产的资助。为了获得对炭疽计划的资助，默克、弗莱德、默里及加拿大生物学家R·W·里德（R. W. Reed）会见了化学作战部主任威廉·波特（William Porter）将军和他的高级助手，要他们相信加拿大的炭疽菌生产值得支持。被说服后波特拿出5万美元作为购买炭疽秘密报告的费用。后来奥托·玛斯向加拿大国防部保证他们的计划得到了默克的支持，从而又得到2.5万美元的资助。

后来的情况表明，格罗斯岛的活动困难重重，最终是不成功的。该岛位于加拿大东北的偏僻地区，活动秘密，冬天出入不便，由此造成士气低落，没有严格的安全标准并出现过意外的炭疽孢子污染。此外人们还担心，从实验室里飞出的受炭疽菌感染的苍蝇污染了食堂里的食物。加拿大生产了足够在萨菲尔德试验用的炭疽孢子，还可以与美国人分享一些，此外便无盈余。到 1944 年 8 月时，由威斯康星大学酵母发酵专家埃拉·鲍德温（Ira Baldwin）领导的美国计划在产量上已远远领先，格罗斯岛遂告关闭。

加拿大人继续为英国人开发和试验生物媒介的需要提供服务，1941 年 3 月从唐港来的一名英国官员接管了阿尔伯塔萨菲尔德试验场的工作，如今这个试验场叫做萨菲尔德国防试验基地。后来在该基地是由英国人还是由加拿大人主管的问题上出现争执，英国人有时没有把他们的计划包括一些有关致命病菌的计划通知加拿大人。

英国人与美国人的关系较好。战争期间大卫·亨得尔逊曾有很长时间待在马里兰州弗雷德里克的德特里克营（Camp Detrick），那是美国生物武器研制计划 1943 年开始之地。英国细菌学家特里佛·斯坦普（Trevor Stamp）勋爵往返于德特里克和萨菲尔德，在那里进行露天试验，很可能是有关炭疽菌的试验。[13]战后亨得尔逊和斯坦普都因为在生物武器方面的工作而获得美国自由勋章。

初步试验

像美国战时总动员一样，1943 年也是美国生物武器计划快速进展的一年。化学作战部组建了特别计划处，以德特里克营（那里曾是一个废弃的空军基地）为其中心。特别计划处是高度保密的，其技术主任和其他科技人员直接听命于华盛顿或埃奇伍德兵工厂（Edgewood Arsenal）化学作战部的官员，由此绕过了德特里克营的主管。[14]

从开始之初美国、加拿大和英国的负责官员对所从事的生物战工作便是高度保密的，他们采取了严格的安全措施，不但防止敌人获得有关的信息，对公众和军队中的其他人员也不透露。德特里克营等设施是作为保密的特殊基地建立的，其目的也秘而不宣。[15]

杜格维试验场的格拉尼特峰（Granite Peak）是特别计划处生物武器的实地试验场，其中有的带有少量炭疽菌以测试其在土壤中的耐受性，帕斯卡古拉附近密西西比海岸对面的霍恩岛（Horn Island）是另一处试验场，主要用于昆虫研究，也进行炭疽菌激化物（Bacillus globigii）的云团散播试验。

美国在英国的细菌气雾室试验的基础上进一步强化散布和感染数据。英国利用细菌气雾室对实验室动物进行了炭疽和鼠疫媒介的试验，[16]美国科学家改进和扩大了唐港的模式，使得一次可在气雾室里放入一百只老鼠、豚鼠、家鼠或仓鼠。在对“热”媒介进行试验时，受感染的动物的毛皮对于那些作后续处理的人员有一定的危险性，但美国科学家们认为他们的模式增加了实地的感染强度。后来他们又发明了在细菌气雾室上附加密封仓和“动物储藏箱”等模式。[17]基于细菌气雾室的研究，研究人员得以确定哪种吸入媒介最有效、最致命和最稳定。

但是和英国一样，重要的是户外实地试验。美国计划的重点是高效炸弹的研制和试验，他们对唐港的F型炸弹进行改进，那是一种原来供化学武器用的1.8公斤重强爆炸力炸弹，改造后用于装填液体生物媒介。根据设计，196枚这样的炸弹被放入英制的#14集束改装弹中，撞击地面后可依次连续爆炸。F型炸弹的总容量是400毫升，建议的媒介填充量为320毫升，占炸弹总重量的17.6%。

在德特里克营对F型炸弹进行试验后，工程师和技术人员又把它改造为易于批量生产的炸弹，又经过一些小的改造包括导火索和内涂层，炸弹最后被命名为 SPD 马克 I 型（SPD Mark I）。

英国人称（或美国人这样认为）一个集束炸弹产生的气雾可对 1.6 公里以内的人员造成感染。但是即使在最好的估计下，要使得能够散布足够的炭疽孢子以造成致命性伤害仍存在问题。用炭疽菌激化物进行的试验表明不论是 F 型还是马克 I 型炸弹都没有充分利用媒介，激发的云团很小，320 毫升媒介中只有 22 毫升进入了气雾。但是由于时间紧迫，主管科学家们决定马克 I 型已可以批量生产。1944 年 5 月德特里克营的一个试点厂生产了第一批 5 000 枚炭疽菌装填的炸弹。[18]此外它还完成了供加拿大萨菲尔德基地试验用的 2 000 枚 F 型炸弹的订单。

炸弹的工业生产和丘吉尔的订单

美国人在生产炭疽炸弹方面的压力来自英国政府的最高层，而在监管费尔得斯生物部的委员会机构内，有一些顾问强烈反对他的炭疽弹计划，其中包括维克托·罗斯希尔德（Victor Rothschild）和理查德·配克（Richard Peck），他们两人都是生物战委员会的成员，该委员会由汉基组建，但他后来离开了。

空军元帅理查德·配克是总体上反对施行战略轰炸的人，也不同意他感觉到的对空战所抱的无根据的乐观态度。1939 年时配克认为，快速战斗机的发明和雷达的研制意味着敌方的轰炸攻击是可以被击败的。部分地由于配克的影响，在 1940 年 7 月到 9 月英国的空战中，当德国空军对英国发动攻击时，皇家空军的“旋风”和“喷火”式战斗机扭转了败局。[19]配克提醒人们，盟军的轰炸机在轴心国的战斗机、防空炮火和雷达面前同样也是脆弱的，正如英国人不久就发现的，白天对德国的空袭意味着惨重的损失。配克也是唐港试验委员会（第一个成立的监管费尔得斯工作的机构）的主任。

维克多·罗斯希尔德是生物战委员会的动物学专家。身为著名的银行业家族的一员，他也在英国军事情报部门任职。他曾于 1939 年会见班廷，对后者的生物武器计划未表示支持。

1943 年费尔得斯向生物战委员会宣布，美国政府准备满足英国批量生产炭疽炸弹的要求，这使委员会的成员们感到意外。配克认为费尔得斯是个“危险”人物，事后他对费尔得斯的责任感和他对于“对人类使用这种发明的后果”的判断提出质询。[20]罗斯希尔德则立即向战时内阁提出了申诉，启动了对作出把炭疽炸弹用于空战这一重大决定的决策人的调查。委员会秘书对过去文档的审查没有发现什么线索，只查出 1942 年秋天战时内阁曾授权汉基着手生产炭疽牛肉饼的计划。在这种困境下，生物战委员会把生物炸弹计划的决策权问题提交给丘吉尔首相。

丘吉尔把对生产炭疽炸弹的建议进行评估的任务交给了他的科学顾问和心腹洛德·彻韦尔（Lord Cherwell）勋爵，他是当时正在开始的对欧洲大陆轰炸的策划者。彻韦尔原名弗莱德里克·林德曼（Frederick Lindemann），曾任牛津大学克拉登实验室（Clarendon Laboratory）主任，他差不多是丘吉尔唯一信任的一位科学顾问。丘吉尔给了他一个自己的实验室后，他与其他科学家便很少往来，只在他们二人之间就军事武器的构想交换看法。其中之一是装有强探照灯的坦克以便在夜战中晃敌方炮手的眼；另一种是适于北方作战的“雪鱼雷”；还有一种是用强化冰制造的战船。他曾安排在伦敦上空悬置系留气球以阻止德军轰炸机的接近，这使他得到一个“气球幕爵士”的外号。[21]

费尔得斯自己把他遇到的问题提交给彻韦尔爵士，他特别强调了含有炭疽菌（该媒介的代号为“N”）的炸弹比化学武器有更大的威力。他在2月份写信给丘吉尔道：“我们已经研制了在我们看来有效的储存和散布炭疽孢子的方法，即把1.8公斤重的炸弹放于普通的燃烧弹弹壳中。如果均匀散布，六架兰开斯特式飞机携带的药量看来足可以把2.6平方公里内的人全部杀死，并使之以后变为无法居住的地区。”[22]彻韦尔称美国当时在进行的原子弹计划为“管合金”，他把它与生物武器作了可能是第一次对比，他说：“这（生物武器）看来是一种潜力巨大的武器，几乎没有东西比之更可怕了，因为它比管合金要容易制造得多，看来亟需研究和作好对抗准备，如果需要的话，但同时在我们的武库中看来也不能没有N炸弹。”[23]

丘吉尔和他的高级军事顾问们秘密地就这封信进行了讨论，后者显然同意彻韦尔的看法。4月8日向生物战委员会主任恩斯特·布朗（Ernest Brown）下令向美国订购100万枚炭疽炸弹，在战争最阴暗的那些日子里，丘吉尔指出这将是“第一批定货”。[24]

维哥工厂

美国战时生物武器研发方面所做的一项重要事情是重新装备了印第安纳州维哥县（Vigo County）的一个兵工厂以从事炭疽弹生产。[25]1942年美国政府在距离特雷霍特市区10公里处征用了一个占地24平方公里的厂房。在那里仓促建造的一座生产炸药和雷管的工厂不久就变得陈旧了，三个月后便告关闭。1943年11月军械部宣布维哥工厂多余，把它退还给了原建筑单位陆军工程师师团进行处理，部分厂址后来被租给工业部门做储藏地。

1944年5月化学作战部征用了维哥工厂，指定它为特别计划处的一个据点，生产生物媒介和疫苗、生物弹药的装填物和载物，并且饲养实验室动物。除了厂房，该据点还有自己的铁路专线，1.8 万平方米地用于起爆和燃烧炸药，三个 6.4 万升的地下储藏罐，46 个弹药库和一座大型仓库，此外还有一个可容纳一千多军人的兵营。在 7 月初举行的一次由化学作战部、工程师师团、军医处的代表及一个私人承包商参加的会议上，与会者就生产和储藏适应英国五十多万枚炸弹订单的日程提出了建议。此外根据这项计划每月还将生产 100 万枚炸弹。维哥工厂需要 1 000 万元的启动资金，到战争结束时总花费为 3 000 万美元。在维哥正式投产之前，特别计划处的科技人员还需对大批量炭疽孢子生产和炸弹组装线生产（包括雷管和引信）及炸弹填料进行试验。

对炭疽菌激化物（仍是 B. globigii）维哥的工人们只限于试生产，在德特里克营的一座废弃的飞机库另建了两个试点厂，其中一个是生产炭疽芽孢培养菌的小型实验室，另一个旨在实现批量生产。第二试点厂将生产大量菌浆，然后把它们泵入附近厂房中的一个储藏罐中，在那里进行孢子化，之后又泵入另一个厂房中进行最后处理，并储藏于两个 2.8 万升的罐中。最后一道程序是把孢子物质泵入又一个厂房中的 3 个 4 500 升的储藏罐中，通过管道送入一个特制的炸弹装填机器中。监控器察看炸弹有无泄漏，对炭疽填料的活性和毒性也要进行检查。维哥工厂将在一个大规模的基础上复制这一过程。

在实验室中培植为数不多的炭疽菌和使其孢子化是相对容易的，使其保持毒性也不成问题，英国人向美国提供的炭疽菌经过相继在若干猴子身上寄存而毒性得以增强（例如标号“M—36”的菌是指曾在 36 只猴子身上寄存过），而德特里克的科学家得以把 B. 炭疽菌的毒性提高到 300%。从 1944 年夏天到 1945 年秋天的主要问题是生产英国订单及美国储存所需的成吨炭疽孢子，为此维哥装备了

10 个 9 万升的发酵罐才解决了这一问题。此外的问题是，炭疽菌需要有适当的通风才能生长，而大的罐子提供不了这样的条件；德特里克成批的炭疽菌常常受到其他细菌的污染，而使炭疽菌浆“泥化”的过程和使其能够装入炸弹的处理工序对工人来说有一定的危险性。[26]

活孢子巴斯德类疫苗能够使牲畜免受炭疽菌侵害，但被认为对人的危险仍然过大。在德特里克的工作开始之前，作战研究部曾委托一家私人公司进行免疫法的研究与试验，但未取得成功，只在把青霉素作为解毒剂方面有一些进展。1943 年 11 月，德特里克营一个叫做“B 处”的部门的科学家们被指示“通过对各种免疫抗原和血清的研究探索对炭疽菌的免疫方法”。[27]由此开始了对炭疽疫苗的最初研究，这使得德特里克营的科学家们对炭疽菌产生的致命毒素有了一些初步的了解，但在用于人的炭疽疫苗方面没有取得突破。在此期间德特里克营对炭疽菌的试点工作进展缓慢，影响了维哥的炸弹生产的进行。

人员问题

德特里克营的科学研究的领导者是威斯康星大学的发酵专家埃拉·鲍德温，他选择了维哥厂址并负责其后的配备工作。[28]他后来曾谈到，为维哥的特别计划处每一个岗位招聘合适的人员是很困难的，虽然没有格罗斯岛的问题那么大，但性质相同。[29]其中的一个问题是，由于地处农村和要求保密，使人产生一种隔离感。特别计划处的人员一经聘用就要遵守严格的安全制度，不只一般老百姓就是军队中的其他人对那里的活动也一无所知。有关人员不得在曼哈顿岛原子弹项目兼有工作，以使两个顶级保密的项目分开进行。受聘者也不再有海外任务，以免被敌国抓获，甚至他们的免疫也被认为可能向敌国透漏美国研究的秘密。但高级工作人员并不总是随时可以找到的，一些已经在海外工作的军队人员常被招聘到项目中。据报道透露，许多人得了“神经官能症”，不久就被解聘了。

在维哥陆军人员和海军人员发生了冲突。海军人员素质较高，在假期和纪律方面待遇较宽，他们对住房也有更高的要求，例如他们要求兵营都是油漆过的。海军后来同意把假期和请假缩短到与陆军相同，并放弃了兵营油漆的要求。陆军看来从来没有得到原来许诺的应征人数，据一个报道说，有三分之一到一半的陆军应征人员不合格、有病或需要遣散。[30]

1944 年 7 月在答复丘吉尔的询问时，英国联合计划处的一位参谋说，N 炸弹可能对战争起重大的作用，但美国人不能按时完成生产计划。此时正值盟军对德国展开密集轰炸的时期，费尔得斯制定了一项向德国 6 个重要城市空投 400 万枚 1.8 公斤重的炭疽弹的紧急计划，这些城市包括柏林、汉堡、斯图加特、法兰克福、威廉港和亚琛。由一个重型轰炸机群携带 40 500 只弹筒，每只弹筒装有一个由 106 枚 1.8 公斤重的炭疽弹构成的集束炸弹，对上述城市同时发起攻击。预期取得双重效果，一是由有毒气雾造成的吸入性炭疽热，一是由伤口感染造成的皮肤性炭疽热，德国平民的死亡数预计在 300 万。[31]美国人虽然仍存在技术上的困难，但在费尔得斯看来这些困难和危险不是不能克服的。他预计维哥工厂每月可生产 50 万枚 1.8 公斤重的炸弹，八个半月内将可生产 400 万枚以上这样的炸弹，预计可造成德国城市目标中 50% 的死亡率，其中占地 590 平方公里的柏林是最大的目标。费尔德斯还报告唐港研发了另一有效手段即普鲁氏菌媒介，这种媒介在美国的同一工厂中将更易于生产和填入炸弹。

1944 年夏天费尔得斯和英国皇家空军制定出计划，飞机在执行常规空袭返回时向德国实行“素食者行动”，空投 500 万只炭疽牛肉饼，目的在于消灭德国的食用牛和奶牛群。但这些计划最终都没有实行，因为德国人已经在常规军的打击下溃败了。

与英国相比，美国战时的资源是丰厚的，组织和动员的规模庞大。陆军和海军都参与了特别计划处的项目，此外还包括农业部、畜牧业部及军医处（只限于负责公共健康和安全问题）。1944 年 2 月，为配合盟军的诺曼底行动，德特里克营成立了一所培训生物战军官的学校，学员受训后被派往欧洲和太平洋的所有主要战区。有关生物武器的指示英国只向最高指挥层传达，而美国军方则尽力向化学作战部、美国医务和情报部门所有连以上的官员传达。正是从情报部门所得的广泛消息中发现，德国的生物武器威胁被大大夸大了。[32]

尽管存在人员方面的问题，美国人仍然把大批受过教育的人士吸收到生物武器计划中来，在这方面远远超过了英国："在四年的工作过程中，费尔得斯领导的唐港生物处只有 45 人，包括 15 名文职军官（其中 4 人由美国特别计划处派遣），20 名入伍的技术人员和 10 名女助手。相比之下，成立一年的特别计划处在德特里克营和霍恩岛有一千五百多人，而这一数字第二年增加了一倍。"[33]

特别计划处的项目还分散到许多大学中，吸引了更多的人参加。哈佛的科学家研制了针对家禽疾病的疫苗以对抗肉毒杆菌的类毒素。芝加哥大学的毒理学研究所对气雾进行了研究，西北大学和加州大学旧金山分校研究了甲壳类动物毒素，辛辛那提大学和堪萨斯州大学研究了野兔病，圣母玛利亚大学研究了斑疹伤寒病原体，斯坦福大学医学院研究了球孢子菌病病原体，俄亥俄大学和芝加哥大学研究了植物生长调节素（橘媒介前体生化物），威斯康星大学研究了孢子的大规模培养基。康奈尔大学有一个炭疽热研究项目，密歇根大学有一个普鲁氏菌病的研究项目。[34]海军、农业部、国家医疗研究所和各公共卫生部门也都有与生物武器有关的试验项目。

美国和加拿大的广阔空间为实地试验提供了场地，不同的地理条件可以反映可能的战区（沙漠、山区、森林、热带区）的生态、气候模式和使用生物媒介的可能性。例如空军在霍恩岛对可能存在于太平洋岛屿上的苍蝇和蚊子进行了一系列试验。

再回到唐港这边，费尔得斯最终对美国政府不满起来，认为后者没有遵循英国的计划，而是开始了一种广泛的研究，“把它（生物武器）当做一种重新开始的课题进行研究，重点放在太平洋战区”。[35]

军方的控制

1943 年的一年中，美国军方对生物武器计划有了更多的控制，对文职科学家的需要开始减少，在维哥的鲍德温亲身经历了这一变化。据他说，陆军急于使维哥工厂投入生产，其工程师师团觉得鲍德温的现场安全官员过于小心谨慎，阻碍了其日程。当鲍德温得知陆军想以一个没有生物工程训练的化学工程师替换那位安全官员时，他辞去了德特里克的技术主任职务，只作为一名顾问从事工作。[36]

在这之后不久，鲍德温和一些文职科学顾问曾参与就一份情报资料提出看法，结果险些导致对数十万盟军士兵进行不必要的肉毒杆菌免疫接种。1943 年 12 月在华盛顿召开的一次绝密会议上，来自英国、加拿大和美国的科学顾问秘密听取了一个吹风报告，包括两方面的内容，一是有关德国新的“飞弹”（后来称为 V — 1 型火箭）的情报，二是美国特别计划处前一年在细菌有效荷载方面取得进展。[37]此外还有德国难民科学家赫尔穆特·西蒙斯（Helmuth Simons）提供的一个情报，他称德国人已经研制了肉毒杆菌毒素作为生物武器。虽然西蒙斯其人和其他一些情报机构已被美国航天局列为不可靠的告密者，但与会的科学顾问们特别关注肉毒杆菌毒素（代号为“X”）的致命危害，始终担心德国人可能大批量生产这种细菌。默克在相信了这种威胁之后，立刻请求斯蒂姆逊同意批准供报复用的生物媒介的生产和储存。斯蒂姆逊在就默克所提出警告作答复时指出，科学家们应只专注于试验工作，让军人们去决定生产的需要。随后斯蒂姆逊把以生产为目标的细菌武器研发转到化学作战部，作战研究部的科学顾问们只限于从事一些边缘性的计划和项目。

1944 年 1 月和 2 月，顾问们又有了机会。特别作战部的一个小组委员会（名为巴塞罗那委员会）召集会议重新考虑德国“X”媒介的威胁，其成员包括默克、鲍德温、阿尔登·怀特（Alden Waitt）将军（时任化学作战部主任）。小组委员会出于对载有肉毒杆菌毒素的火箭威胁的重视，要求立即加强美国进攻与防御的能力。加拿大和美国政府紧急联合行动，为盟军部队提供了足够的防毒疫苗，以配合盟军所计划的春季攻势。加拿大着手生产了 15 万支试验性类毒素。后来美国政府在没有通知加拿大人的情况下，取消了其对类毒素的准备。美国方面已经收到来自 Ultra（盟军截获的德国无线电报的代号）的情报，德国人不具备生物武器攻击的能力，因此很担心盟军在无意之中使用了这种手段。但加拿大政府的最高层只知道它的军队面临危险，已准备好用板条箱装载准备运往海外的类毒素，敦促其军队进行免疫注射，直到 6 月 6 日（D-Day）盟军登陆前夕，才放弃了这一计划。这使得默里和奥托·玛斯很丢面子，他们长久以来已被排除在美国的核心决策圈之外。

随着战争的继续和特别计划处岗位与项目的增加，军方的控制加大，文职顾问变得越来越边缘化，在英国也是这种情形。1944 年 8 月作战服务处及下属顾问组被解散，默克成为斯蒂姆逊的特别顾问，其根本原因是：非军方机构参与生物武器的秘密最初是出于“更好地掩护”的需要，如今这种需要已为军方研发、计划和准备的需要所代替，因此“对于生物武器的职责应当由军事组织统一和集中管理”。[38]

“二战”末的生物战状况

日本投降前三天，即1945年8月11日，美国作战部向化学作战部下发了一个结束特别计划处的工作的备忘录，德特里克营和维哥将转向和平时期的用途。由此德特里克营的工作人员迅速从2 273人减少到865人，离开的人大多数为应征人员，留下的多数为陆军和海军军官，维哥也作了类似的裁员。霍恩岛基地被关闭，犹他州格拉尼特峰的试验场也被关闭，但与杜格维试验场的负责人达成了一个每年进行几次生物武器试验的协议。

维哥工厂的退役是一项大工程，近600项合同被取消，其中包括一项与底特律马斯特电气公司（Electromaster）签订的价值430万美元的合同。剩余的试验动物被运到埃奇伍德兵工厂或农业部。大部分军用车辆、被褥和军毯交还给了军队，机械设备及两万枚马克I型炸弹被运到德特里克营，其余设备赠送给大学、技术学院和特雷霍特市的联邦教养院。到10月底，有近80万美元的设备被宣布为剩余物资，用了18个火车车皮把这些物资从维哥运走。10个9万升的发酵罐被留了下来，后来被查尔斯·A·波菲泽（Charles A. Pfizer）公司所使用，工厂先是租后又卖给了该公司。

维哥工厂基本上实现了它的目标，它使人相信任何未来工业生产规模的生物武器计划是可行的。1945年6月和7月所进行的炭疽菌激化物生产试运转表明，工厂“在理想的工序条件和对操作人员最大的安全保护条件下，一次运转可生产价值8 000英镑的浓缩炭疽菌激化物浆”。[39]

1945 年的裁员和项目缩减使得生物武器计划看似一去不复返了，但战后不几年，当生物武器的使命被重新定位为对付冷战威胁时，有足够的科学家留了下来为化学师团工作以重振这一计划。

“二战”末美国所取得的成果

到“二战”末时美国的生物武器计划花费了 4 亿美元，这与耗费了 20 亿美元的原子弹项目相比不算什么，但这种投资在历史上已是空前的。[40]像其他战时的武器计划一样，生物武器计划的花费主要是用于研究和开发而不是工业生产。

默克在 1945 年 9 月送交作战部部长的一份备忘录中对结果作了一个总结：病原体的试点和大规模生产的工厂；用做炸弹填料的炭疽菌和毒性普鲁氏菌的批量生产；1.8 公斤重的马克 I 型炸弹的标准化和生产；集束炸弹兼容装置和弹壳；新集束炸弹 SS 的研发和实地试验；农作物特别是水稻的感染媒介的试点和大规模生产的工厂；摧毁农作物和使叶子脱落但不伤及人的化学药品的开发和使用；A 型和 B 型肉毒杆菌毒素免疫类毒素的开发。[41]

备忘录中还提到对空气传染媒介和炭疽热、野兔病、普鲁氏菌病等的发病机制的了解取得“巨大进展”。感染后的治疗（医治炭疽热的青霉素、医治野兔病的链霉素及医治鼻疽病的磺胺嘧啶）是另一方面的进展；研发计划使得对致病有机物、空气传播疾病及植物疾病有了更多的了解；开发了两种家禽疾病（纽卡斯尔病和家禽瘟）及牛瘟的免疫疫苗，这种疫苗后来在中国控制这类疾病中发挥了作用；首次分离出一种纯菌毒素（肉毒杆菌毒素）。

美国的生物武器设备为研发危险病菌的技术防御及安全标准提供

了基础。实验室的工作人员需有防护措施，美国的工程师为他们研制了轻型零渗漏的面具和特制的防护服，它们是今天的危险物质防护和高污染实验室所用防护服的原型。

国务院的一份机密报告透露，默克和另外三名生物武器官员对于未来生物武器对国家安全的威胁深信不疑。人们已有足够的经验认识到，生物武器成本不高，毒性易于增强，但与原子弹相比其研发难于控制。[42]另一些人则认为，虽然有资源的国家都可以制造破坏性病菌，但只有那些科研力量和工业设施基础雄厚的国家才可能研制和保存生物武器。[43]

1944 年 10 月两位顶级科学顾问万尼瓦尔·布什和詹姆斯·科南特预见，除非美国把它在世界上垄断的秘密解除，否则将出现一场生物武器竞赛。在致斯蒂姆逊的一封信中，他们指出美国政府应带头把所有有关生物战的资料置于一个能够控制和监察的国际组织的监管之下。在 1945 年 2 月的另一份备忘录中，布什提出要求联合国监控入侵行为，使任一热爱和平的国家不必“为另一国的科学活动感到担心”。[44]

斯蒂姆逊看来没有把这一构想转告罗斯福（当时他已身患重病），他自己也没有予以认真的考虑。布什和科南特向临时原子能委员会提出了同一看法，他们已经看到美英两国在有关原子弹的研制和使用资料方面是如何避开苏联的。他们天真地幻想把苏联纳入一个反对全面战争武器的联合共同体。

这两次诉求都未奏效。不出几年，冷战使美国的秘密生物武器计划复活，更比照核武器的摧毁力来定位自身的破坏力。

第四章

秘密分享与日本的生物武器计划

(1934 — 1945)

在第二次世界大战行将结束之际斯蒂姆逊下令，生物战的研发活动应继续进行。化学作战部（1946 年更名为化学师团）主任被授权主管计划，在医务方面受军医处的指导。陆军和海军将继续进行合作，新成立的空军也于 1948 年加入进来，与加拿大和英国的合作也将继续。[1]

战后有一个短时期，美国对其战时的生物战活动和对科研方面的贡献相当公开。1945 年 10 月，在公开发表的政策有助于延揽高水平的生物学家和吸引新人的主张下，化学作战部被允许放宽其有关成果发表的规定。[2]从那时起到 1947 年 6 月 30 日，156 篇科学论文获得了德特里克营的批准，其中 121 篇在公开的资料上发表，15 篇被杂志接受发表，20 篇在审查中，另有 28 篇论文在专业会议上宣读。论题涉及空气生物学、细菌学、兽医学和植物病菌学。1947 年 5 月，本书第一章里谈到的原先保密的罗斯伯里和卡巴特的报告在《免疫学杂志》(*Journal of Immunology*) 上登载，罗斯伯里还把他的书《试验空气载播感染》(*Experimental Air-Borne Infection*) 作为美国细菌学家协会的出版物出版。该书中包含 1 幅德特里克营发明的细菌气雾室图、一些设备照片和 75 张有关炭疽菌激化物、鹦鹉热病毒、布鲁氏菌病和野兔病的试验结果资料表。[3]

与这种公开性形成对比的是，就在同一时期化学师团的生物武器科学家们却在秘密活动，以免于作为战争罪犯起诉作为交换条件从日本生物战科学家那里获取技术信息。1934 年到 1945 年间，日本人对成千的中国战俘进行了人体试验，包括活体解剖，并用生物媒介杀害中国平民。1948 年最后确定的赦免协议是一条分界线，此前生物武器是作为第二次世界大战中针对轴心国的报复手段，之后新的冷战视角则把它看做是在破坏力上可以和原子弹相比的东西。美国人与日本科学家之间的契约促使美国的生物武器计划重新恢复，是在核时代以全面战争理论为基础的绝密活动。

情报信息与赦免交易

1942 年中国向盟军指称日本军队向中国城市散布感染鼠疫的跳蚤，引起严重的鼠疫暴发。西方媒介报道了这个消息，引起人们对日本的怀疑，但这种指称后来从舆论中消失了。

1945 年随着日本战败，美国迅速派科学家去调查和占取日本的武器技术发明，正像他们早先在德国以“阿尔索斯任务”（Alsos Mission）的名义所做的那样。[4]1945 年 11 月最早去日本的科学代表团包括五名文职科学家和四名军队代表，其中三名是化学作战部的成员。[5]经过六个星期的访谈和现场参观，调查者对日本的化学武器计划没有发现什么有兴趣的东西，对其发展原子武器方面的兴趣更小。但是这些美国人在向杜鲁门总统报告的结论中有一条提到，日本的生物武器计划可能补充美国的军事知识。代表团中的化学作战部成员之一默里·桑德斯（Murray Sanders）上校很快写出了一篇报告，简述日本在生物技术方面的进展。其后 1946 年陆军提交了另一篇报告，是由阿弗·汤普逊（Arvo Thompson）上校起草的，他称日本的计划研制了有效的防治鼠疫、伤寒、痢疾等疾病的疫苗和血清，以及诊断血清、抗原和药物，包括青霉素。[6]日本生物战科学家还报告说对动物疾病包括炭疽热、鼻疽病及农作物破坏媒介作了研究。在接受盘问时，日本科学家向美国代表团否认他们的生物武器准备有进攻的目的以及他们对人体进行过试验。

1947年初，美国在东京的陆军情报处人员邀请德特里克营的一位师长诺尔伯特·费尔（Norbert Fell）博士重新评估日本的计划。他的任务不是评估是否应当提起战犯起诉，而是看看日本科学家有没有美国为国家安全应当获取的有价值的资料。制定了有关计划的日本军事科学家石井四郎（1892—1959）居住在其在东京郊区的家中，允诺透露重要的保密文件。对这些资料值得作某种谈判吗？战后对德国的武器科学家也提出过类似的问题，对这些人曾达成了赦免、移民、美国国防雇用等交易。[7]但是就所知道的而言，这些交易不适用于对俘虏进行过野蛮的人体试验的战争罪犯，而日本军事科学家（尽管他们自己否认）是犯有这些罪行的。

美国陆军情报处的官员把对科学资料的评价（它对于赦免交易是很重要的）任务交给了费尔和其他几个也来到日本的化学作战部专家。但是当费尔1947年5月到达东京时，美国的情报部门已经为秘密交易做了很多工作。1944年末，斯蒂姆逊部长被告知日本可能有生物武器计划。次年军事情报部门收集到更多支持这一说法的材料，虽然生物武器对美国在太平洋战区的威胁并不大。此时华盛顿也很注意不使有关生物武器的论题透露到媒体上，以防美国的秘密计划为公众所知。[8]1945年9月，美国联邦调查局的前身战略工作处得出结论说，日本“可能有世界所有国家中掌握生物武器资料最多的科学家”，他们对美国构成了严重的威胁。[9]有关日本的科学活动，1947 年 1 月的一份陆军情报处的评论说：“不用说，这些试验结果是有很高情报价值的。”[10]陆军情报处也成功地为当时在东京追捕、起诉战争罪犯的美国陆军副官署设置了障碍。1947 年 3 月，参谋首长联席会议下令由陆军情报处全权负责生物战调查，并要求一定要“严格保密……以保护美国的利益和防止出现尴尬的局面”。[11]

对美国领导来说，把日本重建为一个稳定的民主国家对于抗衡苏联在亚洲的存在和共产党中国的崛起至关重要。要使日本成为一个可信赖的盟友，日本在战争期间所犯下的严重侵略罪行，包括在太平洋地区对战犯和平民的不人道待遇应迅速审判和忘却。许多日本最高军方和文职领导者已经因战争罪行受到起诉，如果有关日本生物战计划的传言是真的，对于可比之于纳粹死亡集中营罪行的用人体进行试验的附加起诉，将给重建日本的目标更增一重障碍。

此外，日本的生物战计划可能得到过日本天皇的支持，他本人是一个生物学家，据知对政府当局的细节活动很关注。美国政府特别是主管日本占领和重建事务的道格拉斯·麦克阿瑟（Douglas MacArthur）将军已经决定，天皇的神化人格需予以维持，否则日本社会的整个阶层结构将会陷于混乱，可能引发对占领军的暴力。[12]掌管战争罪犯审判的麦克阿瑟批准对天皇免于起诉，但是日本科学家可能揭露的他在生物战计划方面的共谋将带来严重影响。

如果把日本科学家交付审判，将把对生物武器的整个影响网络牵扯进来。石井得到过军方和政府官员的支持，这一伙人中至少有六人已经被东京战争罪行审判厅提起诉讼。例如据报道首相东条英机在身为关东军（日本在满洲里的军队）司令时曾看到过石井手下的人用人体进行试验的纪录片，30 年代时他曾批准石井计划的扩充。[13]在结束太平洋战争投降文书上签字的人陆军总参谋长梅津义次郎将军曾为关东军指挥官，对石井计划有所了解。[14]没有被起诉的官员中很可能也有人支持过石井的计划。

石井与医务界也有着广泛的联系，后者对他的计划始终予以支持。多年来石井靠着这种关系招聘了数百名年轻的医务学生和技术人员，他们可以随意使用试验设备，或多或少与人体试验有关联，他们那时都发誓要保密。战后这些技术人员转而任职于新的日本大学和工业企业。[15]如果这项计划被判决犯有战争罪，指控就可能从对军方的起诉扩大到民间的专业技术人员网络。

1947 年 5、6 月间，费尔与日本生物武器计划的构想人石井进行了谈话，费尔与他的少数同僚一道得出结论，对于日本人所能提供的资料值得与之作赦免交易。这些资料主要是对一个大的长期的武器计划的第一手记述，以及对人体进行的医学试验文档（包括 8 000 个显微镜切片和尸体解剖的详细数据）。令美国人特别感兴趣的是解剖的尸体中包括一些受炭疽菌侵害致死的人。费尔报告的一个补充材料中说："由于对人体试验的顾忌，从我们自己的实验室中是不可能得到这些资料的。"[16]

在华盛顿，那些就赦免问题被咨询的政府机构看法略有不同。国务院的官员指出，如赦免协议为公众所知，美国政府有陷入尴尬局面的危险，因为 1946 年 9 月纽伦堡国际军事法庭曾把纳粹的类似试验确定为战争罪。陆军情报处和化学师团认为日本的技术资料对于国家安全是极为重要的，不应在审判中公开，否则苏联将设法获取。事实上，苏联曾要求与石井等一些科学家接触，1947 年美国政府同意了这一要求，但事先告诫日本人在回答问题时尽可能少说。华盛顿的一致观点是，国家安全的重要性高于犯罪起诉。麦克阿瑟将军显然曾亲自过问此事，以免日本的生物战科学家们被暴露。[17]

究竟是谁批准了赦免交易一直是不清楚的，官方的认可应是来自美国政府的最高层，从杜鲁门总统到国防部部长詹姆斯·弗雷斯塔尔（James Forrestal），或国务卿乔治·马歇尔（George Marshall）。费尔 1947 年 6 月 24 日的一份备忘录确认杜鲁门和麦克阿瑟以及阿尔登·怀特建议了下列决定："从这一调查中所得的所有情报应保留在情报系统中，而不被用于'战争罪'审判程序中。"[18]1948 年 3 月协议签署时，东京战争罪审判已在没有揭露日本科学家参与生物战计划的情况下结束，予以配合的日本科学家和其他一些参与计划的人就此被开释。除了身体不好的石井以外，十几个直接从这一协议中获益的人或者成了医学院的教授和管理人，或者在研究和工业部门成就功业。[19]

并非所有参与生物武器试验的军方人士都像石井及其同僚那样幸运。1949 年，十几名试图逃离中国的参与者被苏联俘获并送交哈巴罗夫斯克（Kharbarovsk）审判。哈巴罗夫斯克是石井在战末试图攻击的四个西伯利亚城市之一。据报道，五天的供述吸引了大批听众，以致需在法庭外设大喇叭广播。哈巴罗夫斯克审判结论报告的英文版 1950 年公布。[20]哈巴罗夫斯克审判供述了美英官员已经知道的人体试验，但美英政府把这一审判程序视为斯大林的宣传。被告人随后被监禁，多数人于 1956 年被遣送回日本。

西方情报系统认为，被告所遭到的短期监禁表明苏联人用所得的信息作了交易，与美国人所做的并无不同，目的也相似。美国情报部门从一位德国化学武器科学家那里获得了看来是可靠的有关苏联生物武器活动的信息。[21]据怀疑，苏联在 30 年代和战争期间曾对生物武器进行了研究，很快就可能掌握所需的科学与工业资源，以构成战略威胁。

现代化背景："满洲国"

日本生物武器计划的社会与政治背景是日本对中国的入侵。在发生于1931年9月19日的所谓"满洲里事件"中，关东军以受到攻击为借口，开始了对重要铁路沿线的所有满洲里城市的占领。在军国主义媒体和极端民族主义领导者的推动下，日本公众屈从于"战争热"，把满洲里看做是对国家生存至关重要的"生命线"。[22]1932年初，日本人把满洲里重建为以中国最后一个皇帝为统领的傀儡政权"满洲国"。1933年日本在世界的抗议下退出国际联盟。

满洲里按计划要建成一个现代乌托邦，成为基于科学、文化和工业的新型城市。试图摆脱旧帝制的日本知识分子和商人乘机参与了这项社会试验，他们想把"满洲国"建成拥有"现代的苏联式计划、意大利的社团组织、德国的国家主义和美国的新政"之地。[23]而在其他构想者中，日本社团国家发明者之一岸信介则试图把"满洲国"作为法西斯经济政策的试验场。[24]

就在日本行将完成满洲里的扩张计划时，受到来自其军事敌国苏联的军事威胁。尽管有国际协议和旨在保持中立的条约使摩擦减少到最低限度，日本人却长期深为在亚洲与苏联接壤而恼火。1939年两国终于爆发战事。1941年日本与苏联签订了另一个中立条约，虽然日本人仍对苏联人存有戒心。

在"满洲国"之外，中国的国民党势力与中国共产党发生冲突，内战中的两方政府都敌视日本。1937年爆发的与满洲里事件相似的边界冲突给了日本人进入中国作战的机会。[25]日本的军事优势是毋庸置疑的，如1937年南京强暴行为所显示的，日本人想野蛮欺压中国人也是显而易见的。日本的控制迅速在中国东部沿海延伸，直推进到广州以南。

在此战争之前，虽然“满洲国”在被建成为拥有现代城市和工业的日本“天堂”，但是对中国人的反抗者、游击队和所谓匪帮（这些都是石井计划的“试验材料”来源）实行严厉的而且常常是野蛮的军队与警察控制。[26]关东军强使四类非日本人屈从，即从南方移民到满洲里的占主体的汉族人、满洲里本地人、作为劳工输入的朝鲜人、俄罗斯人及其他欧洲移民。所有这些人，尤其汉族人被视为种族和文化劣等的民族。日本军队几乎不用为其所施用的方法向东京报告，他们动用军警依据其自己的边疆统治规则维持治安。这样“满洲国”成了可以规避法律和道德约束的最好的军事试验之地，以优厚的报酬和试验机会吸引科学家，对受鄙视的平民百姓进行人体试验。

作为构想者的军医

早在 1927 年石井就向其上司提出了生物武器计划的构想。[27]他的部分理由是：1925 年《日内瓦议定书》签订以后，世界大多数国家将会放弃生物武器，这将给条约外的日本（签字国但非条约方）提供发展生物武器的优势条件。已在日本大学和医学院推广的西方生物科学将使日本的武库具有现代化效率。生物武器不需要很大的工业基础，生产制造也相对较易。1928 年石井开始了为期两年的世界周游，以增广细菌学见识。作为低级军官他因为发明了移动部队便携式水过滤器而小有名气，他甚至向天皇演示了这种设备。他此行的目的是想对西方生物学的最新技术有更多的了解。他手持外交信函访问了德国、法国、苏联和美国的研究实验室。[28]

回国后石井被聘为著名的东京军医学院的免疫学教授。在他离开期间，1929 年发生的经济崩溃终止了日本的自由主义，重归孤立政治。从政府手中攫取了控制权的军方转而以纳粹德国和法西斯意大利为楷模和盟国。石井的生物武器计划得到了最高军事阶层特别是极端民族主义者和公共卫生省负责人的个人支持。[29]不久他就得到了在医学院建的他自己的实验室，在实验室里他以字母“A”和“B”来区分高度保密的进攻性武器和防御性武器。

1932 年，石井在东京进行的“A”试验出了安全问题，由此得到许可转移到“满洲国”，在那里他得到关东军的通力合作。开始据点设在哈尔滨城北，因保密上的困难，转而在距城南 100 公里处建了一个有高墙围着的院落——中马监管所。监管所可容纳 500 到 1 000 名犯人，两年后因一伙越狱者炸毁了设备，石井在东京的军方上司立即同意投资建了一座新的更大的研究院落。对生物武器的慷慨资助一直延续到战争结束的 1945 年。

石井新的看守严密的工厂设于哈尔滨城南 24 公里处，那里有 10 个村落，统称“平房”。1939 年建成的工厂有 7 座水泥建筑，包括实验室和药品库，3 个焚化炉，几个没有取暖设备的附属建筑和一个供石井私人双翼飞机用的机场。计划受到严密防护，凡在那里工作的日本人的信件都要受到检查，出行受到限制，运送物资和设备的卡车不加标记。1941 年“平房”改名为 731 部队。位于哈尔滨城北的安达是 731 部队的室外炸弹试验场，那里使用的也是人体。

1936 年日本与德国和意大利签订了《反共产国际条约》，最终断绝了原来与英国及其在亚洲的属地（日本想在那里称霸）的结盟。1936 年日军又组建了 100 部队，名为关东军抗动物流行病马匹保护部队，由军队兽医若松右二郎领导，他本人也于 1948 年获得美国政府的赦免。若松的极端保密的设施位于“满洲国”新都长春以南 6 公里处，面积与“平房”差不多。

731 部队和 100 部队是一个研究附属系统的中心，这一系统后来扩大到“满洲国”和中国的其他城市。参与其事的还有日本的学术机构和医院，包括在京都（石井在那里上的大学）和东京的大学，石井经常以高薪和开拓性实验的许诺从这些机构中招聘科学和技术人员。1939 年在南京的 1644 毅部队（Ei Unit 1644，731 部队的附属机构）加入了这一计划。第二次世界大战期间，随着日本的占领区从中国东部沿海扩大到法属的印度支那、暹罗和缅甸，细菌武器附属机构也作为前哨阵地在那里建立起来。

这些小的中心在何种程度上从事了基础研究和疫苗生产以外的人体试验是不清楚的。731 部队也进行了防御性工作，每年生产 2 000 万支疫苗，其中主要是斑疹伤寒疫苗，对炭疽热、鼠疫、气性坏疽、破伤风、霍乱和痢疾的研究也是计划的一部分，此外还包括对医治各种疾病和诊断用的血液制品的研究。至于在病原体批量生产方面，日本落后于像德特里克营炭疽菌试点工厂等所达到的工业水平。

1945 年日本人在撤离之前炸毁了设在满洲里和中国其他地方的 731 部队、100 部队及其他有关机构，文件也被销毁，这使得石井等人保存下来的资料更为珍贵。

日本的生物武器研制活动

德特里克营的代表们特别感兴趣的是石井可能研制的有关机械运载系统（炸弹、炮弹、喷雾设备等）以及有关实际生物武器攻击的报告，但美国人最终发觉可学的东西甚少。日本人企图但并未能发明任何实际可用的炸弹，虽然研制了九种不同类型的投弹，包括一枚炭疽孢子炸弹（被称为 HA 炸弹）原型，但都没有实际散播细菌的能力。[30]在石井的指示下，在五至六年时间内实地试验了两千多枚钢体炸弹，试验对象是被绑缚在现场的活人，其中许多是被弹片击中后死去的，而不是被生物细菌感染而死。石井也试验过从低空飞行的飞机上播撒细菌，但没有成功。他也试图把生物武器与飞机及战略进攻计划联系起来，但并没有掌握这样的技术。与日本化学武器计划进行了一些联合试验，看来也用过活人做牺牲品。[31]但是总体上说化学武器研制是一个单独的活动，不像西方以化学武器的经验和技术来促进生物武器的研制。

由于上述限制，石井所制定的战术从技术上来说是简单的，更像是一种阴谋破坏活动。一种是把敌军部队诱入一个以前的战场，事先秘密地在那里进行疾病污染，另一种是通过低空飞行的飞机空投或利用间谍散布，把受鼠疫感染的跳蚤大量散播到平民居住区。

1939 年石井得到一次利用他的生物武器的机会。那年夏天日本人想从苏联手中夺取对诺门坎（Nomonhan）边界的控制权，那是一个蒙古、内蒙古和“满洲国”交界的复杂地区。那年 8 月（苏联与德国签订互不侵犯条约后一星期）苏联元帅格奥尔基·朱可夫（Georgiy Zhukov）率领三个师、五个机械化旅来到该边界，他们在那里包围和打败了日本人，战斗中日军 1.5 万人损失了 1.4 万。日军在撤退时，一支由石井训练的敢死队殿后，以伤寒、副伤寒、霍乱、痢疾等病菌污染了哈拉哈（苏联名为 Khalkhin-Gol）河。这一做法对苏军的影响不得而知。

1940 年有五个月石井组织了对中国南方海港城市宁波的零散攻击，试图破坏民国领导人蒋介石的食品运输。石井利用跳蚤引发鼠疫，并企图用伤寒和霍乱菌污染水源。日军以飞机散播污染的小麦和小米。据报道，该城市和地区有一千多人因此致病，100 人死亡。第二年和 1946、1947 年宁波及附近城镇都发生了鼠疫，一些水运和食品运输可能受到这一破坏行动的影响，但在战争环境下，日本人难于对此进行检测。

1942 年石井参与了在中国东南沿海省份的大规模的艰苦战役。例如日军在从玉山、金华、福清（Futsing）等城市和周围实行战略撤退时，石井手下的三百多人留在后边散播细菌和污染水源，三架飞机在战斗机的保护下空投细菌和沾染鼠疫的跳蚤。日本人所希望的是，没有戒备的中国军队进入这一地区时被霍乱、痢疾、炭疽热、鼠疫、伤寒、副伤寒等瘟疫侵害。虽然石井后来称他的细菌攻击取得了很大成功，但更可能的是自食其果。那些无知的日军士兵显然自身受了感染，致使一千多人死亡。很快石井的威信下降，被撤销了 731 部队的领导职务，调往南京任职。

日军也进行过食物和水源的污染试验。在浙江省的战斗中，有三千多战俘被发给受伤寒和副伤寒菌污染的食品，然后将其释放回家，在他们不知情的情况下传播疾病。发放食品的过程（不包括后来的情况）被拍摄下来在日本放映，以示关东军对中国农民的关爱。受污染的食品还被发放给日本士兵，他们把这些食品摆放在路上，让饥饿的中国老百姓和军人去找食。

作为赦免交易，日本生物战科学家不但提供了他们的实验室记录，还向美国军事科学家报告了他们所进行的 12 次使用过生物武器的实地“试验”详情，除了以上提到的，还有对中国其他城镇的鼠疫传播。[32]对日本人有利的一点是（石井对此也很清楚），他们在占领区和战时中国所进行的细菌攻击有可能被认为是自然暴发，这也是他们使用感染鼠疫的跳蚤的原因之一。

随着战争结束的临近，在日本垂死挣扎之际，石井试图说服日本军事当局使用生物武器，但遭到他的上级的普遍反对。[33]但此前在 1941 年日军曾考虑在当年以生物武器攻击菲律宾，1942 年又把澳大利亚、印度及萨摩亚群岛列为可能的袭击对象，之后是缅甸和新几内亚。[34]全面战争的概念对石井来说并不陌生，他的主要指导者永田铁山将军就是极力鼓吹以攻击包括平民在内的战略目标为其特征的现代战略的人。[35]

1947 年在阅读了日本人提供的近 60 页的材料之后，德特里克的生物学家费尔在所提交的报告中得出结论说，日本人在进行生物战方面可提供的东西不多，但他们用人体试验的数据可能有用处："显然，在大规模生产、气象研究和实用弹药方面，我们遥遥领先于日本人……但有关人体试验的数据，如果我们把它与我们及盟国对动物所进行的试验数据加以比较，将会是很有价值的，对病原体的研究及其他有关人类疾病的资料可能对我们研制真正有效的炭疽热、鼠疫和鼻疽病疫苗很有帮助。"[36]

生物武器媒介：学到了什么？

费尔对看来有希望的日本的人体试验数据所抱的乐观态度肯定是为时不长的。主管 731 部队和 622 毅部队的石井对生物媒介所作研究的范围广泛但很散乱。1947 年被派往日本的德特里克营基础科学部主任、内科学家埃德温·希尔（Edwin Hill）在给化学作战部主任怀特发回的报告中，罗列了日本计划中所研究的 20 种疾病，此外还有未详细说明的破坏农作物的媒介。[37]

最终日本科学家向美国人提供了 20 类不同疾病的人体解剖资料，共 859 例，其中 394 例被他们列为"适于"作分析之用。大多数死因被归于霍乱（50 例）、朝鲜或松戈（Songo）出血热（52 例）、肺结核（41 例）、腺鼠疫（106 例，日本人把鼠疫解剖案例分为 64 个"流行性"和 42 个实验室案例）。费尔在评估中写道："所得出的总的结论是，在所研究的病菌中只有两个有效的生物武器媒介，即炭疽菌（它被认为主要对牲畜有效）和感染鼠疫的跳蚤。日本人甚至对这两种媒介也不满意，因为他们认为对这两种媒介可能很容易进行免疫。”[38]

对炭疽热和鼠疫这两种疾病进行了详尽研究的是由若松医生领导的100部队的研究人员。美、英科学家研制了炭疽菌云团，认为它是杀伤敌人的最有效的手段，但是人的吸入性炭疽热病例很少，他们不得不反复进行剂量反应和疾病进程的探索。初看起来若松和他的同事向美国人提供了难得的资料：22个25岁到37岁的男人的吸入性炭疽热人体解剖案例，并附有显示疾病关键进程的彩色图片。[39]

德特里克营的科学家们指出，这样少量的案例是没有统计价值的。另一个缺点是，使炭疽热受害人致命的试验条件与在战场上或对平民进行大规模袭击的条件完全不同。由于没有细菌气雾室和制造炭疽云团的技术，日本人只能每次把四个人关入一个带有由室外控制的喷气泵的小玻璃房中。高浓度的炭疽原孢子悬浮物被直接喷到被试验者的脸上。受害者先是患扁桃腺炎和支气管损伤，可能纯粹是因为吸入大量炭疽孢子所致。此后疾病迅速发展，所有的人只有一个结果，吸入病菌后两至四天内迅速死亡。

从事生物战的科学家们

日本生物战科学家们的研究活动与他们同时代的纳粹德国生物学家和内科专家有很多共同之处，后者也是对囚犯进行非人道的试验。[40]对于美国生物战科学家们协助保护日本战犯的动机人们只能进行猜测，他们显然是把国家安全置于道德和正义之上。默里、桑德斯多年之后曾说，赦免交易的目的是保护天皇的权威，以防止日本人对美国占领军的暴力行为。[41]

美国生物武器的未来也仍处于不确定之中。如果没有设想到的以进攻为目的的技术进展用以对抗一个强大的政治敌国，战后美国的计划有可能永久性地成为一种对疫苗和防毒面具的防御性研究。与陆军情报处携手工作的德特里克营的科学家们被告知有来自苏联的威胁，要他们作好应战的准备。1947 年 6 月 24 日费尔通过他的上级怀特向军队情报系统报告说："迄今得到的资料是很令人感兴趣的，对我们计划未来的发展会有很大的价值。"[42]费尔接着透露说，从日本这里很快能得到重要数据，例如有关云团散布的数学计算。

还有可能的是，德特里克营的科学家们渴望得到一种禁果，一种出于顾忌使他们无法获得的人类科研资料。[43]他们不可能对炭疽热、野兔病，鼻疽病等病菌作类似于日本人进行了几年的那种试验。美国人也没有像日本人那样跨越使用生物武器的界线，虽然后者的方法是很原始的。

由于日本的医学对西方特别是德国科学的依赖，日本科学家与美国科学家之间有着修业休养方面的共同性，这可能增加某些亲和力。尽管有语言方面的障碍，日本人对西方的实验室、解剖技术、资料和描述性的科学术语的使用使得美国同行易于理解。例如，日本人的解剖报告使用的是德国术语，美国医学院规定的教科书也是这样。二者遵循的一个共同的科学信条是对于人员的痛苦和死亡的不带个人感情的超然态度。在可读到的美国文件中，美国生物武器专家看来可以像对待临床科学那样没有道义反感地接受日本的人体试验资料。

在更狭隘一些的意义上说，费尔医生和其他那些从德特里克派去的使者与他们的日本同行有着共同的战时特殊的军事活动，后者的秘密计划的目的与他们自己的并无大的不同。完善生物炸弹、确定感染剂量水平、研究进行作战和破坏可以利用的疾病，计划针对平民的大规模攻击——双方都以国防的名义在朝着这些目标努力。日本科学家被给予了职业上的尊敬，从德特里克和陆军情报处来的美国人与他们一道喝茶、用餐。日本已不再是敌国，敌国是苏联。1947年12月12日埃德温·希尔兴奋地指出，日本人的报告是一批有价值的商品，其计划历经数年、投资可观，与之相较将其整理加工的费用就小多了。他还说道："我们希望那些自愿提供这些资料的人不因此而受窘，要尽一切力量防止这些资料落入别人手中。"[44]费尔在报告中还表达了同行的情感，即他与其他美国生物武器科学家期待石井撰写他的军事生涯回忆录。但是他与其他美国科学家应当知道，那些回忆资料如果如实写出来，将会成为犯罪的供述。

在谈判和资料揭发的过程中，石井及其同僚很快发现，美国人和他们一样对揭发日本的生物武器计划并不感兴趣。美国政府想保护天皇，防止资料落入苏联人手中。也许同样重要的是，不让美国公众知道德特里克营的计划仍在继续。1945年到1947年是美国对其战时防御生物武器研究公开的时期，那些信息公布本身所引起的媒体关注超过了陆军所希望的程度。日本计划所暴露的怪异细节很可能会使德特里克营的计划蒙上污名，使美国和英国政府（他们被秘密告知了与日本的交易）继续进行进攻性武器研制计划受到限制。在战争期间美国情报系统对特别计划处的工作进行了保护，而在战后和冷战期间继续对生物战计划进行保护，此时美国联邦调查局对生物武器媒介有了一种委托人的兴趣。1948年当与日本人的赦免交易完成的时候，化学作战部主任和美国生物战科学家与美国情报系统开始联手对日本研制计划中的犯罪活动实行保密。美国政府官员和参与日本人赦免交易的军事科学家一起把国家安全（当时是以此名义解释的）置于法律和道义之上。赦免交易达成后不久，随着冷战的加剧，又开始了对美国生物武器的保密。

秘密的泄露

战后公众知道日本军队制定了一个生物武器计划，但对于计划的细节——人体试验的资料和囚犯的待遇——人们不是很清楚，而此后多年日本、美国和英国政府都对此予以否认。有关日本对中国城镇的生物袭击他们含糊其辞，似乎中国人的报道不可靠。从日本科学家那里所得的证明中国人所言非虚的旁证，本来可用来矫正这种看法，但这些证词和报道都被秘而不宣。

日本生物战计划中止20年后，其犯罪事实开始零星地在媒体上透露。1976年东京广播系统播放了一个纪录片《心灵的伤害——恐怖的731军团》，该片曾在欧洲播放，美国没有转播。五名前日本生物战科学家披露他们如何受到赦免以及他们的资料如何被送交给了美国。《华盛顿邮报》（*The Washington Post*）刊载了这一消息，但没有引起很大的反响。[45]1981年出版商约翰·鲍威尔（Joho Powell）出版的《原子科学通报》（*Bulletin of the Atomic Scientists*）上发表了一篇有关日本生物武器计划的文章，引起媒体的广泛注意。鲍威尔是从美国政府的档案中获得有关日本计划的文件的，他也参考了哈巴罗夫斯克的审判记录。[46]同年长崎大学的常石计一根据自己所掌握的档案和访问调查出版了《失踪的细菌战部队》（英译本书名为*The Germ Warfare Unit That Disappeared*）一书。[47]常石计一后来协助两名英国记者彼得·威廉姆斯（Peter Williams）和大卫·华莱士（David Wallace）调查制作了独立电视台1985年出品的电视片《731部队——天皇知道吗？》（*Unit 731 — Did the Emperor Know*？）。[48]

多年来，许多有关日本计划的中方和日方见证人都作了公开陈述。一些前日本科学家在对极端残酷的人体试验进行确认的同时，指出了它的种族主义根源。一位科学家说："我已经变得没有怜悯心了，这是由于我们被灌输了狭隘的种族主义思想，相信大和民族的优越性，看不起其他种族……如果我们没有种族优越感，我们就不会那样做。"[49]

谢尔登·哈里斯〔Sheldon Harris，他 1994 年出版的《死亡工厂》(*Factories of Death*) 一书推动了对 731 部队的深入调查〕指出美国和日本固执地不愿意公布有关日本计划的文件。[50]2000 年美国国会通过了《日本皇军揭密法案》(Japanese Imperial Army Disclosure Act)，要求"对美国所保存的有关日本皇军第二次世界大战中的活动的保密记录和文件予以公布"。[51]日本政府（日本只有很弱的法律支持对公众开放文件）保持缄默。2000 年受理中国受害家庭起诉案的日本法庭承认犯有很大的错误，但不会赔偿，因为 1951 年的《旧金山条约》(San Francisco Treaty) 已确定不再对日本提出赔偿要求。与此同时，对日本计划的国际学术调查仍在继续，新的材料还在提出，有时是出人意料的。例如，也是在 2000 年，在靠近俄罗斯边境的海拉尔的一个贮库中发现了日军撤退时留下的重约 200 公斤的有关生物武器计划的文件。[52]

保守秘密和道义缺欠

赦免交易带来的影响是深远的。例如，它使得不能在国际上公开讨论是否应完全禁止可能用来攻击平民的生物武器。有关化学和核武器的政策常常暴露于公众的视野，引起辩论，这在很大程度上是因为人们通过历史知道它们的使用后果。广岛和长崎被炸之后使得人们能够对原子武器——其战略价值、威慑价值、对平民的危险等——作出判断。日本的国家计划是第一个现代生物武器被使用（不管是多么残酷）的证据，也是与战略攻击目标一致的科学方法（虽然被推向了极端）的证据。由于缺乏历史的实例，没有引发公众对这些武器的辩论。1947 年时美国的一些公众可能赞成拥有生物武器，另有一些人可能反对，但这些我们无从知道。决策权只在少数军队和政府中掌权者的手中，而他们所做的是对生物武器计划的保密，以保证其在未来的扩展。

对石井屠杀计划的了解可能有助于加强国家不得侵犯平民这一原则。纽伦堡审判通过暴露在工业时代以种族纯化的借口所进行的种族屠杀，揭示了纳粹国家的机构和思想意识。一旦对纳粹德国种族灭绝政策的后果有所了解，人们就会受到一次道义上的教育，就可能制定出反对种族屠杀的法律。类似地，1945 年美国的原子弹对平民的伤害也有助于增强对核武器扩散的限制。相反，东京战争罪行审判没有揭示一个文明的、技术发达的社会是怎样在数年时间里从事非人道的生物武器试验并加以使用的。1948 年达成的赦免交易，导致丧失了就生物武器对平民的威胁和需要对之加强限制的法律和其他措施进行讨论的重要机会。

政府的保密和对公众责任的缺失，使得战后对生物武器的法律限制历程变得困难重重，这也是后来 20 年美国生物武器计划的一个特点。通过对骇人听闻的日本生物战计划的保密，美国政府给予针对平民的进攻性生物武器以正当性地位。鲍威尔这样描述了赦免交易的后果："在敌人手中是'险恶的武器'，而一经加入美国的武库中之后，生物战就成了可以接受的有价值的军事手段。"[53]生物武器的价值仍有待于鉴定，但毫无疑问的是，其研制计划将继续在国家政府的考虑中占有一席之地。

当费尔等人对日本科学家进行访谈的时候，杜鲁门总统 1947 年签署了《国家安全法》(National Security Act)，这是针对珍珠港被炸和所察觉的由苏联支持的共产主义占领世界的威胁作出的反应，是对军事部门和情报组织的一次重组。这一改革的中心是应对苏联作为一个核大国的可怕前景。核武器的发展将为未来 20 年生物武器的发展确定标准，它要求生物战科学家们表明，病菌可以以同样巨大的规模杀伤人群。

第五章

以核武器规模为目标

冷战与美国的生物战计划

1947年与日本生物科学家进行谈话的美国官员很快便意识到，美国所取得的成果在技术上领先于石井四郎将军的计划。到“二战”结束时，美国、英国和加拿大的计划对于空气传播媒介感染和生物媒介的多样性已经有了很多了解，对某些媒介的防御手段也有了提高，炭疽炸弹已接近批量生产。[1]原子弹和冷战的出现预示着美国生物武器计划的重大改变。对有意传播的疾病规模，已被设想为可达到与广岛和长崎的破坏相等同的战略攻击水平，以及苏联及其同盟的潜在目标。在第二次世界大战后的二十多年里，细菌武器的倡导者努力想使其达到所设想的战略攻击力的目标，并力图说服军方特别是空军和海军采纳这些新式武器。美国政府内对这种扩展攻击能力的努力所知者不多。在计划内部，研究加速了，生产能力扩大了，对平民的病菌攻击模拟规模更大、更精确，已接近可用于实战的水平。

在美国战后的生物武器计划秘密地朝着接近核武器的规模发展的同时，国内和国际公众，包括一些科学家，正在公开地辩论核武器的威胁。后来，特别是在20世纪60年代，美国的化学武器及其对平民的威胁成了广泛争论的问题。而在生物武器方面，美国战时的研究只有很短时间是公开的，在随后 20 年中便再见不到公开的讨论。1947 年陆军参谋长德怀特·艾森豪威尔（Dwight Eisenhower）下令禁止对进行中的生物武器计划活动进行披露。此后，国防部部长詹姆斯·弗雷斯塔尔 1949 年在一次新闻发布中只强调了美国防御性的生物武器研究。他的看来已为公众所接受的论点是，生物武器的存在是为了保卫国家对抗苏联的威胁。[2]而公众所不知道的是，这种防御性的计划实际上是以进攻为目的的。由于美国不受《日内瓦议定书》的约束，军队中的生物和化学武器提倡者便力主享有首先使用权，这将使得可以开展完全进攻性的生物武器计划的研究。

1951 年参谋长联席会议的一份报告总结了生物武器在战略及暗中破坏等方面使用的军事潜能。[3]报告首先指出与常规武器、化学武器和核武器相比，生物武器的成本较低，这是它的一大优点。但相对弱小的国家也可能获取这种武器（这后来成了一个关键性问题）却未被考虑到，而当时的猜想是，只有工业大国才有资源发展生物武器，就像核武器和一般的化学武器一样。因此参谋长联席会议的报告重点是以苏联为敌国，提出了一些从欧洲和亚洲战场经验中所得的“二战”类型的可能方案。第一种方案提出，作为原子弹轰炸之后的后续手段进行所谓非致命性疾病（例如普鲁氏菌病）攻击，以便进一步削弱所攻击地区的敌国平民。报告特别主张在特种军事行动中使用生物武器，所针对的是了无所知的平民：“生物武器最有吸引力和最有效的方式可能是在秘密的军事行动方面。在敌人后方活动的特工人员或游击队，可以把少量的生物媒介准确地投放在能够产生最大效果的地方，这是一种极有杀伤力的方式。秘密使用的另一个好处是，以这种方式使用生物武器其结果很难与疾病的自然暴发相区别，因此可在正式军事行动之前使用，以削弱敌人实力。”[4]

在技术方面，军方的第一要求是这种新型武器必须具有可靠的杀伤力。指挥官们只有一个目标——赢得战争，因此他们不愿意在战争中对细菌武器进行试验。1952年的参谋长联席会议的一份备忘录作了两点指示，一是指示陆军化学师团应对生物武器进行实地试验，二是指示三兵种应通过对有关人员的教育或“教化”使之接受生物武器：

> 参谋长联席会议想强调指出，虽然可供利用的生物武器有在多种场合使用的潜在效力，但只有当军事行动指挥员确信有关武器对于完成其任务具有优势时才得使用。因此通过试验以确定生物武器的实战性能，以及通过教育传播和建立对于试验结果的信心是必要的。已授权陆军部部长负责实地试验计划的协调工作，三兵种（陆军、海军作战部、空军）应在其协调下进行实地试验，其规模应足以确定备选媒介弹药组合、其进攻性使用和对其防御手段的军事价值。又，各兵种应通过新武器指导小组、教育课程、在职培训等适当方式进行生物武器的教育工作，应以可能的方式相互协助与合作。[5]

尽管进行了大力研发与试验，在那一时期生物武器始终没有被纳入正规军的思想和计划中，美国及其合作伙伴——英国、加拿大及后来的澳大利亚也都没有实际使用之。

有两次战争提供了机会，即朝鲜战争（1950—1953）和越南战争（1962—1975）。朝鲜战争的参与者是美国领导下的联合国多国部队，这使得很难想到使用生物武器。再者，美国的计划仍处于致力研制更有效地散播炭疽孢子等病菌的生物炸弹阶段，没有什么可靠的东西可提供。不过，中国和朝鲜曾于1952年指控美国在作战中利用飞机散播受感染的昆虫、羽毛及其他病菌载体，在技术上相当于日本计划的水平。

在越战期间，美国在战争中使用化学药品特别是防暴媒介引发了国内和国际上的争议，这表明如果使用了生物武器，不论是隐秘的还是公开的，都将会引起激怒。20 世纪 60 年代，实地试验显示出越来越大的希望。那些传播热带疾病、在设计上能穿透丛林屏障的生物武器，对于当时为越共游击战所苦、不惜使用一切攻击手段的军事策划者来说会是有诱惑力的，但美国政府的政策没有改变。

生物战、原子弹及苏联的威胁

1946 年 5 月，基于海军预算秘密听证会上透露的消息，美联社发表了一篇有关细菌武器的耸人听闻的报道，谓其“杀伤力远远超过原子弹”，“只一次打击即可毁灭数座大城市和全部农作物”。[6]但在数小时之内美联社又撤回了这篇报道，称这种武器并不存在。诸如此类的事情使得公众开始把生物武器视为一种新形式的威胁。美国新闻界随之开始暴露在已过去的“二战”中的生物武器研制计划，而陆军和海军在协助其事时则侧重所研发的防御性武器。例如，海军举行了一次新闻发布会，报告其在加利福尼亚奥克兰的研究单位曾利用 50 名圣昆廷（San Quentin）监狱的犯人进行有关淋巴腺鼠疫的医学研究，以研制防御药物。《纽约时报》（*The New York Times*）、华盛顿的《时代信使》（*Times-Herald*）、《新闻周刊》（*Newsweek*）、《生活》（*Life*）、《民族》（*The Nation*）、《科学举隅》（*Science Illustrated*）等多家出版物翻检了德特里克营战后发表的研究资料，刊载了有关生物武器的可怕战略潜力的报道。《科学新闻信函》（*Science News Letter*）一则报道的标题是《比原子弹更强劲的生物战进展》（Germ Warfare Advances More Than A-Bomb）。

1947 年，正当与日本科学家的赦免交易在谈判中而冷战开始的时候，美国向联合国提交了一份决议草案，其中把大规模杀伤武器界定为："原子炸药、放射性物质、致命化学和生物武器，以及在未来研制的任何在杀伤力方面可与原子弹或上述其他武器相比的武器。"这种把效果未经确证的生物武器与化学和原子武器归于一类的见解，为后来的历届政府所奉持，不论是民主党政府还是共和党政府。

随着冷战的加剧，政府面临的一个明显的问题是，苏联是否构成一种生物武器威胁，对之西方特别是美国须以防御能力来回应。美国军方和情报部门的评估承认，这种战争将对苏联经济及平民的健康具有摧毁性的效力。西方和苏联在技术上有着公认的差距，特别是在抗生素的生产和在工业发酵方面。[7]苏联具有发展核武器的手段和意图，但他们是否也志在研制生物武器呢？对于苏联生物武器计划的疑虑盛行于华盛顿。例如，1948 年美国参议员埃德温・约翰逊（Edwin Johnson）告诉媒体说，他有权威的证据表明，"苏联人已经完善了这种散布瘟疫和细菌的武器"。

苏联 1949 年 8 月试验了第一颗原子弹之后，美国的军事分析家们猜测，生物武器将是其下一个重要的战略目标。虽然有关这方面的情报是很贫乏的，1951 年的参谋长联席会议的一份报告确认，苏联拥有生物武器，并且用人体进行实地试验："苏联对生物武器的兴趣由来已久，未经证实的报道表明，他们在这方面已经投入了大量精力，而且这种努力仍在继续。我们必须持这样的看法，不这样认为是愚蠢的，在生物战方面苏联已经拥有了防御能力。我们可以确信，苏联人在致力于获取有关他们的生物武器媒介和弹药的确定资料时会毫不犹豫地用人体进行大规模的试验。"[9]

生物武器的启动

1946年，美国化学作战部的预算从战时的最高点240万美元缩减到99.3万美元。[10]1947年随着冷战的开始，其拨款回升到战时的水平，达275万美元。战后所发现的西方原来不知道的德国神经毒气，使化学作战部开启了新的研究方向。生物武器是另一个增加预算的原因。在化学作战部主任怀特的领导下，负责生物武器的人员对他们的研究进行了精减，集中探索已知的病原体和毒素，以及把它们装入炸弹和气雾发生器的方法。在国家科学院全国研究委员会的协助下，合格的青年科学家被招聘到计划中来。现有的记载表明，战后研制计划曾经历了困难的时期，主要是技术方面的问题，直到1954年才变得较为稳定。

陆军战后的生物武器研究、开发和大规模试点生产计划的基地设在马里兰州的德特里克营（后改名为Fort Detrick ①），此外在纽约州的普拉姆岛（Plum Island，特里军事驻地）设有动物研究基地。德特里克营还参与了加利福尼亚州奥克兰海军实验室的项目以及各种秘密的情报收集项目。实地试验则集中在设于犹他州的杜格维试验场。研制计划的一项任务是从非军方的承包商那里收集空弹壳，填入生物媒介或无害激化物，将其运送到试验场地。生物武器计划还利用美国和其他地方的周边场地进行露天试验，与加拿大合作使用那里的场地，在实地试验方面与英国合作。当化学师团要求以新的生物媒介和弹药生产设施替换战时的维哥工厂时，国会批准了对设于阿

① Fort Detrick的中文译名为德特里克堡，Fort在英文中有“永久性军事驻地”之意。——译者注

肯色州的派恩布拉夫 X — 201 工厂的建设投资。这座 1950 年动工 1953 年建成的 10 层楼高的设施耗资 9 000 万美元，最终雇用了 1 700 名员工。[11]

英国唐港的计划在向战略目标转移和扩大实地试验方面看来要比美国的计划进行得顺利。费尔得斯的副手亨得尔逊接手了主任职务，延聘了内行的费尔得斯、斯坦普爵士、汉基等做顾问，这也保证了计划的延续性。英国拒绝公开其战时的研制活动，但仍引起了恼人的媒体的注意。像美国一样，英国也志在使生物武器发展为与核武器规模相当的作战手段。由于正式承认了《日内瓦议定书》，英国尽力不使其研制看起来完全朝着进攻性目标发展的做法更为明显。计划的领导者多次声称其所为完全是防御性的，或者看起来它们只限于作为特殊军事行动的配合。但是如果说生物武器有前途，那只是作为在大范围内攻击的进攻性手段。因此战后英国在唐港的计划与美国的一样，是朝着两个目标发展的：在实验室中大力开发新的可能媒介和对病原体、毒素及其激化物进行大规模的实地试验。[12]

1945 年，唐港的生物部改名为微生物研究部。尽管 1948 年时英国的经济不景气，建筑材料缺乏，在唐港还是为兴建一座庞大的设施而破土动工，那是当时欧洲最大的一座砖结构建筑。[13]亨得尔逊认为实验室的中心工作是加深对吸入性感染的了解，[14]他主持修建了一座供扩大气雾试验用的炸弹爆炸仓。之后不久，美国人在德特里克营建起了一个世界最大的高达 12 米、455 万升的霍顿实验球（Horton Sphere），这使得可以在仓内引爆炸药，使关在笼内的动物通过孔口吸入。

寻找为唐港工作的科学家是件难事，根据广告应聘的人很少。科学顾问们认为是战后媒体评论起的作用，它们使公众或许还有一些本来可能成为工作人员的人反对这一计划。[15]不管是什么原因，原计划招聘130名科学研究和技术人员的唐港实验室实际只雇用了72人。但是这一项目还是吸引了一些高水平的研究人员从事防御生物武器的研究。例如1948年到唐港工作的生物化学家哈里·史密斯（Harry Smith）发现了炭疽菌生成的三种毒素，[16]这一发现后来成为制造抗炭疽热疫苗（半个世纪后仍在使用）和现代抗毒素的基础。

大规模生产也是唐港的计划内容之一。微生物研究部得到了修建另一大型设施和两座附属发酵试点厂的经费。据测算，如果与苏联开战，唐港须每天生产35吨媒介，以填充每月进行4次攻击的500架飞机所使用的1.8公斤重的炸弹。但英国内阁和政府中的其他文职领导人不久对建设规模进行了限制，使这一目标未能实现。[17]

技术限制

早在1945年11月，英国参谋长会议就设想了生物武器在未来10年里与核武器的对比发展。作战指挥部的一份备忘录对生物武器持乐观态度，指出如果再提供一些资助，有关计划就能生产出一种炸弹，一颗就能杀死城区中8平方公里内半数以上的人。[18]

1946年，英国参谋长会议承诺使国家作好使用三种武器的准备，即核武器、化学武器和生物武器。在一项由一个空军参谋机构领导的名为“红色旗舰”的研究计划中，唐港被指派在1955年以前制造一种针对人使用的炸弹。该空军参谋报告说，尽管对发起生物攻击存在一种厌恶情绪，但是作为一种最后的手段，需要制造一种450公斤重的集束炸弹，一种包含许多“子”弹的“母”弹，以覆盖广阔的范围。根据前一年试验所作的估计是，200吨这种炸弹可导致一座260平方公里的工业城市中人的死亡率达到50%。高空炸弹被认为效果较好，为此唐港需要开发一种准确的天气预报手段，并使病菌媒介具有抗严寒的能力。报告中还提到如果研究者们要提高炸弹的瞄准度，可使用喷雾发生器。[19]

在炸弹能产生可吸入性气雾的机械效能方面以及对气雾的剂量反应方面，尚没有进行过足够的试验以使得可作出精确的估计。在战争的最后年代改进的炭疽炸弹不断受到技术方面的困扰，此时依然如此。由于没有可靠的抗生素方面的治疗，科学家们只能对动物进行试验，从中推算出人的剂量反应，即吸入多少剂量的某种媒介可导致所攻击的人群中多大比例的感染。

美国空军在开始时对生物武器的潜力抱乐观态度，但不久这种乐观情绪就减低了，英国空军参谋部也是如此。到 1950 年时虽然有大量的资助，生物战科学家们仍然无法制造出完善的 1.8 公斤重的马克 I 型炸弹样本，于是决定把重点转向装 0.9 公斤弹药的集束炸弹。1951 年美国参谋长联席会议把生物武器列入第一类战略武器，并责成空军发展在世界范围内的作战和防御能力。[20]生物武器计划仍然没有能研制出一种有效的炸弹，这对于不及等待炸弹试验就预先下了订单的空军无疑造成了很大的失望。生物武器计划所研制的另一种炸弹 M33 型炸弹只能覆盖很小的面积，其载体设计对于高性能的炸弹来说已经过时。空军生物武器计划的官方史学家多萝西·米勒（Dorothy Miller）写道："研发未能实现原计划的估计，未来也很难有实质性的改进。"[21]

参与生物战计划的空军参谋机构在组织上是分开的，一个机构负责研发，另一个机构负责后勤和培训。前一机构对生物武器的技术前途没有把握，而后勤和培训方面也跟不上。对于生物武器如何操作和运输以及出现事故该怎么办，军队中的人所知者甚少，甚至连炸弹如何从化学作战部运到机场去安全装载和弹药运到海外后由谁负责都不知道。米勒评论说："弹药的后勤支持是场噩梦。"[22]培养

100 名生物武器医务和科学领导的计划宣告失败；化学作战部对空军所能说的只是：那是人们的一种猜想。

朝鲜战争的指责

在这个摇摆不定的时期，有关美国在朝鲜战争中使用生物武器的传言成了在联合国中辩论的国际问题。1952 年初，中国和朝鲜政府指责美国在朝鲜战争中使用从日本人那里学来的生物武器战术。

朝鲜人和中国人认为国际红十字会偏向西方，要求由国际和平委员会成立一个调查委员会。1952 年 6 月，国际科学家委员会前往中国和朝鲜进行了为期两个月的对有关传言证据的评估。委员会与见证者和医生们以及四名作证美国使用了生物媒介的美国战俘（一名飞行员和三名领航员）进行了谈话。委员会的领导人是著名的英国化学家和中国科技史学家李约瑟（Joseph Needham），他在第二次世界大战期间曾派驻中国。曾在 1949 年哈巴罗夫斯克审判中任主要医学专家的苏联生物学家 N・N・朱可夫—弗雷兹尼科夫（N. N. Zhukov-Verezhnikov）也是成员之一。委员会虽然自身没有进行调查，但得出结论说美国进行过生物战，主要是空投细菌媒介和被感染的物质。委员会汇编了一份 700 页的报告，详细记述了所称的 50 例事件。[23]该报告中包括解剖报告和给病人进行过治疗的医生们的证言，以及被俘的美国空军人员支持声明的直接影印件。这份通常被称为“李约瑟报告”的文件还暗示日本人在中国使用过病菌媒介，并称美国政府还在继续保护日本免受犯罪追究。报告中还援引了战后美国生物战科学家们发表的文章，作为美国进攻性计划的证据，并提醒读者美国没有批准《日内瓦议定书》。

美国政府否认了有关使用生物武器的指责，这种否认得到西方国家的普遍支持，一些著名科学家也予以支持，他们对“李约瑟报告”提出质疑。这一说法仍然是一个有待调查研究的问题。例如最近一位日本记者声称看到过有关苏联的文件，表明朝鲜战争中的细菌攻击证据是假的。[24]上述争论表明，在可疑疾病暴发的事件中，要想把证据和意识形态分开是困难的，同时也再次表明了这一论断：战时的情报很可能是有误的。两个意识形态对立的国家在交战中，可信的独立调查，即让科学家们能够提出质疑和独自收集资料，看来是不可能的。

改进试验

与此同时，在美国的秘密研究计划内，科学家们在为生物武器的有效性提供证据方面遭遇了困难。或者是因为炸弹试验得不出可靠的结论，或者是那些看来有希望的结果向空军人士传达得不够，后者始终未能信服。对于生物武器计划要依赖于动物试验，空军官员们已经越来越感到不耐烦。他们希望有医学上的准确性以提供更好的炸弹。但要用媒介对人体进行试验，只有在受到侵染后能够得到迅速和可靠的治疗，否则在伦理上是不可能的。

1953 年 4 月在全空军的部长一级进行了通报，建议取消与生物武器计划的订货协议。一份备忘录称这一计划为“不必要的奢侈”。[25]空军人员不但没有增强对生物武器的信心，反而认为对其的支持会出现“大起大落”的不稳定情势。对有才能的军官来说，它也不如规模更大的常规武器和核武器计划更有事业前途。[26]

空军对生物武器的信心低落，但陆军则继续予以支持。1954 年 3 月 5 日国防部作出新指示，生物武器研发计划只限于长期研发活动，辅之以实地试验。生物计划将只研究改进的弹药，重点是“从高速飞机上空投的针对人的致命炸弹（230 克重的 E61 型炭疽炸弹），以及从高速飞机和气球上空投的杀灭农作物的弹药”。[27]以前的热心支持者所体验的“强烈失望”导致预算削减。[28]空军对生物武器的投资从 1953 年高峰时的 570 万美元减少到 1956 年的 100 万美元。在空军与生物武器有关的其他方面，包括从化学作战部购买以人为目标的生物弹药，也出现了类似的减少。

生物武器计划有两条增强对其武器的信心的途径，有关科学家在这两方面也都作了努力。一是改进实地试验，包括用真实的病原体进行海上和陆上试验，以及对英国、美国和加拿大的城市目标进行激化物试验。在这些资料的基础上才能改进对在各种环境、各种天气状况下气雾散布的方式、媒介存活率及其毒性的估算。随着规模的扩大，实地试验也成为获得实施战略攻击作战经验的一个途径，它有别于在现实世界中引发疾病及对战争和社会造成重大影响。[29]

第二个提高人们对生物武器的信心的途径是进行人体对病原气雾反应的试验。“二战”后由于有了抗生素，可在受感染后特别是对野兔病进行治疗，进行人体试验已成为可能。对剂量反应的计算是关键之点，至少要有约摸的了解才能确定对弹药性能的要求，才能进行有关攻击某种目标需要多少弹药量的估算。对空军来说则需要知道多少炸弹才能造成所希望的对目标的轰炸效果，从而计算需要多少飞机。英国和美国用激化物和真实媒介所进行的露天实地试验，就是检测这一庞大计划的可行性。

“马轭行动”

像在大多数生物战研究方面一样，英国人首先进行了海上试验和对城市地区生物媒介散播的研究。1948 年至 1949 年期间在加勒比海的安提瓜岛（Antigua Island）和圣基茨岛（St. Kitts Island）附近进行的“马轭行动”（Operation Harness），是英国发起的第一次有限系列试验。美国尾随其后继续进行了多年海上试验。[30]选择在海上进行试验是由于担心对土壤造成污染（特别是炭疽热，它曾对格林亚德岛的土壤造成了严重的污染）、为公众所知和对当地老百姓可能带来的危险。不幸的是，加勒比海的大风迫使试验在海岛的近处进行，“周围有许多小渔船”。[31]

美国科学家对“马轭行动”予以了配合，提供了一些病原体和炸弹（1.8公斤重的美国E48. R2型炸弹）、起爆药和改装的引信等。炸弹是现场装填的，然后利用下垂的引信在距海面30至45厘米处引爆，让气雾向小舢板上关在笼中的动物散播。试验动物包括豚鼠、绵羊和从印度进口的猴子。这是第一次用豚鼠和猴子进行炭疽菌气雾试验，后来这两种动物在研究中经常被使用。在为期约两个月的时间中，进行了27次细菌试验，包括一些由气雾发生器进行散播的试验。亨得尔逊后来报告说，在计算中存在着严重的误算，计划是在仓促中进行的，所得成果不多。虽然他相信如果计划得好，海上试验是能够改进的，但他提出对气雾要有更好的科学研究方式，他甚至称海上试验是一种获得有关气雾散播过程的知识的“蠢笨方法”。[32]英国当局的结论是，要进行更多这样的试验，后来也的确进行了几次，但实际进行了数十次这样试验的是美国，复杂性和精细度越来越高，后来美国把注意力转向城市地区的空中试验，英国也进行了这样的试验，由之又扩大到更广阔地区的模拟。

“圣乔计划”

在美国，空军希望有一种“预测武器效果和估计弹药经费的更好的系统方法，而要获得这种方法就需要能预测气雾在目标上空的散布”。[33]这一要求是有道理的。1951 年化学师团意图把气雾研究置于最重要的位置，预计在 1950 年至 1954 年期间将为此花费四百多万美元。技术目标是能均匀地散布宜于人吸入的直径为 1 到 7 微米的微粒，由此导致比如炭疽菌感染。这项战后研究是与工业衔接的，由独立承包商研制了几种不同类型的气雾发生器。

根据空军的要求，德特里克营的科学家们成立了一个“圣乔弹药消费计划小组”（St Jo Munitions Expenditure Panel）。小组的任务是从 1953 年起对城市目标实行炭疽菌攻击模拟，所选择的三个近似苏联城市的北美城市是：圣路易斯、明尼苏达和温尼伯。[34]自 1 月到 9 月，试验者们通过位于城市不同地点装在汽车顶上的气雾发生器散布激化物云团，预计攻击的假定条件是这样明确说明的：“所得出的各项最后费用数字将指所攻击的人群完全没有准备，在生物云团散布的整个过程中均暴露于城市露天。”[35]

在 40 年代末英国就已经进行过对城市目标的试验，当时是在位于唐港附近的城市索尔兹伯里散布激化物，试验后曾仔细计算过气象条件对云团散播的影响。[36]1950 年美国船只曾散播过炭疽激化物 bacillus globigii（BG）和 serratia marcescens（即 1934 年斯蒂德报告中所追踪的细菌），借风力传播到圣弗朗西斯科湾地区上空。[37]

“圣乔计划”在攻击模拟研究中运用了各种新获得的科学知识。最初的试验（从 1953 年 1 月到 9 月断断续续进行）融入了德特里克营科学家们得自各方面的资料：德特里克弹药试验和动物对剂量反应的研究、杜格维试验场使用炭疽激化物 BG 的露天试验，以及斯坦福大学的科学家和私营承包商联合承担的气象学研究。[38]主管科学家们利用了来自英国索尔兹伯里和化学作战部所作的化学药物散播的有关资料。该计划还得到国家标准化局计算机程序员们的帮助。

1954年8月圣乔小组发表了长达101页的有关系统方法的报告，附有从城市试验中所得的气雾散播模式图以及几十个严密论证的数学公式，它们是预测炭疽剂量和生产这些剂量所需的炸弹经费的。[39]在空军看来，“圣乔计划”“体现了在生物媒介组合测试观念方面的一个重要进展”。[40]更重要的是，它显示了在不同的气象和地理条件下，对目标空投的炸弹数量和方式是如何影响炭疽菌气雾造成的“伤亡产出”率的。

“圣乔计划”小组的报告中包含若干科学上的怀疑和告诫。例如报告推算，8 000枚炭疽炸弹将感染在露天的50%的人群（半数人群致命剂量，表示为LD50），但附有告诫说，这一数据只是根据猴子的研究数据所作的推算。报告指出，E61R4炸弹的气雾效率是有限的。有效的气雾是释放直径1至7微米的颗粒，而E61R4所造成的气雾成分中只有2%属于这一范围。增加炸弹数量或媒介的毒性（对炭疽菌已作过这种尝试）将能增加伤亡率。

“圣乔计划”通过显示气雾和炸弹的潜力给生物武器带来了所需的新的希望，只要技术障碍能得以克服。这使得空军对那些技术细节产生了兴趣，例如试验如何以干燥媒介取代浆液媒介以增强毒性或改进气雾。另一方面，空军要求加强对“致残”而不很致命的疾病如普鲁氏菌病以及天花等强感染性疾病的研究。[41]

实地试验对计划来说仍是很重要的，这种试验的数量增加了。从1950年到1954年共进行了79次炭疽激化物BG试验，包括在弗吉尼亚、加利福尼亚和佛罗里达海岸附近的海上试验。在杜格维试验场、德特里克营、埃尔金（Elgin）空军基地、阿拉巴马州麦克莱兰（McClellan）港、弗吉尼亚州的贝尔弗（Belvoir）港、莱特—帕特森（Wright-Patterson）空军基地、缅因州的洛林（Loring）空军基地、新墨西哥州的基尔特兰（Kirtland）空军基地等处进行了陆上试验。1955 年在宾夕法尼亚州的主要国家公路上进行了气雾散播试验。从 1950 年到 1955 年在杜格维进行了 25 次病菌媒介的露天实地试验，使用的细菌包括炭疽、霍乱、普鲁氏菌、Q 热及野兔病病菌。有些试验，例如 1954 年进行的 B 炭疽热菌试验，为期长达数月。斯坦福气象学试验的结果发表以后，用荧光微粒测试在公共场合的风力散播大大增加了。除了在明尼苏达和圣路易斯进行的"圣乔计划"试验和海湾区试验，还在得克萨斯州的科珀斯克里斯蒂（Corpus Christi）、莫哈韦沙漠（Mojave Desert）以及（1957 年到 1958 年期间）在落基山以东的未指名地区进行了露天试验。1959 年到 1960 年期间在得克萨斯州北部和中部的未指明地区进行了 13 次试验。[42]进入 60 年代后，这些活动的数量大大增加了。

"白衣计划"

"圣乔"系统方法报告中的一个关键提法是：不使人体实际接触炭疽菌气雾而要证明人对剂量的反应是不可能的，而这样做是非常危险的，这等于放弃了测算对于人的致命炭疽菌剂量。[43]但野兔病细菌媒介（Francisella tularensis）与炭疽菌不同，它可以通过早期使用抗生素而得到迅速可靠的治疗，因此用它来作人体研究是可能的。野兔病细菌虽然没有被吸入的炭疽菌那样高的致命性，但可导致使人致残的疾病，同时依所使用的种类不同也可导致高达 50% 的死亡率。

1952 年，正值美国怀疑苏联不道德地用人体进行实地试验时，美国军医处派到德特里克营的医生便想到开始野兔病的研究。最初想用基地的军人作试验引起静坐罢工。后来考虑用七日基督复临会的教徒作试验，他们因宗教的原因而拒绝当兵。从 1953 年起，在与七日基督复临会的领导签订了一项非正式协议后，医疗队开始对教会的自愿者进行一系列各种项目的试验。开始阶段代号为 CD — 22，有 91 个自愿者参加，他们被置于有 Q 热菌气雾的环境中，Q 热是可以有把握地被抗生素治愈的。在 CD — 22 试验成功的基础上，1954 年德特里克营开始进行“白衣计划”。[44]

美国陆军的一位军官和一位教会长老一年两次去往得克萨斯州休斯顿的萨姆堡（Fort Sam），那里有一些因宗教原因而拒绝当兵的人在接受医务助理培训。他们在那里只招收七日基督复临会的教徒作为“白衣计划”的参与者。在计划进行的整个过程共有 2 200 名教徒参与。从 1955 年到 1957 年，试验是在注射巴斯德野兔病病菌的基础上进行的。1957 年 9 月一位项目负责人开始了一个名为“吸入挑战”的系列试验，即让受试验者接触病菌气雾以测试剂量反应。一些志愿者在经过抗生素治疗后仍然有几个星期的虚弱期，另一些则恢复得很快。试验还研究人在受了不同剂量的感染后进行简单工作和数学计算的能力。

“白衣计划”对近 200 人进行了人体试验。1963 年到 1966 年是该计划的高峰期，主要试验的病种有野兔病、委内瑞拉马脑炎和皮肤性炭疽热，它与吸入性炭疽热不同，是完全可以有效地接受治疗的。1967 年到 1969 年，在计划结束期转向对热带病的研究，主要研究对象是沙蝇热、黄热病、裂谷热霍乱和一种叫做 Chikungunya 的蚊子寄生病毒。“白衣计划”于 1973 年结束，人员招聘也随之终止，不过陆军的历史记载显示，有些试验一直进行到 1976 年。

“白衣计划”的参与者在身体上都得到了很好的治疗，从陆军多年的检查来看，没有出现长期的健康问题。这里的问题是，他们对试验的目的一无所知。教会领导所知道的是，该计划是为了防卫的目的，是为了寻求对野兔病的最大可能的防护方法。然而计划的主要目标却是进攻性的，是为了确定人体对野兔病病菌的剂量反应，以便进一步研制进攻性炸弹，之后又被采纳作为战略进攻的生物武器。

工业是人体对生物武器反应资料的另一来源。为了进行有关炭疽疫苗的控制研究，陆军把科学家派往毛棉纺织厂和其他一些被认为炭疽孢子感染率高的工厂里去。1957 年在新汉普郡曼彻斯特市的一家制毡厂中，五个未接种过炭疽疫苗的工人患了吸入性炭疽热，其中四人死亡，其原因可能出自一批进口的受到高度感染的动物毛。[45]对死亡者的调查结果包括尸体解剖补充了日本人的资料。随着职业健康标准的提高、纺织业的过时或转移到海外，研究炭疽热的工厂环境也不复存在了。

首先攻击的决策权

在生物武器计划努力寻求稳定的时候，一种政策上的改变使生物武器和化学武器摆脱了因美国默认《日内瓦议定书》（但没有批准）所受的束缚，使得有关这两种武器的决策与核武器一致起来。与此同时，美国的核政策规定最终决策权在总统，但国防部在可能的首先攻击的策划方面也有很大的权力。核威慑在核政策中起着一定的作用，第二次世界大战中未使用化学武器，这其中威慑也起了一定的作用，而生物武器的威慑作用就含糊得多了。美国没有用使用制造疾病的武器去威慑苏联，相反，它是在秘密研制一种新型的战略武器。军方对这一计划的拥护者和少数批准过化学作战部预算的国会议员希望在生物计划上不受约束。

1950 年美国的生物武器政策是与《日内瓦议定书》保持一致的，使之只作报复之用。这种政策被描述为是“临时的”，意即随着武器的改进和重新估价，可能发生变化。[46]1954 年 5 月，美国陆军参谋长要求对只报复性地使用生物和化学武器进行重新审查。如米勒所记述的，有关这种限制的争论由来已久。陆军认为“生物武器进展上的一大障碍是，军方不愿意把时间和资源投在一种可能永远不能使用的武器系统上”。[47]如果有首先使用的选择权，就可能出现全速发展和军方的采纳，即美国能够选择时间、地点和攻击的条件，而不仅仅是对攻击作出反应。攻击将不只限于对苏联，也可以进攻任何敌人。军方的批评者认为，细菌武器是完全不能与常规武器和核武器竞争的，这项计划的存在只是出于要具备对苏联进行报复的能力。[48]

改变政策的决定最终提交给了最高层的安全顾问们，后者决定使陆军免于只报复性地使用生物和化学武器的限制，其理由是新的苏联生物威胁的暗示。这种担心源自苏联的朱可夫元帅（他领导的部队曾是 1939 年日本生物武器进攻的目标）2 月 20 日的讲话。朱可夫在苏共二十大上宣称：“未来战争，如果他们发动的话，其特点将是空中力量、各种火箭武器、各种大规模摧毁手段如原子武器、热核武器、化学武器和生物武器的大规模使用。”[49]安全顾问们把他的话看做是苏联拥有生物武器能力及在未来战争中使用它们进行大规模摧毁的证据。

1956 年，一个重新修改的生物和化学武器政策得以制定，大致内容是：在一次全面战争中，美国将使用这种武器以提高其军队的效率，这种武器的使用决定权在总统。[50]那一年美国的陆军守则《陆战法》（*The Law of Land Warfare*）中删除了“只作报复之用”的字样，转而宣称：“美国没有参与任何现行的有关禁止或限制在战争中使用有毒或非有毒气体、烟雾或燃烧材料及生物战的条约。”[51]在为各军种规定规则的美国陆军准则中，明确申明了总统的最终决定权：“美国军队使用生物和化学武器的决定权在美国总统”，但在核武器等的进攻性研发权上却给军方留下了余地。[52]

这一政策变化的一个重要影响是探究生物武器作用的计划扩大了。大规模的模拟变得更为重要。在杜格维，2 800 万美元被投资于改建输电系统和气象网，以使得可以进行大规模的空中轰炸和喷雾试验。在 1955 年举行的一次美、英、加三方会议上，美国政府宣布了它的“大面积概念”（Large Area Concept）新战略，其做法是由飞机或军舰散播一条不是精确对准目标而可能影响整个地区的病菌线。[53]一个重要的前提假设是：可以预测攻击的气象条件，另一个是空气传播的细菌可较长时间地存活。

1957 年，为了测试第一个假设，英国科学家进行了一次实地试验，试验中一架在目标地区逆风飞行的飞机散播发荧光的硫化锌镉微粒。第一项测试是在北海上散播一条 480 公里长的微粒线，然后在英格兰和威尔士收集空气样本，以跟踪所作的散布。试验发现数百万人可被生物气雾感染。1957 年，作为“LAC 行动”（Operation LAC）的一部分，美国军队也同样在一条从南达科他到明尼苏达的路线上散播了硫化锌铬。1958 年 2 月，在杜维格试验场重复进行的一项试验表明，一条近 1 000 公里长的散播线可对数百万人产生影响。用活激化物所作的进一步试验表明，一些病菌事实上可以在这些试验中存活。

肯尼迪—约翰逊年代的发展

对每一项计划的历史调查者们都很关心，国家首脑在何种密切程度上被告知了生物武器计划。美国战后国防部范围内的生物武器计划规模不大，未引起高级文职官员的注意。在 1960 年举行的一次记者招待会上，有人问艾森豪威尔总统，有关首先使用方面是否出现了政策上的变化。在军方看来已经出现了这种变化，但艾森豪威尔总统回答说没有人向他正式提出这种变化，并接着说道："就我的直觉来说，这样的东西不应首先使用。"[54]

1961年约翰·F·肯尼迪（John F. Kennedy）总统就任后不久，国防部部长罗伯特·麦克纳马拉（Robert McNamara）开始进行机构改革，集中和精简五角大楼的领导。其中一个结果是生物武器计划在化学师团的管辖方面有了较多的自主权，它被隶属于陆军材料指挥部内新成立的弹药指挥部。其改名为德特里克堡的中心仍掌管着派恩布拉夫试验场的运作。只有陆军有权进行有关高度感染性媒介的工作，空军和海军保留了它们的研究和调拨计划，估计占全部化学和生物武器花费的35%，这一数字在后来几年中达到每年3亿美元。国防部还成立了一个联合技术协调委员会，以审查有关的计划，但这些审查都不是高层的。[55]

60年代生物武器的实地试验步伐加快了，越南战争的升级使军方对武器研发有了更大的权力，化学作战部得到了这种放宽的好处。这一时期在以平民为目标的模拟攻击的种类和规模方面都有很大的增加，由人体试验所得的更准确的剂量反应资料，以及从各个大学和私人承包项目中所获得的研究和技术上的提高，加强了模拟攻击的试验。例如，从1962年11月到1967年4月，杜格维试验场几乎不间断地进行着有关P.野兔病病菌的大规模实地试验，同时也进行一些以防御为目的的试验。1965年，在华盛顿的国家机场和灰狗长途汽车终点站散播了BG孢子。1966年在纽约市的地铁，1968年8月至9月在加利福尼亚沿岸，圣克利门蒂（San Clemente）附近（那里有尼克松总统在西海岸的隐居之所）也作了这种散播。1964年至1965年在得克萨斯、密苏里、明尼苏达、爱荷华、内布拉斯加及南达科他等州的六个主要畜牧场进行了"针对动物"的模拟攻击，但是这些攻击大多数都是为了显示地区攻击的设想模式。从1961年6

月到 1969 年 9 月期间，在政府公有土地区如南卡罗莱纳和明尼苏达州的国家森林、印第安纳州的韦恩堡、得克萨斯州的科珀斯克里斯蒂，1968 年又在旧金山等地共进行了 22 次荧光微粒试验。作为“圣乔计划”的季节性试验的结束，1963 年 5 月到 9 月、1964 年 5 月到 10 月、1965 年 3 月在圣路易斯州重复进行了三次试验。

112 项目是生物武器计划内的一个新创，这是一个扩大的化学和生物武器陆海试验项目。1962 年，陆军在犹他州的道格拉斯堡建立了一个新的德塞雷特（Deseret）试验中心，112 项目就是通过这个中心协调的。参与者包括陆海空三军；加拿大、英国是合作者。虽然 1968 年进行的两次试验是模拟对军舰的炭疽菌攻击及如何对船员们进行防护，但这个项目的大部分内容看来是试验生物武器的进攻性能力。

112 项目至少进行过 50 次试验，其中大部分是在 1962 年 12 月到 1970 年进行的。有关这些试验和其他有关的海上试验的资料一直没有完全公开，它们是以越战为背景的。这些试验有 18 次是有关生物武器激化物（通常是炭疽激化物 BG），大多是在 1963 年至 1965 年期间进行的，1965 年至 1967 年是化学武器试验的高峰期，共进行了 14 次有关 VX、沙林、神经毒气激化物和催泪弹的试验。在唐港和加拿大的拉尔斯顿（Ralston）进行了化学媒介的试验。除此之外，生物和化学武器试验通常是在不同时期在同一地点或同一地区进行的。

112 项目所进行的海上试验统称为船上危险与防护（Shipboard Hazard and Defense，SHAD）。参与海上试验的至少有 13 艘军舰，另有装有气雾发生器的轰炸机和战斗机。被称为“大汤姆”（Big Tom）的海上试验体现了陆军希望 112 项目所做的事情。该试验是 1965 年 5 月到 6 月在夏威夷的瓦胡岛（Oahu I.）海岸附近进行的，它汇合了海军和空军，以“评估对群岛的生物攻击的可行性，并对发动这种攻击的原则和战术进行评估”。[56]该试验包括（从附加在海军A—4型战斗机上的喷雾罐）在目标周围进行一系列液体炭疽激化物BG的喷撒，同时从附加在美国空军F—105型战斗机上的喷雾罐进行干炭疽激化物BG的喷撒。这些试验旨在测试覆盖面，特别是气雾对丛林的渗透能力。1964年又在夏威夷以西1 300公里的约翰斯顿环礁（Johnston Atoll，美国在那里也储放了化学武器）进行了一次代号为“荫庇的丛林”（Shady Grove）的试验，该试验是用真实的病菌（包括野兔病病菌和Q热菌）对关在甲板上笼子里的恒河猴进行试验。

这些试验中有一些可能是为了在越战中进攻战略的开展。例如“黄叶”（Yellow Leaf）试验旨在比较陆军生物武器系统和海军生物武器系统对攻击丛林中目标的效果。试验于1964年2月开始，在巴拿马的谢尔曼堡（Fort Sherman）军事专用地进行了一系列184枚炸弹的试验。因为政治动乱，试验转到了夏威夷的奥拉森林（Olaa Forest），在那里又进行了100次试验。陆军还在奥拉森林进行了20次检测气雾在丛林覆盖下散布的试验。1965年又进行了一次称为“魔剑”（Magic Sword）的试验，以观测在太平洋岛屿上释放的蚊子可否传播登格热和黄热病等疾病。

另一些试验是在阿拉斯加州的格里利堡（Fort Greely）附近进行的，目的是检测在苏联冬季的气候条件下开展生物战的可能，其中一个代号为“红云”（Red Cloud）的是在1966年11月底到1967年2月中进行的，目的是测试在极端寒冷的条件下干湿两种形式的野兔病病菌的散播。这一试验扩大到太平洋上，对一系列激化物和病原体进行了试验，以检查计划的战备状况。

1968年9月到10月间在马绍尔群岛的埃尼威托克环礁（Eniwetok Atoll）进行了最后也可能最复杂的试验（DTC 68—50试验）。[57]

在试验中从附加在F4型幻影喷气式飞机上的新设计的气雾散播罐中散播了葡萄状球菌肠霉素的B型（SEB，一种由常见的黄色葡萄球菌产生的致残毒素）和炭疽激化物BG。从这次试验所得出的结论是，从一个气雾罐中散播的毒性感染媒介可传播2 600平方公里。

每一次试验都使美国军队在战略打击方面的准备得以进一步加强。60年代，在不再受只作报复性使用的政策束缚后，陆军表明它已经克服了大规模攻击方面的障碍，至少它自身是这样估计的，看来只需等待上级下命令了。然而这种命令从未下达。正当生物战计划努力要向原子战看齐，在实验室和人体试验、媒介的工业生产和储存、炸弹和喷雾发生器的生产、飞机和船只的喷雾装备、军队的培训和实地试验等方面大力发展的时候，总统1969年发表的一则有关这些武器对人类构成威胁的简短声明使这一切突然宣告结束。

第六章

尼克松的决定

就在美国的生物武器的实地试验水平越来越接近实际使用的时候，一种旨在使一切进攻性生物武器计划成为非法的政治力量也在活动。1969 年尼克松声明美国放弃生物武器，1972 年《生物武器公约》制定，由此自 20 世纪 20 年代起始于法国的国家可以用以牙还牙的手段进行报复的合法性遂告结束。1975 年，随着公约生效和美国最终正式承认《日内瓦议定书》，反对国家支持的生物武器计划以及限制拥有和使用生物武器的全面的国际法准则得以形成。

在英国，这种从生物战计划转向的做法早在 1959 年就开始了，当时唐港宣布结束其进攻性生物武器计划，只从事防御性的研究和开发。英国 1930 年签署了《日内瓦议定书》，只保留报复的权力。英国对条约的签署构成了其把生物和化学武器纳入战争计划的障碍：为什么要研制一种永远也不会被使用的武器呢？[1] 与核武器相比，生物武器在作为一种威慑手段方面起的作用不大。从技术上讲，它们没有在战争中检验过，尽管进行过大规模的模拟，其结果仍可能是，有意制造的疾病流行的效果需要相当时日才会出现，而且是不确定的和地理上不精确的。1952 年，英国成功地进行了第一次核试验，使它具有了一个新水平上的战略和威慑能力。法国 1960 年在撒哈拉沙漠进行了首次核试验之后，也走上了核大国的道路，它对生物战的兴趣也随之迅速降低。

英、法的退出使得美国和苏联成了仅有的两个意图并且有能力用非常规武器作战的国家。60年代时西欧国家曾非常担心它们自己会成为两个超级大国使用核武器、生物武器和化学武器作战的战场。

军方的自主权

美国军方无视《日内瓦议定书》的约束，这一点在越南战争中得以显示，当时控制骚乱用的媒介被有意地在战场上用做武器。在那之前，在艾森豪威尔政府时期，军方就极力要求有使用化学和生物媒介（它们被归类为“导致能力丧失”的武器）的自主权。在1960年举行的一次国家安全委员会会议上，艾森豪威尔及其内阁的一些成员听取了国防部有关催泪弹及一些低致命率的生物媒介包括委内瑞拉马脑炎、Q热、裂谷热等病菌优点的简要报告。[2]五角大楼利用所搜集到的情报资料，对苏联作了如下描述：致命的化学和生物武器的储备量比美国大75%，有数千名训练更精良的化学和生物作战军人。在2月的吹风会上，提出了共产党人在敌方军人和平民混合或平民被操控的地区实行接管的三种前景。报告没有具体说明，但暗指的地点是在进行游击战的非工业国家。对于每一种困境的军事解决方案都是大规模地散播“非致命”媒介。虽然1949年《日内瓦公约》禁止对平民进行攻击，国防部的官员们却认为，使用导致能力丧失的毒气和致病武器在战争情况下可能对生命已经受到威胁的平民起着保护作用。

这次吹风会的总结显示，艾森豪威尔总统认为，使用这种导致能力丧失的媒介是“一个不错的主意”，但他强调说，军队必须对敌人（指苏联及其盟国）可能使用致命性化学和生物武器进行报复有充分的准备。最终是由中央情报局局长艾伦·杜勒斯（Allcn Dulles）出面作这样的说明：生物武器总的来说是不被世界接受的，但催泪弹是在警察行动中广泛使用的导致能力丧失的媒介，因此可以“体面”地使用。[3]这种评价也为后来肯尼迪和尼克松政府所坚持，那期间美国曾在越南第一次使用了控制骚乱的媒介 CS，但却坚持没有使用美国已在露天试验过的生物武器。作为 1961 年时的总统候选人，肯尼迪和尼克松被一个称为科学的社会责任的团体（该团体是陆军计划的早期批评者之一）要求表明他们在化学和生物武器上的立场。肯尼迪答复说，他将寻求解除军备的国际性方案。尼克松则回答说，国会和国防部在有效地捍卫国家。[4]

然而当选后不久，肯尼迪就定义了一种基于“有限和灵活反应”的军事政策，这种政策最终对五角大楼有权制定首先使用化学和生物武器的计划予以支持。[5]1961 年在对国会的第一次讲话中，肯尼迪要求在武器研制方面有所创新，以减少对核武器的依赖。他举卡斯特罗领导下的古巴为例，说明在那样的地区美国有可能卷入游击战。[6]化学师团对此的回应是建立一个拥有从摧毁作物的媒介到致幻的失能毒剂 BZ 等多种武器的化学武库，此外它还研制和试验了各种生物武器。

在 1961 这同一年中，肯尼迪政府批准在越南使用使植物脱叶和摧毁庄稼的植物生长抑制剂。第二年，在古巴导弹危机期间，有些飞机上装备了喷雾罐，显然是为了准备散播从未批准的委内瑞拉马脑炎媒介。1963 年，美国军事顾问要求并获得了更广泛地使用植物抑制剂的许可，他们还询问政府是否支持在越南使用的骚乱控制媒介。国务院的回答是肯定的，如果这种媒介只限于平息平民动乱及类似的目的。[7]

与此同时，肯尼迪政府新成立的军备控制和裁军机构（Arms Control and Disarmament Agency，ACDA，该机构直接向总统报告）

开始把注意力转向对化学和生物武器的条约限制。到 1962 年 3 月时，军备控制和裁军机构已在起草有关成立两个国际专家调查小组的文件，其中一个小组将视察核武器储备，另一个小组视察化学和生物武器储备。[8]

1961 年在美国和苏联的发起下，一个十八国裁军委员会（Eighteen Nations Disarmament Committee，ENDC）宣告成立，由两个大国任主席，其中包括一些不结盟国家。委员会的任务是就签订军备控制协议以减少冷战威胁进行谈判。在美国政府内，在总的裁军的目标以及有关条约遵守的国际监督问题上一直存在着分歧。[9]参谋长联席会议不愿意任何条约谈判中泛指大规模杀伤武器，以免使美国在化学和生物武器战术使用权上受到像核武器那样的过大限制。[10]

1963 年 10 月，军备控制和裁军机构主任威廉·福斯特（William Foster）向白宫建议进行一次彻底的跨机构的生物武器政策审查。11 月 5 日，国家安全顾问麦克乔治·邦迪（Mc George Bundy）同意进行此事。11 月 12 日，福斯特向各方面提出，建议成立一个跨机构的有关国家化学和生物武器控制和裁军小组。[11]10 天之后，在尚未开始采取行动的时候，肯尼迪总统遇刺身亡，约翰逊宣誓继任。军备控制和裁军机构的建议被搁置起来。在约翰逊任内，化学师团保持和强化了其进攻性目标，继续进行 112 项目和大规模的攻击模拟。

植物抑制剂与骚乱控制媒介

1965 年《纽约时报》从西贡发回的报道透露，美国对植物抑制剂的使用已升级为对大面积植被的摧毁，美国飞机对森林和农庄进行广泛的破坏。[12]美国在越南进行植被破坏播撒声言有两个目的，一是扫除战略公路和敌军转战集结地的浓密的树叶覆盖，二是破坏敌方粮食生产区的庄稼。化学灭草剂和杀虫剂在美国是日常使用的东西，但自 1962 年出版了雷切尔·卡森（Rachel Carson）的《寂静的春天》（*Silent Spring*）一书之后，这些药物对人体健康和环境的影响，诸如致癌物质、导致染色体破坏、水源污染、植物和动物物种灭绝等，成了新环境运动的说辞。[13]植物抑制剂引发的另一个问题是有关全面战争理论的问题：使敌方平民挨饿与对之进行轰炸有何区别？哈佛大学营养学家、后来成为尼克松顾问的吉恩·麦耶（Jean Mayer）指出，在战争中没有东西吃的是最弱势的平民群体——老人、妇女和儿童，军人是有东西吃的。[14]再者，越南是一个农民经济的国家，缺乏食物储藏和运输手段。

对催泪弹 CS 的使用的增加也出现了争议。1964 年和 1965 年期间，美国军队协助南越人在平民集中区使用骚乱控制媒介。美国国防部认为，用催泪弹协助越南当局平息平民骚乱与在其他地方的类似场合为同样目的合法地使用没有什么不同。所使用的气体是非致命的、市场上有供应的，世界各国的政治统治者都在使用。国务卿迪安·腊斯克（Dean Rusk）认为，气体的这种使用是不受《日内瓦议定书》限制的，他说："我们不期望毒气在通常的军事行动中使用。"[15]

1960 年在艾森豪威尔参加的一次会议上，五角大楼也提出，骚乱控制气体媒介是为了人道的目的使用的，是为了解救平民人质。为了支持这种说法，五角大楼举出一件曾经发生的事情，其中一位美军上校用 CS 手榴弹把暴乱分子从洞里驱赶出来，他们在那里扣押了平民人质。对这种事情是否发生过是有争议的。[16]不管怎么说，尽管有腊斯克的保证，CS 气体不久就被成规模地使用，到战争结束时共使用了 4 500 吨。[17]

1966 年初《纽约时报》报道，陆军发明了一种初级化学弹，一种容量为 250 升的鼓形容器，附有一个引信，装入 CS 或者其他催泪气体或媒介后可引起恶心和呕吐。[18]这种鼓形容器由直升机和飞机空投，作为 B — 52 轰炸机轰炸、凝固汽油弹空中打击及炮兵攻击的前奏，其后是步兵攻击。[19]在这一新式武器之后又出现了二十几种其他类型的供在空中或地面投放的 CS 弹药。正如所预料的那样，敌军不久就有了包括使用防毒面具在内的防护策略，他们还用缴获的 CS 弹药攻击美国及南越部队。

美国在越南使用化学药品的行为引起了国际上的强烈批评。尽管美国认为《日内瓦议定书》不适用，但参与辩论的大多数国家和美国的一些著名法律权威不认为如此。[20]

第一次世界大战后在普遍接受《日内瓦议定书》的情况下，化学媒介的使用是不多的，而那些使用往往是工业国家对没有反击能力和防护的弱国或弱势群体使用的。墨索里尼（Mussolini）统治下的意大利曾在 1935 年至 1936 年间在埃塞俄比亚使用过催泪瓦斯和芥子气。据报道，日本 1938 年以后曾对中国使用过毒气。1967 年 2 月，当有报道说美国在越南使用化学武器时，国际红十字会证实，埃及曾对也门的保皇分子使用过化学媒介。[21]美国在越南使用的化学武器看来也符合这一非对称模式，即敌方没有防护或反击手段。

如所预料的，苏联及其盟国对美国进行了谴责，而美国的欧洲盟国则越来越担心，美国违背化学武器准则可能影响国际防止核武器扩散的努力。尽管有国务卿腊斯克不使用毒气的担保，美国对化学药品的使用仍然引起人们的疑问：赢取越战胜利的使命是否有损于约翰逊总统执政的权威。

科学家、媒体和国会

公众和政策上的压力最终导致五角大楼在开展化学和生物计划方

面自主权力的缩小。在公众方面，科学家、记者、国会议员界定了主要问题的性质。包括微生物学家、化学家和热带植物与疾病专家在内的各类科学家建立了一个专业网络，具有对这一军控领域的技术和政治问题作解释的权威。[22]

从科学上倡导反对生物武器（与化学武器一道或把它作为一种单独的威胁）在战后已建立了很强的组织基础。[23]1946 年成立的美国科学家联合会是化学和生物武器计划始终不渝的反对者和美国承认《日内瓦议定书》的推动者。在有关美国在朝鲜战争中使用生物武器问题的争论过程中，会员们要求美国澄清其政策，向世界保证"美国无意在已经让人生畏的世界武库中再加进生物武器"。[24]

1957 年成立的国际组织帕格沃什（Pugwash）会，旨在把西方和苏联的科学家们集中在一起讨论减少核威胁，后来曾努力寻求签订限制化学和生物武器的条约。[25]该会 1959 年召开的第五届会议的主题即防止化学和生物武器战争。[26]会议主张制订一个比《日内瓦议定书》更广泛地解决武器发展与生产问题的条约。出席帕格沃什会议的科学家们一致认为，很难保证对这样一个条约的遵从，除非各国排除围绕生物和化学武器的"不良的秘密氛围"并努力使生物和化学知识用于造福。[27]1966 年该组织在四个政治背景不同的欧洲国家（奥地利、捷克斯洛伐克、丹麦、瑞典）进行实验室视察演习，这也许是这类演习中的头一次。[28]同一年，新成立的斯德哥尔摩国际和平研究所（Stockholm International Peace Research Institute，SIPRI）也把注意力转向化学和生物武器。[29]该研究所最终出版了经典性的六卷系列丛书《化学与生物战问题》（*The Problems of Chemical and Biological Warfare*）[30]及其他有关书籍。

20 世纪 60 年代有六个其他科学组织，包括具社会责任感科学家和物理学家联盟（Union of Concerned Scientists and Physicians for

Social Responsibility），抗议美国在越南使用化学物。一些知名的科学家个人也抗议美国在越南使用化学物。但他们的建议遭到尼克松政府的冷遇。1966 年 9 月，耶鲁大学的阿瑟·盖尔斯顿（Arthur Galston）与其他 11 位著名的植物生物学家致信总统，对在越南使用植物抑制剂将造成的生物后果提出警告。该信并没有表明对战争本身的立场。国务院的简短回信否认对环境或平民造成了任何损害，声称平民在必要时已被转移安置。[31]对生物抑制剂的现场调查不断受到五角大楼的阻挠。科学家之间对政府的政策的意见也不一致，在包括很多来自政府与工业界的科学家的美国科学发展协会（American Association for the Advancement of Science，AAAS）内，进行独立现场调查的动议两次都未能通过。

吉恩·麦耶和公共健康专家维克多·西德尔（Victor Sidel）等人没有因此而退缩，他们在专业会议及国会听证会上力主禁止生物武器。[32]1942 年罗斯伯里和卡巴特报告的写作者之一、曾在德特里克营担任处长的罗斯伯里公开阐述生物武器对平民的威胁。他在 1949 年出版的《和平还是瘟疫?》(*Peace or Pestilence*?）一书中预见到后来在 20 世纪 60 年代变得明显的军方保密和政府“倒行逆施的公共卫生”政策。[33]

1966 年曾在肯尼迪当政期间任军备控制和裁军机构顾问的哈佛大学生物学家马修·梅塞尔森（Matthew Meselson）及其同事约翰·埃迪萨尔（John Edsall）在美国科学家联合会的协助下散发了一份致约翰逊总统的请愿书，要求重新审视美国在化学和生物武器方面的政策。[34]美国全国有 5 000 名科学家在请愿书上签了名，其中包括 17 位诺贝尔奖获得者和 127 位美国科学院院士。[35]像盖尔斯顿的信一样，请愿书也没有对越南战争发表意见，而是提出了三点措施：最高领导对美国的有关武器政策进行重新审查，停止在越南使用针对人和农作物的化学武器，禁止对化学和生物武器的首先使用。事先得知了这一请愿的约翰逊总统的科学顾问唐纳德·霍尼格（Donald Hornig）建议总统公开阐明美国变得越来越复杂的政策。美国支持联合国有关确认《日内瓦议定书》原则的表决，但又认为骚乱控制媒介不在条约禁止范围之内。事实上，《日内瓦议定书》并没有列出具体的媒介，只是提出禁止在战争中使用“公正地受到文明世界普遍谴责的”，“使人窒息的、有毒的和其他气体，以及类似液体、材料或器具”。霍尼格向总统建议，美国政府应强调对于它所界定的化学和生物武器它将坚持不首先使用的政策。

1967 年 2 月 14 日，梅塞尔森、埃迪萨尔和其他几位科学家向正在召开记者招待会的霍尼格递交了 5 000 份签名及请愿书。此后不久，约翰逊总统要求国务院起草一份“宣布对生物和化学媒介武器‘不首先使用’的政策的公开声明”。[36]在白宫，约翰逊的国家安全顾问之一斯波尔金·基尼（Spurgeon Keeny）起草了声明，宣布美国无意发动化学或生物武器战。但声明把骚乱控制媒介和植物抑制剂排除在“化学武器”的范畴之外。参谋长联席会议甚至反对由总统亲自宣读这份声明，因为它可能为对军队的限制提供依据。国防部部长麦克纳马拉决定支持参谋长联席会议及其在战时拥有充分自主权的要求。[37]

国会的领导

来自威斯康星州的众议院民主党议员罗伯特·卡斯滕麦尔（Robert Kastenmeier），是最早主张白宫确认《日内瓦议定书》关于禁止首先使用化学和生物武器要求的人之一。他的部分论点是，美国正在失去道义上以及在中立国家展开的与苏联的宣传战的可信性。[38]和美国国会的其他一些议员一样，卡斯麦滕麦尔是时代的先驱者，他们随后开始寻求对化学师团的制约。[39]

在美国，1967年到1969年期间，化学师团的活动给公众带来的直接威胁感急剧增加，这给国会的调查和行动打下了基础。有关危险媒介特别是VX神经媒介的秘密试验被曝了光，人们还知道美国陆军正打算进行的把数万枚过时的神经毒气弹及火箭用火车横跨国土运送到大西洋去填埋的危险计划。

1966年3月14日在杜格维试验场进行的试验中，美国空军的喷气式战斗机意外地把数十升VX神经媒介泄漏在私人牧场上。由于陆军后来归之为“古怪”天气的原因，媒介被从发生地吹到100公里以外的斯卡尔谷地（Skull Valley），致使那里数千只牧场上的羊死亡或患病。陆军迅即否认了责任，对媒体声称当时并没有在杜格维试验场进行露天神经毒气试验。但不出一星期，犹他州议员弗兰克·莫斯（Frank Moss）的办公室公布了国防部有关3月14日在杜格维试验场进行户外神经毒气试验的文件，[40]但国会听证用了一年的时间才使这一事件的细节曝光，这使得媒体把它与在格林亚德岛进行的炭疽弹试验及其对附近居民造成的潜在威胁相比。

此外，1968年初美国在太平洋进行的致命生物武器媒介实地试验的曝光引发了公开的争论。[41]诺贝尔奖获得者乔舒亚·莱德伯格（Joshua Lederberg）在《华盛顿邮报》上评论说，参与任何这样的试验从定义上说都是对公众安全的不负责任的冒险。当时的美国生物武器机构生产和储存了数百公斤致命媒介。作为一位对生物武器进行条约限制的要求的强烈支持者，莱德伯格问道：“有谁有权来摆弄这些旨在点燃‘受控的瘟疫’之火的火柴吗？”[42]

1969年初，纽约民主党众议员理查德·麦卡锡（Richard McCarthy）受电视上有关斯卡尔谷事件的报道触动，敦促五角大楼在化学和生物武器方面对公众有更多的交代。麦卡锡在他写的有关这一活动的书中表述了他的主要目的，即要求消除危险的和不必要的保密，推动公开的讨论："有迹象表明，对我们在这一领域中活动的保密既是为了军事安全的目的，也是为了阻止美国公众发表他们对这些事务的看法。能够而且必须明确地画出一条可以而且必须讨论的公共问题的界线。核武器的技术方面像其他任何武器一样被严加保密，但其使用和研制自广岛轰炸以后已成了有益的公众辩论的焦点。对化学和生物武器人们有着更多的要提出的问题。"[43]

20 世纪 60 年代，许多记者写了有关化学和生物武器问题的评论，在这些文章中，西摩·赫什（Seymour Hersh）1968 年出版的《化学和生物武器战：美国的秘密武库》（*Chemical and Biological Warfare：America's Secret Arsenal*）一书对公众产生的影响最大。赫什揭示了"二战"后的研制计划并公布了 60 年代加速发展的资料。他举出财政预算比上一个 10 年有大幅度增加，称生物研究有了"长足发展"，包括抗药媒介方面，这些发明是在一项大规模的秘密化学和生物武器计划中取得的，是在六个军事基地和七十多所大学（有一些在海外）以及私营公司和承包商参与下进行的。[44]

麦卡锡也谈到对于生物媒介对环境污染的担心，但生物武器计划试验地的事故和气体排放带来的威胁，从来没有像斯卡尔谷 VX 神经媒介泄漏事件那样被大规模报道并引起环境保护者的共鸣。[45]当曾经参与计划的工作人员向媒体报告有几个工作者因炭疽菌感染而死、病菌媒介引起过数百起实验室感染、瘟疫可能从实验设施泄漏时，并没有引起很大的震惊。

同时，化学武器给公众带来的威胁看来会蔓延。由斯卡尔谷地事件造成的恐慌使得丹佛地区的居民要求把储存在附近落基山武库中的化学武器移走。武库中液体废料的地下深埋处理已经引起了环境问题，其中包括不断出现异常的小地震。作为平息地方抗议的举措，在没有与内政部和国务院商讨的情况下，陆军作出安排，把2.7万吨化学媒介和武器用火车运到新泽西州的伊丽莎白，装到老的自由号船队上，再按照CHASE（英文短语“凿洞沉没”的缩略形式）行动计划把这些船只在长岛以东凿沉。

这一计划引起了麦卡锡的警觉，他要求国会审查这样做对火车沿途居民区的危险性及转储化学物对海洋环境的影响。调查发现国会是支持这一计划的，陆军在此之前已经进行过11次这类弹药转储，其中3次包含毒气。[46]

化学武器的运输是在其危险性陆军能够接受而公众不能接受的情况下进行的。在国会听证会上，国防部的官员们否认了可能出现火车碰撞、铁路道口事故或破坏的可能性。就在作出这种否认后不久，一辆载有向越南运送的催泪弹和弹药的火车在内华达州发生了爆炸。在受到越来越多的指责的情况下，陆军要求国家科学院对其化学物转储计划进行审查。由前艾森豪威尔总统的科学顾问、哈佛大学化学家乔治·基斯蒂亚科夫斯基（George Kistiakowsky）领导的科学家小组对所提出的铁路线路、储存的武器和媒介以及在新泽西的载运船只进行了检查。科学家小组得出的结论是，这些化学武器和媒介的大部分可以就地拆卸，经化学处理后可消除毒性。[47]陆军认为铁路运输和海上转储是处理这些化学药品最安全的方法，科学家小组的看法与之相反，认为运输和转储对于居民有严重的甚至灾难性的危险，并可能对海洋环境造成破坏。前几年曾有一艘弹药处理船在沉没后五分钟就爆炸了，另一艘在汹涌的浪涛冲击下不知去向。科学家小组所揭示的一个特别的危险是，沉船的爆炸可能释放大量神经毒气气雾，这些气雾可能被刮到东海岸的居民稠密区。

尼克松的议事日程

尼克松1969年担任总统之后，任命基辛格为他的国家安全顾问，从而建立了一个独特的行政当局审查防卫和国家安全政策的关系。作为肯尼迪和约翰逊政府的批评者，基辛格试图把肯尼迪时代的知识狂热与艾森豪威尔时代的秩序结合起来。[48]

在前一届政府的末期，苏联入侵捷克斯洛伐克，加之越南战争升级，这使得尼克松政府不愿意与军方对立。在他任职的末期，限制战略武器谈判（Stategic Arms Limitation Treaty，SALT）以及参议院对《核不扩散条约》（Nuclear Nonproliferation Treaty）的批准陷入僵局。[49]对于尼克松来说，这种僵局是他争取国际影响的机会。他一反对于五角大楼生物和化学武器政策的支持（他1961年作为总统候选人时表明的立场），大力推动国际军事控制。尼克松和基辛格绝不是什么鸽派，他们所认同的是“确保摧毁”（assured destruction）论，根据五角大楼1968年时的定义，这指的是苏联人口的五分之一到四分之一及苏联工业的一半，以及大力增强美国的陆基和海基战略核能力。[50]他们还确信，如果超级大国之间发生战争，受威胁最大的不是亚洲而是欧洲。

对基辛格来说，国家安全委员会成了一个重要的权力基础，作为其高级审核小组的主席，他有权决定什么问题应当提交以及何时提交给总统。作为一个组织高手，基辛格组建委员会并掌控之。其一是1969年7月成立的掌管军控谈判的核查小组（Verification Panel），另一个是负责联邦调查局和其他隐秘活动的四十人委员会（40 committee）。在前一届政府时，国家安全委员会的预算是70万美元，有46个助手。在基辛格领导下，1971年时预算为220万美元，拥有一百多名员工。[51]

1969年美国国内和国际反生物和化学武器的活动汇合起来。国会开始在参众两院举行有关化学和生物武器的听证会。进行调查的记者们揭发出曾经出现过的危险的军事事故和过失。此时的联合国成了许多国家抗议美国在越南使用化学武器的国际论坛。美国也在准备与苏联进行高层双边军控谈判，这形成另一种压力。

麦卡锡众议员及其他一些人开始指出，组合于化学师团内的美国化学和生物武器计划从未受到过高层的彻底审查。自50年代末期以来，其预算的增加是混在一般的拨款议案中由少数国会中的支持者批准的，而国会中的其他人、国务院和总统等并不知情。[52]1969年3月，麦卡锡要求就化学和生物武器举行两院联合公开听证会，当五角大楼对此加以抵制时，麦卡锡向国防部部长梅尔文·莱尔德（Melvin Laird）、国务卿斯泰特·罗杰斯（State Rogers）、基辛格及其他高级官员提出了一系列有关这些武器的尖锐问题。曾和麦卡锡一起在国会中工作过的莱尔德的回应是，4月30日向基辛格提交了一份备忘录，要求对化学和生物武器进行审查，并建议立即着手进行必要的调查。

基辛格的国家安全委员会的工作人员建议他同意莱尔德的要求，为此他在5月9日的一份备忘录中作了这样的表示："我完全同意你对美国有关化学和生物战政策的考虑，不日将着手调研，以便国家安全委员会可早日开始考虑此事。"

5月底，基辛格代表总统向国务卿、国防部部长和其他政要发出一份备忘录，指示他们开始进行有关化学和生物武器的政策、计划和作战观念的研究，9月初将结果报到国家安全委员会。研究应包括对"美国的政策和计划、这些政策面临的主要问题以及其他可供选择的方案"的考察。[53]

6 月份，基辛格要求他以前在哈佛的同事梅塞尔森起草一份有关化学和生物武器立场的文件。梅塞尔森和哈佛的化学家保罗·多蒂（Paul Doty，他曾是肯尼迪科学顾问委员会的成员之一）组织了一个秘密会议，对华盛顿正在考虑的一些重要政策问题进行讨论。参加会议者包括一些高级科学家，同时也有一些担任审查工作的国家安全委员会的成员。[54]梅塞尔森在 1969 年 9 月提出的"立场"报告中敦促美国批准《日内瓦议定书》。[55]报告简述了战略生物武器对平民的威胁，并论述说美国不需要这类武器。他的结论是"我们主要关心的是使其他国家不要获得这种武器"。

总统已指示过，有关化学和生物武器计划和政策的研究要由国家安全委员会内的政治军事小组进行。[56]该小组对有关政府部门和机构所作的研究和评估进行了协调，将其概括为一份 48 页的报告，签署日期为 11 月 10 日。在对现有计划的实际情况作了总结和对国外活动作出评估之后，报告列出了对一系列存有争议的军事、政治、法律问题的正反两方面的意见。[57]

在各部门和机构提交给科学家小组的研究和立场文件中，只有少数是可以公开的。总统的科学顾问委员会建议美国政府放弃生物战，销毁现有的生物武器库存，并保证以后不再储存任何这类武器。委员会还建议生产新一代二元媒介生物武器，认为它比现有的库存安全。国防部部长办公室所属的系统分析处所进行的另一项详细研究则对化学和生物武器对于美国的价值表示怀疑。[58]报告的起草者认为，致残类化学武器价值不大，因为其效果有限且不确定，同时还会引起敌方的战争升级。他们指出，化学武器第一次使用后突袭效果会大大减少，因为面罩和防护服将提供有效的保护。但是穿戴上这种防护设备将使作战速度减慢，因此美国应当保持致命性化学作战能力，以便对发动化学战的敌方造成类似的负担。系统分析处的评估者认为，生物武器即使能研制也是与原子武器相重复的，并且更难于控制。

在“非致命性”化学武器的问题上，国务院认为对《日内瓦议定书》最有说服力的解释是，该条约禁止所有化学药品在战争中使用，但不禁止广泛用于国内控制骚乱目的的使用，化学物只能用于人道的目的，而不能与其他武器一起合用来杀伤敌人。国防部不同意这种解释，认为“议定书”不包括当时在越南使用的那种化学物。

在是否放弃生物武器这个关键性问题上，参谋长联席会议始终不愿意放弃选择。国防部部长莱尔德主张保留化学战计划，但是像他在机构间互传的备忘录和对《华盛顿邮报》的采访时曾说的那样，他有可能同意把生物武器计划缩减为只作为国防研究。[59]

1969 年 11 月 18 日，国家安全委员会与尼克松总统召开会议，讨论化学和生物武器问题。会上只有参谋长联席会议主席一人主张保留生物武器，只同意不首先使用的政策。尼克松在会议之前已经宣布，他同意在日内瓦召开的十八国裁军委员会会议上讨论生物武器条约的问题。英国提交的条约草案已经得到 1968 年联合国大会的认可，北大西洋公约组织也表示同意。1969 年 7 月，尼克松亲自向日内瓦通报，他同意条约草案的原则以及其他基于“许多国家的智慧、建议和知情的考虑”而提出的战略武器控制方案。他指出，“化学和生物战的妖魔引起全世界的恐慌和憎恶”。[60]

尼克松的声明

11 月 25 日尼克松在白宫发表讲话，宣布美国放弃生物武器并限制化学武器的进一步生产。[61]他说“这是在总统层次上第一次对这一问题所作的详尽审查”。他在后来的讲话中又提到这一审查是“前所未有的”。自1954年以来甚至跨部门的审查也没有进行过，虽然自1961年以后计划的支出和范围都有大幅度的增加。[62]尼克松在那一天的第35号国家安全决策备忘录中指示道，今后美国政府将放弃使用生物战的“致命性方式”及“其他一切方式”，使美国的生物武器计划只限于“以防卫为目的的研究和开发”。

有关化学武器方面，备忘录“重申”了美国放弃首先使用致命化学武器，并进而放弃了致残化学武器。报复性使用化学武器的政策使得化学师团得以继续二元武器的研制，这种武器直到使用之时可以保持化学前体（precursor）的分开，从而减少运输和储藏的风险。

鉴于骚乱控制媒介和植物抑制剂仍在越南使用，备忘录对它们网开一面，并许诺将另作一份决策备忘录。1970年底，停止了植物抑制剂在越南的使用，但允许继续使用骚乱控制媒介。虽然尼克松把1925年《日内瓦议定书》提请参议院考虑批准，但五角大楼始终拥有在越南使用骚乱控制媒介的自主权，这成为在未来五年中批准的障碍。

在放弃生物武器的讲话中，尼克松进一步论述说：“人类手中已经掌握了太多自我毁灭的种子，我们今天做出了一个榜样，我们希望这将有助于创建一个所有国家之间和平与理解的气氛。”这之后不到一个月，美国与苏联开始了限制战略武器的谈判，最终导致了限制布置战略武器协议的签订，1972年又签订了《反弹道导弹条约》（Antiballistic Missile Treaty）。

毒　　素

在尼克松1969年的放弃演说中，他没有具体提到可由细菌或其他有机体产生的毒素，由于这些毒素是物质（substance）而不是有机物（organism），因此也是一种化学毒剂。总统咨询委员会在其报告中像世界卫生组织一样把毒素（toxin）定义为化学物，虽然这并非出于签订条约的目的。[63]被生物武器计划中止所困的美国陆军，迫切希望保持这个化学性定义，因为它们不愿意放弃毒素计划及其有关的设施，如派恩布拉夫兵工厂。

梅塞尔森在1970年3月致基辛格的一份备忘录中强调说，毒素与美国政府已经研制和储存的化学武器相比有许多缺点。不管毒素是活的有机物还是化学合成物，将其作为一种军事选择将会削弱总统决策中意在传达的反对生物武器的强硬路线。[64]总统为什么要为了一个不足道的军事项目而损害大的方面的、在象征意义上更重要的国际姿态。1970年2月20日，尼克松把毒素纳入了美国放弃生物武器的决定中，不管其是以何种手段生产的。

朝禁止生物武器迈进

与尼克松放弃生物武器的决策相连的还有两个对有关条约的决定。一是总统将在参议院的建议和同意下，批准《日内瓦议定书》；另一个是美国将支持英国有关禁止所有生物武器的研发、生产、拥有和储存的条约草案，该草案于1968年夏季提交给了十八国裁军委员会。英国支持了美国对化学武器（它已经在战争中使用）和生物武器（因其研制的程度较低，可能更易于禁止）所作的区分。在英国最初提交给十八国裁军委员会的工作文件中，号召签订一个新的“禁止微生物方法战的国际公约，以之补充但不取代1925年《日内瓦议定书》”。[65]

尽管美国和英国政府对生物武器和化学武器作了区分，其他一些国家，特别是苏联，希望把它们联系在一起。美国在越南使用毒气和植物抑制剂激起了国际上对美国不承认《日内瓦议定书》的抗议，该条约既适用于化学武器也适用于生物武器的使用。苏联不愿意美国在新的条约中把化学武器与生物武器分开。

1971 年，苏联反对把生物武器与化学武器分开的立场使得关于英国条约的第一次会议陷入僵局。1972 年的会议也面临着同样的威胁。但苏联突然发生了转向，同意把生物武器与化学武器分开，对禁止生物武器予以支持。苏联与美国和英国一道成为条约的三个存放国（depository nation）之一。[66]苏联是否在那个时候已打算建立一个秘密的进攻性计划（1973 年得到当局批准）是无从知道的。所签订的条约由于缺少遵守措施，如现场视察和核查的规定，使得苏联可按其意解释或无视之。从表面上看来，苏联 1972 年显示了它愿意加入未来的军事控制协议。作为美国外交上的一个让步，条约的第九条要求条约签署国“以诚信”（in good faith）承诺，将继续进行谈判，以达成一项禁止研发、生产和储存化学武器的条约，这一目标 1993 年在苏联解体之后得以实现。

1972 年 4 月，尼克松代表美国签署了《禁止研发、生产和储存细菌（生物）和毒素武器及其销毁的公约》〔Convention on the Prohibition of the Development，Pooduction and Stockpiling of Bacteriological（Biological）and Toxin Weapons and on their Distruction〕。[67]尼克松放弃生物武器的决定制止了美国正在扩大之中的军事试验、媒介生产和实地试验，否则它们可以对遗传学和分子生物学的早期发现以及后来生物技术方面的巨大突破加以利用。通常所称的《生物武器公约》遵从了尼克松的决定，切断了西方微生物学与国家的生物武器计划的联系。1975 年当《生物武器公约》开始生效时，尼克松因“水门”丑闻受到弹劾的威胁，辞去了总统职务。

批准 1925 年《日内瓦议定书》

《日内瓦议定书》的批准问题 1925 年未能在参议院通过，70 年代初又再次受阻，因为时值越战，美国军方想保留使用骚乱控制媒介和植物抑制剂的选择权。

但是美国陆军使用植物抑制剂的日子不会太长了。人们曾担心橘媒介（Agent Orange，美国在越南使用的三种主要植物抑制剂之一）可能引起胎儿缺陷，为此国防部 1970 年 4 月下令禁止这种媒介的使用。同年美国科学发展协会批准和资助了一个试点项目，对在越南使用植物抑制剂的效果进行调查。梅塞尔森是该调查小组的负责人，成员包括物理学家约翰·康斯特布尔（John Constable）和林业学家亚瑟·威斯汀（Arther Westing）。调查小组得到在越南的美军的合作，返回时带了一些从空中拍摄的照片和其他资料，显示植物抑制剂对红树森林有极强的破坏力，摧毁农作物的目的原打算只限于破坏敌方军队的食物供应，但实际破坏的是老百姓的庄稼。调查小组对越南农村的母亲进行了采访，但没有发现植物抑制剂造成胎儿缺陷的明显证据。调查小组 1979 年 12 月向美国科学家协会汇报其发现的当天，白宫宣布它已下令中止植物抑制剂在越南的使用。[68]

1971 年 3 月，参议院外交关系委员会在举行了六天听证会后提出了美国批准《日内瓦议定书》的问题。[69]国务院支持军方希望保留在战争中使用骚乱控制媒介的选择权。反对方的观点是，骚乱控制媒介的使用已经升级，需要全面禁止，以作为一个“隔火障”（fire-break），阻止扩展到其他类型的弹药及使用。时任福特基金会主席的麦克乔治·邦迪作证说，美国目前在军事上使用化学媒介的效力与长远的影响相比相差太多：“（如果）我们把未来的影响称量一下，秤就会打翻。未来将出现别的植物抑制剂——别的骚乱控制媒介——别的毒气——在别人手中。比催泪瓦斯和植物抑制剂的任何局部战术好处重要得多的是，需要建立一个防止未来毒气战的尽可能坚固的国际壁垒。”[70]

1975年，福特总统与美国参议院外交关系委员会达成了在未来战争中限制化学药品使用的妥协，由此在1925年《日内瓦议定书》公开签署半个世纪之后，美国参议院同意了签署，总统予以批准。

余　波

1969年，尼克松构想使防御性生物武器计划成为全球性流行病免疫的世界领导，人们所知的德特里克堡将是美国陆军传染病医学研究所，而不是生物战的准备之地。正如建立这样一个有独创性的、现已被放弃的计划是前所未有的一样，这样大规模地单方面地放弃一整类武器也是空前之举。德特里克的转向开始进展缓慢，受到官僚主义繁文缛节及国会、白宫和联邦机构之间缺乏协调的羁绊。为加速过渡，一些对转型十分关键的机构（如公共卫生部）需得到白宫的指示，而这些指示总是姗姗来迟。

1969年尼克松签署了他的另一份遗产——美国《国家环境保护政策法》（National Environmental Policy Act）。该法要求负责生物武器项目的官员以书面报告表明他们的处理符合环境安全标准。有数百公斤媒介，包括干燥炭疽菌和野兔病病菌、7.3万公斤麦锈菌和900公斤稻瘟菌，以及数万枚装填的炸弹需安全销毁。干燥炭疽菌被解毒、与军火分离并进行变性处理。生物武器设施需进行净化，设备予以拆除，这一切都要依法进行。一份报告记述道：“通过随时公布的一系列简报、新闻发布会和闭路电视，以及在整个处理过程中对非污染地区的走访，新闻界进行了广泛的报道。”[71]

还要进行其他的变更。商业和学术合同被取消了，所有的农作物疾病研究被转到农业部，有关侦察设备和防护服的研究被转到埃奇伍德兵工厂和化学师团。杜格维试验场的防卫试验大幅度缩减，生物武器研发的经费削减了一半，一些项目负责人匆忙改写计划，把进攻意图改为防卫性意图。[72]

甚至在《生物武器公约》生效之前，一个新的冷战阶段已经开始，随之而来的是新一轮的保密和互不信任，这促使生物武器在苏联扩散，而很少有人想到苏联会发展这种武器。美国在放弃生物武器，而苏联却在暗中违背公约，其目的可能在于国防，但它从秘密生物武器中能得到什么却不清楚。苏联肯定猜疑美国在继续进行某种形式的进攻性计划。在尼克松作出决定以后，中央情报局保留了少量炭疽菌和贝类动物毒素，以及一些野兔病、布鲁氏菌病、委内瑞拉马脑炎和天花的培养菌。这种无视总统权威的做法在 1975 举行的参议院听证会上被揭示出来，可能引起了苏联的注意。[73]美国情报部门也可能利用其在苏联军事部门中的双重间谍故意引起苏联对美国秘密计划的猜疑。[74]苏联在阿富汗（它可说是苏联的越南）的战争很可能增加了军方在它已经拥有相当权力的政府中的自主权。

不管出于何种动机，苏联故意违背了《生物武器公约》，而这种秘密违背的做法一旦揭示出来，条约的信用便遭到破坏。在西方大国拥有了核武器而放弃生物武器之后，苏联不久开始了自己的秘密计划，像此前的计划一样，它是针对平民的。

第七章

苏联的生物武器计划

1972年《生物武器公约》完成了对细菌武器的条法上的限制：不但其使用，而且包括为这种使用作准备和拥有细菌武器都是非法的。生物武器（它是当时国际上唯一禁止的大规模杀伤武器）被从法律上与化学武器区分开来，后者具有一种虽然有限但已证明的战术潜力，也有一定的威慑力，如在“二战”期间盟军和德国都未敢首先使用。生物武器也被在法律上与核武器区分开来，后者具有众所周知的战略潜力，而且在冷战中也具有抑制使用的威慑力。1975年以后，那些为生物武器担忧的人所关心的一个主要问题是：法律限制如何或者能否实际防止其秘密扩散。在国际反细菌武器的强烈共识面前，是否有保密权？

促成遵守的问题

“二战”以后，对德国和其他轴心国的严格限制包括禁止拥有生物、化学和核武器。1972年《生物武器公约》签订之后，主权国家同意了这种限制。但条约中缺乏促进透明性的措施，如果一个条约国有意冒违背的风险，条约无法防止或揭露秘密的进攻性计划。《生物武器公约》也缺乏强有力的约束遵守的措施，例如要求各国有义务公布过去和现在拥有的武器能力，并能对之进行核查，一个监督和推动国家遵守的稳定和独立的组织机构，联合演习或现场视察，它们能够促进国与国之间沟通，增强对禁令有效性的信心。在出现偶然疾病暴发的情况下，没有标准的手段展开令人信服的专家调查。有关传言和指控可向联合国提出，但是冷战政治可能使公正的调查难于进行，如 1952 年朝鲜指责美国使用生物武器时出现的情形。

自 1969 年到 1975 年，美国为条约的遵守确立了一个最大限度的标准，它促使高层文职官员对其军事计划进行审查，单方面放弃了生物武器，公开拆毁了大的防御性武器设施。英国也公开放弃了它的生物战计划。1968 年英国开始在唐港举行对公众的“开放日”，凸显其公共卫生的目的。苏联与美国、英国一道制订了条约的条款，并和后两国同为条约的存放国之一。苏联加入条约的要价是对国家和军事秘密最小的侵入。加入条约之后，苏联充分利用这一薄弱点暗中开展了一项生物武器计划，其规模超过了美国早先所达到的水平。

随着苏联的解体，生物武器的秘密被揭开。曾参与过计划的科学家们开始揭露一个秘密，那是一个官僚组织的庞大计划，雇用了数千名科学家和技术人员，有着大规模的研究和生产设施。像英国和美国的计划一样，苏联计划的重点是对感染媒介和毒素的试验，并以大规模的工业生产为目标。它所达到的技术水平不平衡但足以让人恐惧。他们企图模仿西方科学增强某些细菌媒介的效力，但没有成功。随着时间的发展，他们试图把洲际导弹用做空中运载工具。

从 1991 年开始，有苏联、英国和美国专家参加的互换实地调查使得苏联计划的科学和工业水平有了更多的曝光，以后更多的合作项目补充了细节。苏联计划是在一个庞大的官僚机构下建立和发展的，即使在苏联国内也只有很少人知道。直到制度改变才使苏联的机制有了透明性，而在项目被揭露时它已基本停止了运作。不过 90

年代可以说是国际上增长现场视察和文献记录经验的一年，它指出了改进核查和增强条约遵守的途径。苏联计划提出的一个最重要的问题是：国际法如何减小由一个秘密国家造成的生物武器威胁。

1972 年《生物武器公约》的目的过去是，现在仍然是消除国家支持的进攻性计划及其危险产品。评估国家对条约的遵守情况的一个大问题是以政治主权名义所实行的保密。具体到生物武器，其中又包括“双重使用”的问题，即军事活动可伪装成商业研究、开发和批量生产。在早先有关如何禁止化学武器的辩论中，这也是一个中心问题。工业用化学合成物的商业生产所需的实验室和设备可转做军事用途，例如第一次世界大战时的德国染料工厂。一些恶名最大的化学物（氯气和光气）也可做和平的工业用途。[1]对于生物武器来说，双重用途常指的是大型实验室和制药厂，其中合法的和违禁的媒介都可以配制和批量培植。与化学物不同的是，历史上为生物武器用途研制的媒介没有或者很少有需要大量生产和发送的商业价值，很多也可以很容易地在自然界中找到，甚至在一个地点发现危险媒介如炭疽菌和野兔病病菌的痕迹也可引起有根据的和没有根据的怀疑。

微生物学家的技能也被包括在双重用途问题中。研发生物武器的实验室科学家通常也是从事学术、公共卫生或商务职业培训的，不同之处只在于他们从事的是国家武器研制计划。

国家赞助的计划事实上是不容易隐藏的，它需要相当规模的厂房以处理和储存危险的病原体；确定它们对于动物的毒性；大量培养和浓缩致病媒介；安全处理废物；在舱室中研发和试验弹药及其他装置。此外还需要户外场地进行实地试验和模拟攻击。不仅如此，生物武器计划还牵扯到一系列活动：它依赖于贸易，也许是国际贸易；官方记录；研究文献记录；招聘和培训人员；整编为军事单位，以及各种其他活动。如果这些工作中的一个或几个被阻，整个计划就会陷于停顿。[2]

但是由于保密和从极权国家苏联内部所得到的假情报，加上抗拒与外界接触和国家的庞大，使得苏联成功地隐藏了其大规模计划的痕迹。冷战时期有关苏联的生物武器情报毫无疑问是有误和不确定的。当苏联的计划在发展之中时，即使在那里的也很少有人知道扩散的危险如何在增长。

苏联计划的源起

对苏联生物武器计划的综览通常是把从多种渠道所得的资料拼合起来，主要来源是“二战”后从德国所得的记录材料、苏联解体后前苏联生物武器科学家以及整理新开放档案的专家所提供的资料，此外还有新近东西方科学交流和非军事化计划的有关材料。[3]这些资料使得可以综合勾画出苏联 20 世纪初的老的生物计划，以及 1972 年《生物武器公约》在华盛顿、伦敦和莫斯科签署后不久苏联所进行的被称为“生物配制”（Biopreparat）的新计划。[4]

1945 年，盟军俘获了两名曾接触过苏联计划情报的德国人。曾参与德国化学武器计划的奥地利化学家瓦尔特·赫尔什（Walter Hirsch）上校，为美国情报部门写了一个很长的有关苏联化学武器的报告，其中也有关于生物武器计划的资料。[5]另一名德国军官，曾参与德国生物武器计划的亨利希·克里耶维（Heinrich Kliewe）医生也受到美国陆军情报部门的审问，讲述了他所知道的有关苏联计划的情况。[6]

1989 年苏联计划科学家弗拉吉米尔·帕塞奇尼克（Vladimir Pasechnik）叛逃到英国，他虽没有留下全面的概述，但他转述的有关“生物配制”计划的资料，特别是他所在的列宁格勒实验室的研究，第一次让人们看到苏联活动的规模和进攻性意图。1992 年，前“生物配制”计划副主任、物理学家凯恩·阿里别克（Ken Alibek）从俄国叛逃到美国。他的供述以及后来于 1992 年所写的有关他自己的军事生涯回忆录，补充了许多新近的情况。此外，冷战结束后退休的微生物学家叶格尔·杜马拉斯基（Igor Domaradskij）从一个高级文职科学家的角度提供了有关计划的资料。[7]

第一次世界大战之后，苏联在人民卫生委员会（该委员会是为对付困扰该国的不断出现的流行病而设立的）的研究所内进行了广泛的有关细菌学的研究，并发表了其成果。20 世纪法国和德国的生物学对苏联曾有很深的影响，苏联依靠其全国的研究所在对炭疽热、鼠疫和霍乱等传染病的控制和预防方面作出了自身的重要贡献。

像其他工业化军事大国一样，苏联开始的生物计划是在化学计划的基础上建立的。第一次世界大战后，德国和苏联都在政治上被西欧孤立起来，在防御的幌子下，两国在空军训练和化学武器的试验方面进行了合作。[8]雅可夫·费什曼（Jacov Fishman）是参加联合演习的人之一，他在 1925 年时曾任军事化学所主任。被认为是苏联生物武器之父的费什曼 1928 年提出了一个基本框架，仿照这一框架，军事化学所将负责进攻性生物武器的研制，防卫性工作被交给化学防卫研究所和卫生部。[9]费什曼的新构想是苏军现代化的一部分，在米哈伊尔·图哈切夫斯基（Mikhail Tukhachevsky）元帅的领导下，苏军依照西方的模式建立了中央指挥并进行了技术创新。[10]

1933 年希特勒上台之后，苏、德的联合化学试验和空军演习遂告停止。1934 年发表的广为传布的威克汉姆·斯蒂德有关德国在巴黎进行生物媒介激化物试验的报告，使英、法同时也使苏联感到恐慌。[11]苏联人还担心，技术上领先的英国会转而使用生物武器，生物战被苏联官员们嘲讽为："资产阶级国家正在准备的新型战争。"[12]

赫什上校所得的一个主要告密者是一位被俘的苏联科学家，其人自1933年起便在设于莫斯科的红军科学医学研究所工作。根据这位俘虏和其他一些人的讲述，30年代末苏联的生物武器计划开始大力在位于莫斯科和乌拉尔地区（"二战"期间为躲避德军，苏联的许多工业设施建在那里）的综合研究所建立研究项目。例如，在恰卡洛夫（奥伦堡）的一个细菌研究所看来研究了细菌在空气中的传播，1943年在斯维尔德洛夫斯克（叶卡捷琳堡）建立了一个军事用途的生物研究设施。

费什曼早先曾提出在苏联境内的偏远地区进行生物武器的露天实地试验。1936年苏联科学医学院（它在费什曼领导之下）主任伊万·维里科诺夫（Ivan Velikonov）在阿拉尔海的沃兹罗茨德尼耶（Vozrozhdeniye，重生）岛进行了这样的试验。在两艘军舰和两架飞机的参与下，这些试验看来从1936年春季进行到1937年秋季。[13]

1937年，斯大林的军队大清洗波及公共卫生和医疗部门的官员，费什曼和维里科诺夫双双遭逮捕和流放。许多生物学家，包括研究所的领导，都以破坏国家卫生事业之名被逮捕，在昭示公审中，他们承认曾帮助日本和德国从事破坏，包括散播猪瘟，在骑兵的马群中引发炭疽热导致马匹死亡，在军队供应的食物中放毒等。1937年，一直极力主张发展化学和生物武器能力的图哈切夫斯基元帅也因叛国罪被处死。

有关1937年大清洗之后苏联生物战活动的记载不多，更多的是有关苏联生物科学研究的倒退。"二战"期间，斯大林开始支持特罗菲姆·李森科（Trofim Lysenko），其人是一位农业经济学家，其理论拒斥现代遗传学，认为环境可以改变遗传特征。像纳粹德国的种族主义科学家一样，李森科的影响导致科学研究在几十年中的大倒退，并延续了几十年。[14]

苏联军队中生物武器的最大推崇者是叶菲姆·斯米尔诺夫（Yefim Smirnov），他在“二战”中是医疗部门的头领，战后任苏联卫生部部长。斯米尔诺夫以“生物武器的热切拥护者”闻名，1937年他接手国防部第十五局（Fifteenth Directorate），该局是研制这种新式武器的“生物配制”的意指客户。他于1981年卸任，但直到1989年去世前他仍是一位有权力的人物。[15]

尤里耶·奥夫奇尼科夫（Yuriy Ovchinnikov）是下一代的杰出生物化学家，后任苏联科学院副院长，他常常被描述为“生物配制”计划的构想人。70年代初有报道说，他曾让苏共中央总书记列昂尼德·勃列日涅夫（Leonid Brezhnev）等领导人相信，苏联在遗传学和分子物理学方面大大落后于西方，要着手一项国家计划以弥补差距。奥夫奇尼科夫也许指的只是医药方面的科学进展，并没有考虑军事方面的利用。但在苏联的集权政府下这是不可能的。1973年苏联制定了“生物配制”计划，以商业性研究集团的面目掩盖其秘密生物武器研制计划。在苏联最高政府机构部长会议的领导之下，“生物配制”计划的参与者中包括卫生部、农业部、化工部，以及苏联科学院、医学科学学会和克格勃。这项生物武器计划依靠十几个科研和生产中心，雇用了九千多名科学和技术人员，但只有上层领导才知道这一任务的进攻性目的。80年代，仿照多年前核武器的研发和生产模式，在莫斯科郊外建立了一个小城市规模的生物武器基地奥伯兰斯克（Obolensk）。冷战后揭示出的苏联计划的能力（如病原体的遗传操作和每月生产数百公斤炭疽孢子），在90年代初引起人们的关注。

“生物配制”计划的高级官员和雇员是从军方的第十五局调来的，后者对于生物医学基础设施的改变和扩充拥有很大的权力。“生物配制”计划的跨机构科技委员会由来自各个部门包括克格勃的代表组成，是计划的“神经中枢”，对有关项目作出决策。

像其他生物武器计划一样，“生物配制”计划的主要功能是从事保持病原体的毒性和大规模弹药生产的实验室研究。苏联科学家利用西方的技术，对于对抗生素有抵抗力的细菌、病原体转变的细菌和病毒进行试验，提高微生物在环境中的存活率，例如增强它们对阳光和潮湿的抗御能力。[16]苏联科学家还培养出能够抵抗抗生素的鼠疫菌和野兔病病菌，并试图把病原体的基因进行结合以增强其毒性。

这一系统资助在莫斯科和列宁格勒的研究所，另有设施设在莫斯科以东800公里的基辅以及西伯利亚、乌兹别克和爱沙尼亚。“生物配制”计划建有生物武器基地，如在奥伯兰斯克的一处及在西伯利亚科尔索沃（Koltsovo）的一处（被称为“维克多”）。

“生物配制”计划还建立了生产生物媒介的工厂，最突出的是设于哈萨克斯坦斯捷潘诺格尔斯克（Stepnogorsk）的一个大工厂，此外还有六处设施，据报道一经调用，它们可以在短期内生产出大量媒介。[17]有关露天试验，苏联军队依靠沃兹罗茨德尼耶岛和如费什曼所提出的那些边远地区，有四处研发和生产设施，其中有一处在斯维尔德洛夫斯克。[18]生物武器为苏联军队吸纳的程度一直是一个不清楚的问题。据阿里别克说，一旦莫斯科下令，整个系统可随时投入病原体生产，把它们装入弹药，并向国外发射。[19]但是苏军高层指挥员是否实际上把他们的飞机装备了生物武器，以便对例如阿富汗秘密使用或在核攻击之后作最后手段的攻击，是不清楚的。

对苏联违背《生物武器公约》的动机一直不十分清楚。勃列日涅夫以及一些了解计划的文职和军事领导人可能认为，发展一种其他国家不感兴趣的武器，它们或许可与核武器、化学武器及其他武器一起使用，可能会带来军事上的优势。也可能苏联开始和扩大生物武器计划是官僚机构对冷战时期军备竞赛的一种反应，对《生物武器公约》的一种蔑视，但完全保持与核武器的破坏力相一致。据一些内部的人讲述，苏联人一直不相信美国1969年终止了其进攻性生物武器研制计划，因此试图与美国的武器计划保持同样的发展，他们猜想美国人的武器已利用了西方刊物上报道的那些科学上的重大进展。[20]20世纪80年代，美国的国防研究项目据信利用了遗传学和克隆技术，包括许多异种病原体（如埃伯拉病毒、马尔堡病毒、落基山斑疹热病毒等），以及一些异种毒素，它们对公共健康的威胁甚小，但却可能成为一种致命的生物武器。

1975年以后，美国对苏联进攻性生物计划的猜疑忽起忽落。1978年，一位保加利亚流亡者在伦敦被过路人以蓖麻毒素暗杀，当时美国政府怀疑苏联情报部门协助了这起暗杀，这一猜疑是正确的。[21]但苏联是否能安排使用？这种使用由谁来决定？

“黄雨”传言

1976年吉米·卡特（Jimmy Carter）总统上台，希望能开展双边军控谈判。但这种希望1979年12月被打破，是时苏联入侵阿富汗，建立了亲苏政权，但却陷入一场漫长而不受欢迎的战争。在卡特执政时期，东南亚传言有一种影响山区苗族部落的神秘的致命“黄雨”，这些部落是美国在越战中的盟友，与老挝政府发生冲突。罗纳德·里根（Ronald Reagan）担任总统之后利用这一“黄雨”传言作为其在冷战政治中持对抗立场的根据。在其日程表上很重要的一项就是重新开始军队化学武器的生产。

里根政府的国务卿亚力山大·黑格（Alexander Haig）1981年9月在西柏林的一次讲话中，指责苏联指使在东南亚使用致命性的单端孢霉烯真菌毒素。[22]这一指责是冷战指控的开端，有些类似于1952年朝鲜战争的指控。但这次美国成了指控方，它利用得自情报部门及其他来源的资料拼成了讼案。与朝鲜案的另一个不同点是，这起争论的环境使得可以进行高标准的独立专家调查。老挝、越南、柬埔寨无法接触，而与指控有一定牵扯的阿富汗正处于与苏联的交战中，但接触所说的证人却是可能的。多年来，苗族部落的难民在逃离老挝，其中有许多人生活在泰国的难民营。事实上陈述主要出自这些难民，他们说越南或老挝的飞机向他们村庄的逃跑的难民喷撒一种使人患病、死亡的致命物质。在被要求提供这些物质的样本时，苗族人拿出了带有黄色斑迹的植物和石头。最后一个与美国政府签约的大学实验室对所提供的以及其他一些样本进行了化学分析，并报告说“黄雨”媒介是一种真菌毒素（由真菌产生的毒素）。实物样本、难民访谈及美国政府的化学分析都可供独立的专家审查。

证据标准

1980年在接受美国联邦调查局咨询时，哈佛大学的生物学家马修·梅塞尔森对“黄雨”证据的种类和模糊性产生了兴趣。[23]1983年他在柬埔寨组织了一次学术和政府专家研讨会，对所收集到的证据加以讨论，主要是关于毒素媒介的性质，在何处发现和报告的，哪方面的科学家对之进行了测试，何类证人描述了飞机的攻击等。解除美国指控的第一部分是发现那些叶子和石头上的黄色斑迹是无害的亚洲蜜蜂排泄物。

美国政府自身也对实物样本进行了化学分析，但忽略了在显微镜下对这些材料进行检查及对比分析。史密逊研究所（Smithsonian Institution）的植物学和花粉专家琼·诺维克（Joan Nowicke）对陆军拿给她的“黄雨”样本和梅塞尔森寄给她的样本（他是从陆军、加拿大农业部及美国广播公司新闻部得到这些样本的）进行了审查。她的结果显示，这些样本的基本成分是花粉，跟在东南亚与所说的攻击相同的生态环境中收集的蜜蜂排泄物相同。[24]1984 年在缅甸北部现场，梅塞尔森和蜜蜂专家托马斯·西利（Thomas Seeley）、旁格太普·阿克拉坦那库（Pongtep Akratanakul）记录了经常发生却被忽视了的现象：由数千只同时排泄的蜜蜂所造成的“黄阵雨”。[25]拿这些实地样本与“黄雨”样本对比，结果表明二者基本是相同的。

调查于是转向审查对苗族人的采访，结果发现这些证言是由未经训练的医务人员和美国军方人士在难民营中以非正式的方式进行的，由联合国和加拿大组织的采访补充了讲述材料，但经过分析发现，这些讲述存在着许多矛盾之处，传说的飞机和火箭袭击以及对受侵害者健康造成的影响，通常是二手的。[26]

1983 年美国国务院和国防部授权了一个联合调查组，对向难民营中苗族人的采访进行多方论证。该小组进行了两年多的调查，未能确证有关的生物袭击讲述。[27]后来解密的一些文件显示，调查小组把那些主要情况归因为“昆虫或其他自然现象”。[28]

黑格国务卿 1981 年在西柏林的讲话所依据的单端孢霉烯真菌毒素证据得自于对树叶和树梗样本所作的单一的没有旁证的分析。那一样本是在他讲话前几个月从柬埔寨而不是从泰国和老挝得到的，附带有一个含糊的故事，说士兵们喝了污染的水以后得了病。样品被送到陆军化学系统实验室，在那里被分解，一部分被送到位于德特里克堡的美国医学情报和信息所的毒物学家莎伦·沃特森（Sharon Watson）手里，沃特森又把她得到的样本转给了明尼苏达大学的植物病理学家切斯特·米罗查（Chester Mirocha）。

8 月 17 日沃特森在给情报部门的一封秘密信件中宣称，米罗查在样本中发现了单端孢霉烯真菌毒素，这是一种没有在任何生物武器媒介清单上出现的毒素，但她希望得到科学的旁证。8月31日，时任国务院政治军事事务局局长的理查德·伯特（Richard Burt）指示不情愿的沃特森起草一份公开声明。沃特森在伯特给她的电话记录上作了这样的注记："尽管存有担心（希望有旁证），还是决定公布这一消息，因为我们被告知，不管有没有我们的许可，消息都要公布。"[29]

米罗查后来在其他样本上找到了更多的真菌毒素，而对他的测试方法，特别是有关控制和假阳性或在东南亚地区自然出现的真菌毒素这种背景情况，却没有什么人提出质问，对他所作的大得多的其他攻击样本和控制试验的结果（阳性或阴性）也没有公开的报道。

在黑格的西柏林讲话之后，英国、法国、加拿大、瑞典和美国陆军自身开始了一系列对"黄雨"样本的仔细检测。陆军和其他政府实验室利用了气体色谱法与高分辨率质量光谱监测仪相结合的强大而精密的技术（GC/MS），它比明尼苏达州或新泽西州的卢特杰斯大学（Rudgers University）所使用的技术要严格得多（美国广播公司新闻部得到的一个样本在那里检验时被报告为阳性）。[30]当时用其他方法都很难得到可靠的结果，即使用GC/MS技术，如果不谨慎周密也很容易出现假阳性。[31]米罗查在明尼苏达的试验不能复制；美国陆军和英国唐港所作的试验结果均为阴性，但因对美国的调查不利，多年内被秘而不宣，例如唐港的阴性结果在四年内没有发表。[32]一些美国陆军的报告至今仍保密，这说明它们可能不支持美国的指控。而加拿大、法国和瑞典的实验室在使用严格的方法之后，也没有发现表明"黄雨"及所称的受害人的血液或尿样与单端孢霉烯真菌毒素有关的支持证据。

《生物武器公约》所禁止的真菌毒素没有十分明确的界定，这使得里根政府得以把它们与化学物相混淆，而“黄雨”事件出来后就又有人鼓噪，美国应重新开始化学武器的生产。陆军想生产一种二元化合炸弹和一种称为“大眼”（Big Eye）的二元化合滑翔弹。美国的化学工业部门拒绝生产这两种炸弹，越战之后他们不想使自己的产品与战争或环境破坏有关。后来伊拉克在两伊战争中使用了化学武器，里根政府因为支持伊位克和化学师团，无意提出抗议。最终，参议院在生产二元化合炸弹和“大眼”炸弹的投票中两派势均力敌。在这两次投票中，副总统乔治·布什（后任总统，他是1993年《化学武器公约》的支持者）都在均势下的补充投票中投了赞成票。在俄罗斯表明想结束武器竞赛时，国会拒绝了对这些化学计划的财政支持。

斯维尔德洛夫斯克炭疽热事件

在所有的生物武器计划中，工作人员都会受到疾病传染的威胁。[33]平民也会有出现事故后受感染的危险。苏联发生过两次这样的事故。1972年，当苏联正在进行《生物武器公约》谈判时，在离生物武器试验场不远的哈萨克斯坦的一个城镇出现了天花疫情。30年后一位前共和国的卫生部部长透露，那是军方所为，但事件的细节一直不为人知。[34]

1980年3月，在获悉苏联城市斯维尔德洛夫斯克暴发了炭疽热之后，美国政府公开表示怀疑，苏联在违背《生物武器公约》。苏联官员的答复中坚持说，疫情是因为家畜饲料中有被炭疽菌污染的骨饲料，人在食用受感染动物的肉后引起的。他们指出，炭疽热动物流行病在斯维尔德洛夫斯克地区是常见的（该区位于西伯利亚附近的南乌拉尔地区）。[35]

美国政府再次向梅塞尔森进行咨询，他和其他一些专家试图对那些含混的有关炭疽热暴发的情报信息作出判断。他发现苏联人的解释是有可能的，但是没有证明，他很想进行一次实地调查。1992 年苏联解体后，他得以率领一支美国和俄罗斯科学家组成的考察小组到疾病流行地埃卡捷琳堡（前斯维尔德洛夫斯克）的现场进行调查。考察小组试图通过与受害人家属的谈话、医务人员的目击讲述和医院档案找到疫情的证据。幸运的是，两名 1979 年进行了大部分尸体解剖的病理学家费娜·埃巴拉莫娃（Faina Abramova）医生和列夫·格林贝格（Lev Grinberg）医生保存了从克格勃的没收中所得的组织样本和医案记录，这些资料对于证明受害者是死于吸入性而非胃肠性炭疽热起了关键性的作用。更有说服力的是，流行病学图显示，1979 年 4 月 2 日，从当地的一个军事工厂〔被称为“十九号大院”（Compound 19）〕散发出的气雾使该地区的近 5 000 名受侵害者中有约 70 人死亡，至少有十几人患病。[36]

考察小组猜测气雾排放是一起事故，由有故障的空气过滤器引发。苏联军方称没有有关事件的记录，但凯恩·阿里别克在他的回忆录中回顾说，曾传言军方因疏忽未更换工厂的空气过滤器。[37]所进行的为时两年的对斯维尔德洛夫斯克疾病流行资料的收集和分析显示，如果允许与专家们接触并减小政治压力，这一有争议的疾病暴发事件是可以通过科学的方法追根溯源的。

吸入性炭疽热是一种文献记录不多的罕见疾病，1992 年斯维尔德洛夫斯克的调查对这种疾病至少得出了两点重要发现：一是对于某些受侵害人来说，其潜伏期可能比以前所想的要长。通常预计受炭疽菌气雾感染后会在二至五天内出现病症，而在这之后两天内几乎肯定会死亡。（在日本 100 部队所进行的试验中，中国囚犯致病和死亡的速度比这还要快。）而在斯维尔德洛夫斯克，有少数人在受感染数星期后才出现病症，这提示还有另一种模式，即在有些病例中炭疽孢子可在人体肺部蛰伏一段时间，其时间可长达六个星期，然后开始滋长，导致致命感染。在斯维尔德洛夫斯克的疾病暴发中，一旦出现了疾病症状后（不管是受感染后两天还是两个星期），死亡一般的确在两三天内来临。及时使用抗生素可防止死亡，斯维尔德洛夫斯克的医生们认为，他们在1979年就是用这种方法挽救了15名病人，但有关医疗记录的遗失使得无法对病症的详细情况进行确证。

1992年的调查还发现，老年人比年轻人更易受这种疾病的感染。感染区内有许多儿童和年轻人，但没有24岁以下的人死亡，甚至没有人看来患了炭疽热。在2001年的炭疽袭击事件中，感染炭疽热的人年纪较大也佐证了这一发现。斯维尔德洛夫斯克的异常疫情常被引用来作为对城市人口进行隐秘的恐怖袭击可能展开的模式，它引起紧急公共卫生部门的反应，包括对疑似病人的检查、重症特别护理和分发抗生素。[38]莫斯科的公共卫生官员们还计划用一种叫做STI的活孢子疫苗（不同于美国的无细胞疫苗）给军事工厂附近的5万居民进行免疫接种。许多目睹疫苗的副作用（可在接种处引起大的溃疡和数天不愈的感冒症状）的居民变得小心起来，有两万左右的人没有去进行接种。

斯维尔德洛夫斯克事件的保密和误导信息的最严重后果是疾病诊断的延误。由于不知道军队的炭疽计划，城市官员在出现第五例突然和不名的死亡时感到猝不及防。一个星期之后实验室检验才确认炭疽热诊断，而那时有三分之一本来可用抗生素进行有效治疗的受感染病人已经或濒临死亡。有关受感染的肉的警告掩盖了军队工厂这个真正的危险之源。有多达17位居民和工人在可住院治疗之前已经死去。[39]

1992年5月，俄罗斯联邦总统鲍里斯·叶利钦公开宣布军方对斯维尔德洛夫斯克炭疽热瘟疫负有责任，对受害者家属应给予赔偿。但这一许愿并没有兑现。此外，叶利钦命令的措辞也使得不可能让军方对炭疽热死亡事件负法律责任。[40]民事部门和军方都没有举行听证会，在俄罗斯军方和政府内，有关斯维尔德洛夫斯克瘟疫暴发的原因，原来的错误和误导信息一直维持着。[41]

“建立信任 F 表格”

1990 年，在弗拉吉米尔・帕塞奇尼克揭露了苏联的武器计划之后，美国和英国对戈尔巴乔夫施加压力，要求他承认苏联有进攻性计划。戈尔巴乔夫的答复是邀请他们任选四个地点，在那里可以自由视察。决心要证实帕塞奇尼克所说的情况，美国和英国人选择了他所说的四个研究所（分别位于圣彼得堡、奥伯兰斯克、契诃夫、科尔特佐夫），而不是有争议的“十九号大院”。作为交换，苏联代表团访问了德特里克堡、杜格维试验场、派恩布拉夫兵工厂和宾夕法尼亚州克利尔沃特的萨尔克研究所。

这次以及后来的互访一直进行到 1995 年后中断，主要是由于俄国军方和美国医药公司的反对。但《生物武器公约》的签约国开始抱有信心，俄国现在将会自愿地遵守公约所达成的以及在 1975 年召开的《生物武器公约》审查会议上所修改的那些措施。这些修改措施最终要求公布六方面的情况，包括所有最具污染性的设施、国防研究和发展计划、异常疾病暴发、与条约有关的立法、以往的进攻性和防御性生物武器研发计划、人体疫苗生产设施等。

每一项公布都有一个标准模式，各类分别以一个字母表示。“建立信任 F 表格”（Confidence-Building Form F）是有关以往的活动，这是人们最期待俄罗斯公布的。1992 年初叶利钦否认俄罗斯还在继续研制计划。简言之，第十五局撤销了，“生物配制”计划将改为一个研究诊断技术的商业性医药公司。[42]

1992年7月，俄罗斯通过联合国向其他条约签署国提交了“建立信任F表格”，该文件简述了苏联和俄罗斯自1946年到1992年3月所进行的进攻性和防御性研制活动。公布的材料中说，40年代末，苏联制定了一个防御性生物武器计划，后来于50年代修建了在斯维尔德洛夫斯克和扎戈尔斯克（现为谢尔吉耶沃—波萨德，位于莫斯科附近）的设施，用于大规模媒介生产。这两处设施，加上在吉洛夫（现为瓦沃特卡）的一处，据称是进行有关炭疽热、野兔病、普鲁氏菌病、斑疹伤寒、鼠疫、Q热研究的。另一处设施，位于列宁格勒（现为彼得格勒）的军事医学科学研究所，也被称为重要的研究中心。[43]

公布的材料中称，生物武器媒介从来没有在这些设施中“配制或储存”，但材料确认这些工厂的建立是为了批量生产生物武器媒介的。显然，由于提不出《生物武器公约》中所说的“用于预防、保护或其他和平用途的正当理由”，批量生产生物武器媒介的设施显然是对条约的一种严重违背。根据推理，曾对生物媒介进行过毒性测试，进行过弹药设计和测试。再根据推理，曾制定了使用的原则。公布的材料中说，从来没有进行储备，“因此从来没有现在也不存在其销毁的问题”。文件确认，在沃兹罗茨德尼耶岛对装在空载和火箭驱动的导弹及喷撒装置实体模型中的试验媒介进行了测试。此外还进行了有关警报装置和传染病识别技术的试验。

“F表格”称1986年是苏联开始拆除进攻性设施的一年，“生物配制”计划从部长会议手中转到卫生部和微生物工业。1992年4月沃兹罗茨德尼耶岛的实验设施关闭，设备开始转向和平时期的用途，生物武器计划宣告终结。在毒素问题方面，“F表格”在指出生物武器计划对肉毒杆菌毒素进行了调研后，作了这样简单的显然是意指“黄雨”传言的结语：“专家们的看法是，真菌毒素没有军事上的意义。”[44]

科学家和病原体的控制

1988年以后，美国和苏联达成了有关核武器控制和冷战结束的协议，苏联遵守武器协议的问题不再那么突出了。随着美国和苏联间不断有新的协议出现，里根政府时期产生的公众对核大战的担心缓解了，[45]大国再次使用化学武器的威胁也减小了。在乔治·H·W·布什总统的支持和推动下，一百多个国家1993年在巴黎签订了《化学武器公约》。这一条约有《生物武器公约》所没有的遵守措施：一个在海牙设立的组织，专家小组，有关强制性信息公布、视察和储存品销毁的条款等。随着冷战的结束和叶利钦作出愿意合作的许诺，以前在苏联遵守条约方面所存在的紧张气氛大大缓解了。

拆除苏联生物武器计划设施仍是一个复杂的问题。[46]所提出的问题是：戈尔巴乔夫或叶利钦是否对“生物配制”计划的势力强大的领导者们及其在军队中的合作者有足够的权威。90年代曾提出过把苏联的生物武器设施改变为制药厂的企业计划，但后来又搁置了。在叶利钦作出俄罗斯没有生物武器计划的宣布10年之后，在叶卡特琳堡、谢尔吉耶沃—波萨德和瓦沃特卡的三处主要军事设施仍不对外部观察员开放。设于谢尔吉耶沃—波萨德的病毒中心是最大和最秘密的设施，据报道在那里曾进行过有关天花的试验。

另一个重要问题是：确保开放以使俄罗斯不会退回到进攻性生物武器计划的老路上去。第三个担心是：前苏联生物战科学家被敌视美国利益的较小国家的计划所雇用。1991年，两位参议员萨姆·

纳恩（Sam Nunn）和理查德·卢格（Richard Lugar）提出纳恩—卢格合作减少威胁法案（Nunn-Lugar Cooperative Threat Reduction Act）的立法提案。这一法案对以前的原子、化学和生物武器设施的转化与销毁，以及与俄罗斯以前的生物战科学家的合作项目提供资助。美国科学院协助选择和指导有价值的生物合作项目。疾病控制中心、能源部、国家卫生研究所等参与了这一工作。

对于苏联的计划所感到的另一个担心是危险的病原体会扩散。苏联所研制的一种炭疽菌在动物试验中表明对标准的苏联疫苗具有抵抗力，但不能抵抗改进后的疫苗。[47]另一个危险的病原体是天花病毒。世界卫生组织1980年消灭天花以后，只有苏联和美国被允许存放病毒。苏联把它的病毒存放在莫斯科的一个研究所，美国将其存放在亚特兰大州的疾病控制中心。80年代，苏联把它的天花病毒储藏秘密转移到西伯利亚的维克多，对外称是防备恐怖分子。这一举动因为没有通报世界卫生组织，当时在西方引起一些人的恼火。据阿里别克（对他的讲述存在着争议）说，直到1990年维克多的科学家们仍在进行病原体的基因改造，并能生产病毒染缸。[48]该研究所保存有1.5万种病原体病毒的分离体，包括近120种天花，其中50种是俄罗斯特有的。人们感到担心的是，安全措施不严可能会使未经许可的人盗窃或购买俄罗斯的病原体，特别是因为天花很早以前已经在世界上停止传播了。

一些批评者认为维克多的安全措施不够充分，有关设施的保密是不祥之兆。[49]还有一些人认为，开展合作项目是减少扩散风险的最好办法。[50]自1999年起，维克多与亚特兰大州的疾病控制中心在世界卫生组织的监督下联合开展了一系列有关天花的研究，美国卫生与公共事业部及国防部下属的“减少威胁防卫署”为之提供了四百多万美元的资金。

随着改革的进行、合作项目的开展及苏联时代的人员逐渐为较年轻的政治家们所替代，与俄罗斯有关的生物战安全威胁正在减少，虽然并非没有反复。对俄罗斯的动机及美国有关减少威胁的资金的处理一直存有猜疑，在合作计划的开展方面也有很多东西还需要学习。[51]尽管如此，一个重大的变化已经出现：生物武器最终已与冷战的两大对手分离，事实上已与所有的主要大国分离。

现在一个主要的问题是如何使平民免受生物武器扩散的威胁，特别是源自敌对的发展中国家或恐怖分子的扩散。制订一个强化的《生物武器公约》是可能的限制扩散措施中最重要的。1991 年西欧国家率先提出制订类似新《化学武器公约》所要求的强制遵守措施。[52]美国出于对军事和工业秘密的保护，在所要求的视察和其他促进透明度的措施上犹疑不前。为了解决美国等一些国家的反对问题，1994 年成立了一个“特设小组”，起草有关《生物武器公约》的法律约束议定书。这一过程将会有许多困难。[53]现在的问题是：美国是否能使它作为国际事务中的唯一超级大国的新角色与它的国防政策保持平衡。

第八章

生物恐怖活动与扩散的威胁

随着冷战结束，签订一个附有严格遵守措施的议定书的强化的《生物武器公约》又有了新的希望。1993 年签订的《化学武器公约》提供了一个小组视察、强制核查程序及在海牙设立常设机构的模式，对《生物武器公约》为什么不能制订类似的强化措施呢？

从一开始美国看来对要求有透明度和受国际法制约的多国协议就抱谨慎态度。1991 年，美国要求先对有关的各种核查措施进行审查，然后再开始对议定书的讨论。两年以后，政府专家特设小组（the Ad Hoc Group of Government Experts）提出了一份技术和科学报告，对非现场措施（例如公布设施、出版物监督、立法、贸易、遥感、物理物质测试等）和现场措施（互访、建筑物与重要设备视察、有关医疗资料的收集、通过仪器或专家进行的对某些设施的连续观察等）进行评估。[1]在这份《1993 年核查专家报告》所提到的措施中，现场措施被特别是美国视为对药物和生物技术公司的商业专利情报以及对美国的防卫性生物计划的威胁。俄罗斯和中国也表示抵制。

尽管如此，由于所寻求的目标是对条约的遵守而不是极端的透明性，签署国同意可找到某种共识。1994 年成立了一个特设小组，开始对有关强化遵守措施的《生物武器公约》议定书进行谈判。

克林顿总统支持有关条约的议定书，但 1995 年共和党控制国会之后，美国对国际公约包括乔治·H·W·布什总统支持和签署的1993年的《化学武器公约》变得越来越抵触。参议院领导者，特别是势力强大的杰斯·赫尔姆斯（Jesse Helms），对在特设小组谈判中所提出的遵守措施一直表示反对。俄罗斯和中国虽然也仍有犹豫，但在七年的谈判期间它们的代表已开始让步，而美国则提出了一系列为保密起见的限制公布信息和视察的建议。

与此同时，生物武器因为可能被用来袭击美国的城市而有了新的意义。如本章所述，从冷战时期所得的很多证据表明，小国不管是结盟的还是中立的，都可能秘密发展生物武器，故须被纳入到大的制裁生物战的国际共同体中。反恐怖活动特别是生物恐怖活动的国家防卫措施，并不一定与《生物武器公约》议定书相冲突，但生物恐怖活动很快与制止国家计划的多国协议发生偏离。分析家们开始指出，美国的敌人可能通过国际市场获取大国研发的非常规武器，即原子、生物和化学武器，对未受保护的平民构成非对称的国家安全威胁。[2]

这种国防方面的重构也是美国——一个在全球化的冷战后世界上拥有雄厚军事资源的、没有苏联作为对手的唯一的超级大国——努力重新自我定位的一部分。巴尔干、非洲和中东的地区冲突产生出不可预测的军事和政治风险，诸如前南斯拉夫和卢旺达的种族灭绝等。在这一错综复杂的世界上，核威慑以及美国为冷战对立所布置的军队，其意义已经缩小。

在这一不确定的时期中没有出现过对美国城市的生物恐怖袭击，但恐怖分子的袭击是实际存在的，需要有新的政策。国内和国外的炸弹袭击对政治人物和无辜的旁观者包括儿童是不加区别的。[3]在对恐怖活动感到惧怕的同时，人们对生物恐怖活动危险的担忧增加了，想象中的瘟疫流行，使其杀伤力被渲染夸大。多年来，对生物武器感到担忧的人并不多，但是逐渐地，由于担心它们被恐怖分子掌握而带来的潜在威胁，使得美国联邦政策认为，应经常性地保持紧急防备状态。[4]在新千年即将到来的时候，有影响的政治家和专家顾问们发出了神启般的灾变预示：成千甚至几十万美国人被非自然的、有意制造的炭疽热、天花和某种新发明的疾病侵袭而死，这些瘟疫是由野蛮的外国人暗中释放的。

对大规模杀伤武器的平民防卫

政府一再强调，平民在大规模杀伤武器面前是脆弱的，由此产生了一个困难的问题：政府官员们打算如何或者是否想对平民实行保护，他们是否打算通过技术或政治的积极手段来做到这一点。在1961年的一次电视讲话中，肯尼迪总统告诫说，美国正处于与苏联进行一场核战争的边缘。为了让公众放心，他许诺说，每一个美国家庭都将得到一个小册子，告诉他们如何储存食物和水，如何躲避放射性尘埃。[5]当这些小册子一年后被邮寄出的时候，美国和苏联领导人在古巴导弹危机上产生了对立并予以解决，这使公众松了一口气。[6]此后不久，美国、英国和苏联于1963年签订了《部分禁止核试验条约》(the Limited Test Ban Treaty)。这一条约并没有阻止核扩散，但美国人由此不再那么担心即将来临的世界毁灭了。

在里根政府的早期，在退出与苏联进行的限制战略武器谈判之后，有关有限制的核战争的讨论，重新开始的有关平民防御疏散计划的建议，以及里根总统对苏联是一个无法控制的“邪恶帝国”的描述，这些引起公众对核大战的恐惧，导致冻结核武器的运动。[7]作为对核不扩散的一种替代，1983年里根总统转而求助技术手段，提出了战略防御计划，即一个实行地面和空中截击的计算机系统，亦称“星球大战”。该系统的目的是对敌方的攻击导弹进行遥感和摧毁。里根称战略防御计划是针对苏联最终入侵所投的国家“保险”，是“保护我们不受核导弹攻击的盾牌，就像保护我们的家庭不受风雨侵临的屋顶”。[8]随着苏联的瓦解，这种技术防御手段（它被批评为无效的和政治上冒风险的）也变得没有讨论的必要，虽然它后来又得以复活。

克林顿执政时期，美国最高层领导人包括他本人曾公开表示对生物恐怖活动的担心，但是当时并没有反美的恐怖分子对细菌武器感兴趣的证据。美国并没有一个单一的像苏联那样的对等的政治敌手以进行减少危险的谈判，而它又不愿意与较小的国家签订多边协议。在这一时期，美国逐渐失去了对国家防止生物武器扩散的重要性（例如防止恐怖分子获得生物武器以及秘密国家计划）的远见。

如人们所设想的，生物恐怖活动把进攻性生物武器技术降格为对城市社区、体育场、市场、交通系统如地铁和机场的破坏。这种局限性的使用促使地方“急救队”、警察、救火队和医护人员进行针对性的现场救护训练。与原子弹、化学武器及其他大型爆炸袭击不同，有意制造的瘟疫的效果的显现是迟缓的，通常需要数星期甚至更长。任何恐怖事件的发生都需要国内防务计划拥有可资调动的大量公共卫生和医疗力量，“双重用途”一词在这里有了新的用法，它指公共卫生设施可通过国内防务计划被调用。曾有一个时期，人们希望像1938年时的英国那样，政府能够作出这样的决定：对生物武器最好的防御是一个拥有健康体魄的国民和一个良好的有公共支持的医疗服务体制。[9]而20世纪90年代美国的策略则强调分散的民防计划和广泛的技术手段，如针对紧急救护的改进的电子通讯设备和联邦抗生素的足够储备。

来自国家的生物武器威胁

多年来，在被美国怀疑为有生物武器计划的国家名单中，特别强调的是那些所谓的“缝隙国家”（niche states），这些国家没有能对美国构成挑战的常规军事力量，但却“拥有可能诉诸大规模杀伤武器特别是生物和化学武器的资源和技术”。[10]例如常被列入此范围的有朝鲜和古巴，此外还有伊朗，在2003年之前还包括伊拉克和利比亚。在其他名单中，所列入者并非都是敌视美国的国家和地区；有些，比如中国的台湾省，是受美国支持的。也并非所有国家都是军事力量有限的小国，被认为可能支持进攻性生物武器研究计划的巴基斯坦和印度都是拥有核武器的国家。[11]

在分析家们和军控组织所编制的大部分名单中还包括以色列。对其生物武器研制计划的历史外界所知甚少，其与美国的联盟（包括军事援助）看来使其得以免受美国对其目前有关活动的调查。1948年战争之后，以色列组建了一个名为海姆德贝特（Hemed Beit）的生物研究机构，该机构后来迁至位于特拉维夫附近的内斯齐奥纳（Ness Ziona）市郊的永久驻地，占地28公顷。[12]该中心自1952年起被称为以色列生物研究所，它是受国防部赞助的，其人员为文职科学家，通常有学术职务，在科学杂志上发表文章。

以色列与其他民主国家的不同之处是它拒绝成为《生物武器公约》和《化学武器公约》的签署国，它虽是《日内瓦议定书》的签署国，但含有这样的保留：对于以下敌国以色列将不再受条约约束，“如该国的武装力量，或在其领土上活动的其盟国的武装力量，或正规军或非正规军，或组织或个人，没有履行本条约所提出的禁令”。叙利亚、约旦和利比亚一直也坚持类似的保留，特别是要求有对以色列实行反击的权利。

与其他类似的国家相比，对伊拉克和种族主义南非的生物武器计划人们的了解就要多得多了。在冷战期间，在其计划开始的时候，两国都签署了一些条约。伊拉克参加了《日内瓦议定书》，签署了但没有批准《生物武器公约》，直到在作为1991年联合国停火协议的一部分的要求下，才予以批准，但它没有参加《化学武器公约》。南非参加了《日内瓦议定书》和《生物武器公约》，1995年在政权更迭之后又加入了《化学武器公约》。

来自伊拉克的威胁

在海湾战争之前，美国对萨达姆领导下的伊拉克无视法律的特点并没有很在意。[13]伊拉克在冷战时期在美国和苏联协助下建立起来的常规军事力量是对其所在地区的一个威胁。众所周知，伊拉克曾用化学武器（催泪瓦斯、芥子气和神经毒气）对付伊朗军队，1987年和1988年它曾在作战中使用化学武器杀害库尔德的村民。伊拉克为夺取它所称的传统国土而对科威特的入侵引发了1991年的海湾战争、停火协议和萨达姆政权的最终垮台。

1991年联合国安理会第687号决议重新确认伊拉克对1925年《日内瓦议定书》的承诺，批准了《生物武器公约》，在国际社会的监督下对下列武器进行销毁、撤除或使之无害："（a）所有化学和生物武器及所有媒介储备，以及所有有关的子系统、组件及所有相关的研发、支持和制造设施；（b）所有射程超过150公里的导弹、有关的重要部件及修理和生产设施。"[14]

由瑞典大使洛尔夫·埃库厄斯（Rolf Ekeus）领导的联合国特别委员会的职责是促进化学和生物武器的消除，联合国原子能委员会负责调查可能存在的核武器并成功地发现和销毁了伊拉克在这方面的初期成果。联合国特别委员会有着双重的目的，一是解除伊拉克的现有武器装备，二是继续当前的监测与核查，以防止其重新获得受禁的武器。[15]

在1992年到1995年期间，联合国特别委员会小组收集了确凿的证据，表明伊拉克拥有进攻性生物武器计划。该委员会对伊拉克技术与科学物资进口部在生物培养基购买方面的详细跟踪显示，1988年进口了39吨，后来又有数吨运达，保存期为四—五年。这一数量远远超过了那一时期伊拉克的医院、医学实验室和制药工业的需求。

1995年，在联合国特别委员会的调查发现面前，伊拉克政府被迫承认曾制定一个生物武器研制计划，并提供了所生产的生物媒介的数量的资料。伊拉克人声称，其所有的生物媒介都已经销毁，并否认曾把它们装入炸弹。

该年8月份，萨达姆的女婿、前政府高级官员侯赛因·卡玛尔（Hussein Kamal）前往约旦，在那里向埃库厄斯简要报告了伊拉克生物媒介的研制情况，并称该计划已经中止。伊拉克的官员们作出安排向特别委员会提供更多的资料，在卡玛尔的农场的一个养鸡房中，调查者发现了一箱书面报告，以及微缩胶片、计算机磁盘、录像带和被禁武器的照片。[16]伊拉克官员于是承认曾用生物媒介装填炸弹：有5枚飞毛腿导弹装了炭疽热菌，16枚装了野兔病病菌，4枚装了黄曲霉毒素（这是有些令人不解的事情，因为此种毒素是一种慢性致癌物质）。他们还承认炸弹和飞机用的空投箱式气雾发生器是生物武器武库中的一部分。此后特别委员会加紧了监察，进行了一百多次现场调查，其中20次是在所称的位于阿尔哈卡姆（Al Hakam）的生物生产地进行的，1996年在联合国的监督下，伊拉克销毁了该设施。

根据伊拉克自身的证词，早在 1974 年它就已在探索制定一项生物武器研制计划。炭疽菌专家、微生物学家纳赛尔·阿尔辛达维（Nassir al Hindawi）被推为伊拉克生物武器之父。伊拉克的一些科技人员曾在西方的大学里读本科和研究生，受过良好的教育。曾在英国东英吉利亚大学获博士学位的微生物学家里哈·拉什德·塔哈（Rihab Rashid Taha）是与联合国视察人员进行接触的主要负责人。

1984 年，一群生物学家开始在一个化学武器军事工业综合体中进行研究，其做法是仿照英国、美国和苏联生物武器的研发模式。1988 年伊拉克建立了阿尔哈卡姆工厂，批量生产炭疽热、野兔病毒素，后来又生产病毒。依靠其石油方面的收入，它获得了建设或购买必要的技术包括购买发酵桶、炸弹、导弹和飞机的资金。

80 年代，在美国商业部的批准下，伊拉克从美国的菌种收藏部门购买了四种炭疽菌种。超级大国所使用的其他病原体和毒素也出现在伊拉克兵工厂的档案上：野兔病病菌、肉毒菌毒素、普鲁氏菌、麦锈菌、黄曲霉毒素和蓖麻毒素等。伊拉克还对骆驼痘、轮状病毒、出血性结膜炎和单端孢霉烯真菌毒素（即 80 年代传说的“黄雨”）进行了研究。

卡玛尔 1995 年在约旦的采访中称，所有这些活动都已经结束。他说，因为担心联合国特别委员会的到来，他已于 1991 年下令销毁伊拉克的化学和生物武器计划。对于生物媒介和武器，他坚称“什么也没有剩下”。[17]

据理查德·巴特勒〔（Richard Butler）澳大利亚大使，1997 年开始担任联合国特别委员会主席〕说，伊拉克未予以充分配合加上联合国的内部分歧，二者阻碍了核查的进行。[18]特别是俄罗斯和法国主张认可伊拉克的裁军工作，结束对其的经济制裁。美国视察员斯科特·里特（Scott Ritter）辞职抗议的做法，使人怀疑美国试图利用联合国特别委员会促进其情报的收集，巴特勒对此予以否认。[19]1998年12月15日，由于与伊拉克的关系恶化，联合国特别委员会小组从伊拉克撤出。紧接着，美国和英国对伊拉克进行了四天惩罚性空袭（沙漠之狐行动）。联合国特别委员会有关伊拉克的最后报告显示，有关伊拉克遵守条约的文件有缺失，"伊拉克没有提供其已结束进攻性生物武器计划的证据。委员会所收集的证据和伊所提供资料的缺失使人对伊拉克所称的它已'完全消除'了生物武器计划的说法产生严重的怀疑"。[20]

尽管有经验水平上的不同及伊拉克所设置的障碍，联合国特别委员会的现场调查是作了很多努力的。[21]在为期八年的时间内，数十个专家小组进行和记录了数百次详细的勘察。直到1995年，联合国特别委员会的报告仍称，伊拉克试图掩盖其生物武器计划的整体情况，祈助于"当场撒谎、规避、胁迫、伪造文件、虚报地点和人员，在完全、彻底、全部揭露（FFCD）问题上玩弄欺骗手法"。[22]但是到1998年时为止，人们对伊拉克产生的怀疑乃是由"资料缺失"引起，而非任何确实的生物武器证据。[23]

南　　非

南非的政权更迭给这个国家带来了民主，使人口占多数的黑人有了选举权，同时也使外界获得了有关其生物武器计划的重要资料。新政府主动向外界公开其化学和生物武器联合计划，法庭开始了提供更多信息的法律程序。联合国特别委员会和美国领导人常常拿伊拉克的不合作与南非主动揭示本国的历史情况进行对比。不过南非所做的也不是完全理想的，有关其武器计划和活动，包括国内的和跨国界的，还有许多需要了解。南非的计划虽然与日本的计划不同，但也是针对被视为劣等民族的平民百姓的，意在使其屈服或灭绝。

1978 年，前国防部部长 P·W·伯塔（P. W. Botha）当选为南非总统。他以维护国家安全的名义扩充军队、警察和特别作战部队，以“总体国家战略”（total national strategy）对付来自非洲国民大会、罗德西亚起义和邻国游击队的“全面攻击”的恐怖袭击。[24]不久，一位叫伍特·巴松（Wouter Basson）的军医被派遣出国学习化学和生物武器的知识。

1981 年，南非为应付对于其种族主义政府和种族隔离政策（它已经使英联邦和西方与其疏远）的政治威胁，开始进行一项化学和生物武器的联合研制计划。由于苏联、古巴和中国支持安哥拉、莫桑比克、罗德西亚（津巴布韦）和西南非洲（纳米比亚）等国的黑人解放运动，南非自我标榜为反共产主义的堡垒，企图借助受化学和生物武器计划官员支持的南非国防力量支撑非洲的最后一个殖民政权。[25]1981 年伯塔任命巴松为新武器计划〔代号为“海岸计划”（Project Coast）〕的负责人。

“海岸计划”虽隶属于南非国防部军医总处，但巴松很少受到监督。南非的一些大学和工业企业参与了秘密研制计划。该计划很可能在生物武器研制方面与以色列进行了交流，后者也像南非一样有着被包围的感觉。1982 年至 1987 年间是“海岸计划”的发展时期，其间研发了一系列生物媒介（如炭疽热和霍乱病病菌、马尔堡和埃博拉病毒、肉毒杆菌毒素等），计划（多半从未实施）建立一个大型的秘密生产基地。

抗暴乱媒介是一类特殊药品（包括催泪瓦斯、镇静剂、BZ 致幻剂等），美国在 60 年代生产和储存了很多这类药品，但后来放弃了。这类“失能毒剂”被用来杀害了数以百计的南非囚犯，其尸体（没有明显的暴力痕迹）被用飞机投入海中。有报道说“海岸计划”曾计划（尽管是不大可信的）研制“黑弹”（black bomb），这种炸弹能在闹事的种族混杂区内有选择性地杀死黑人叛乱者，或使其致残。用药品或疫苗暗中使黑人绝育看来是另一项计划的目的。

冷战的结束、F·W·德克勒克（F. W. De Klerk）1989年的当选、纳尔逊·曼德拉（Nelson Mandela）和非洲国民大会1994年在政治上的崛起等，导致南非化学和生物武器计划的终结，核武器计划也随之云散。

在南非政府的最后年月里，英国情报部门发现巴松有时到利比亚去充当顾问，他也经常到东欧和伊朗去旅行，并与美国的种族主义民兵同情者建立联系。[26]美国和英国的情报部门视之为可能向敌国和恐怖分子出售情报的“不定数”科学家。美国和英国政府要求曼德拉政府（它没有限制巴松的法律手段）重新雇用巴松。

1997年，曼德拉总统要求“海岸计划”的历史接受真相与和解委员会（Truth and Reconciliation Commission）的听证审查。虽有某些政府限制上的阻碍，听证会还是得以进行，曾参与过计划的科学家们和管理者详细地讲述了他们的令人吃惊的工作，以及用于破坏和战争的情况。[27]巴松本人在最后一天行将结束前几个小时才露面，他只作了简短而闪烁其词的证言。

接着，1999年10月开始了对巴松的刑事审判，该审判延续至2001年4月。曾公开支持过“海岸计划”的法官本人开释了对巴松的所有指控。公诉者立即上诉要求由一名新法官重新进行审判，这又导致了数年的司法审查，结果仍是不了了之。尽管如此，公开的审查、真相与和解委员会的证词及对巴松的审判仍然揭露出了有关秘密武器计划的重要情况。

克林顿政府与恐怖活动

20 世纪 90 年代，非洲撒哈拉沙漠以南地区、南亚、南美和加勒比（特别是海地）等地区曾受到致命流行疾病的严重侵袭，并发展到俄罗斯和东欧等地。[28]当时大多数美国人认为，世界上大部分地区所遭受的疾病、暴力和贫困威胁与自身关系不大。80 年代美洲国家面临一种新兴的严重传染疾病艾滋病的困扰，但新发明的医药鸡尾酒使艾滋病病毒感染变得看来更像一种慢性病，而不是导致死亡的流行病。如果说美国人有什么担忧的话，那是联邦政府撤销医疗和社会保险计划，将使他们遭受那些以营利为目的的医院、受控护理单位和医药公司的盘剥。

在这种背景下，恐怖分子所进行的规模不断增长和肆无忌惮的袭击使他们想到，接下来的若不是核武器或神经毒气便是生物武器的攻击。1993 年由国际恐怖分子拉姆齐・尤瑟福策划和实行的纽约世贸大厦爆炸案是最早的一起事件，它显示了外部的袭击是多么轻而易举。恐怖分子原来的计划是使其中的一座大楼倒塌后撞倒另一座，只是出于偶然才没有发生这一惨剧。[29]

1995 年的俄克拉荷马市爆炸案再次显示了美国的脆弱性，这次的肇事者是一个叫蒂莫西・麦克维的美国人，一位受民兵激进派和基督教一体化运动鼓动的海湾战争老兵。此爆炸事件的破坏规模和死亡人数（168 人被炸死，其中包括 19 名儿童）使美国举国震惊。克林顿总统对此下达了总统决策令（PDD—39），其中提出了部门到部门全国战略（agency-by-agency national strategy）以防止和应对恐怖袭击。[30]PDD—39 决策令是第一份来自最高层、由中央联邦控制的对付大规模恐怖活动的重要政策性文件。反恐预算也由 1995 年的 57 亿美元增加到 2000 年的 111 亿美元。[31]

美国国会对此的反应是制定了两党立法，加强对州和地方社区大规模杀伤恐怖活动的防备。曾提出过减少后苏联威胁（post-Soviet threat）立法的参议员萨姆·纳恩和理查德·卢格与参议员彼得·多米尼奇一道提出了 1997 年《国防组织法案》，依此制定了国内防备计划。美国虽然没有处于战争状态，但“权力分散的民防”已是国会中的热门话题。这意味着资金将分散到各个城市和州，以加强应急措施、消防和医疗设施。纳恩—卢格—多米尼奇法案使在国防部领导下向全国 120 个最大的城市拨发了用来防备大规模杀伤袭击的款项，用于人员培训、设备购置和演习。

“民兵激进分子”与“掌握危险病原体”之间的联系在 20 世纪 90 年代曾有两次小的显示。一次是发生在 1994 年的明尼苏达爱国会案，该会的四名成员曾试图以提炼的蓖麻子油毒死政府官员。[32]另一个是拉里·维恩·哈里斯（Larry Wayne Harris）案，该犯于 1995 年和 1998 年因涉嫌用炭疽孢子制造生物武器被逮捕过两次。哈里斯受到媒体的广泛报道，但他两次均得以获释。[33]明尼苏达民兵组织的成员曾因违反 1989 年《生物武器反恐怖法》于 1994 年和 1995 年两次被判入狱，该法把《生物武器公约》中的禁令（包括拥有）扩大到联邦法。这两个事件与伊拉克早先购买炭疽热菌类制品的活动，都向人们敲响了危险病原体的商业性利用的警钟，但在大规模杀伤的威胁方面，看来外国恐怖分子比美国民兵的威胁要大得多。

外国恐怖分子与大规模杀伤

就在俄克拉荷马爆炸案发生的前一个月，奥姆真理教分子在东京地铁站释放了神经毒气。[34]所用的工具不过是用雨伞扎出许多洞的多用途塑料袋。结果除了导致12人死亡外，有一千多人住院治疗，另有数千人需要医护。此前八个月，在长野县松本市的邪教分子也释放了毒气，导致7人死亡。美国虽报道了这一事件，但没有引起很大的注意。进一步的调查揭示，邪教分子曾试图在公共场合施放炭疽孢子但没有成功。该教在纽约市设有分部，并计划在那里和华盛顿地区进行袭击。

美国联邦调查局接触过一个邪教组织利用病原体从事破坏活动的事件。1984年，印度邪教在俄勒冈州基地的成员曾秘密地在当地的10个沙拉餐馆和咖啡馆中投放从美国医药供应公司购得的沙门氏菌属，该事件导致751人中毒。[35]第二年该组织解散时，一名成员主动作了坦白，他揭露该活动是企图阻止当地选民对印度邪教发展的制约。在他坦白之前，这起案件曾被说成是由餐馆的卫生条件差造成的。

奥姆真理教的组织是全球性的，在后苏联的俄罗斯，该教招募了3万成员，在澳大利亚、德国、台湾及前南斯拉夫等地有两万人以上。与其他恐怖组织不同，奥姆真理教吸引科学家参加，以探索利用其他致命媒介包括核武器的可能性。[36]该教的目标是假充天神启示，预言腐朽的秩序要灭亡，一个纯洁的社会将取而代之。

该邪教袭击得手大多是因为日本政府不愿意对该国的多种教会团体进行干涉，日本也需要制定新的法律，使得可以对拥有和使用大规模杀伤武器的人提起起诉。经过旷日持久的审判，日本法庭才判处了九名真理教成员死刑，进展缓慢的程序使邪教头目麻原札晃在狱中逍遥了近10年后才被判以这一刑罚。奥姆真理教及其化学和生物武器的使用对美国有关全球恐怖威胁的看法产生了很大影响，它们被视为有以下种种特点：假借天神启示，跨越国际，拥有研制和使用大规模杀伤武器的财力和科学技术。

后现代恐怖活动与中东

自20世纪80年代以来，美国在中东、非洲的驻军和使馆成为恐怖分子袭击的目标。伊斯兰激进分子恐怖活动的全球化是一个新的现象，其代表者是基地组织和其领导人本·拉登（Bin Laden）。本·拉登是沙特阿拉伯一位百万富翁的儿子，一直支持阿富汗逊尼派伊斯兰的激进活动，80年代美国曾支持阿富汗的游击队与苏联军队作战。[37]

1998年8月，基地组织策划了在坦桑尼亚达累斯萨拉姆和肯尼亚内罗毕的美国使馆的爆炸事件。在前一爆炸事件中死了11人，伤74人。后一爆炸事件发生在人口拥挤的城市地区，导致213人死亡，4 500人受伤接受治疗。参与使馆爆炸案的有来自埃及、约旦、沙特阿拉伯的恐怖分子，以及一名美国人和若干非洲人，基地组织对这些活动的协调表明了本·拉登所扬言的，基地组织已掌握了一个统一于伊斯兰圣战之下的国际网络，与美国军队的“十字军东征”进行对抗。[38]如美国国务卿马德琳·奥尔布莱特（Madeleine Albright）在对爆炸事件作出反应时所称的，这看来像是“一场文明本身与无政府主义者的冲突，法治与无法无天者的冲突”。[39]

奥姆真理教的袭击和基地组织的爆炸事件使人更相信这样的说法：恐怖活动已进入了一个新的由宗教狂热推动的后现代暴力时代。[40]或者像某些人所猜测的，未来战争的性质将是西方文明与伊斯兰原教旨主义者之间的冲突。[41]

克林顿总统对使馆爆炸案的回应是运用军事力量对两个目标进行攻击。[42]在接到美国联邦调查局的报告说，在苏丹的一个工厂附近发现有一种化学前体（称为EMPTA）和神经媒介VX后，克林顿总统下令炸毁了该工厂。他还下令对设于阿富汗的六个训练营地进行了轰炸，炸死了六十多人。有批评者批评这些轰炸及1998年沙漠之狐行动对伊拉克的轰炸说，被作伪誓和性丑闻困扰的克林顿总统是在进行政治转移，另一些人则认为轰炸恐怖分子的营地并非过分之举。[43]克林顿利用惩罚性军事力量来对付恐怖活动这已经不是第一次了。早在1994年，因为伊拉克情报部门试图在前总统布什访问科威特时对其进行暗杀，克林顿就下令用巡航导弹对伊的情报中心进行轰炸以为报复。甚至在那之前，里根总统1986年也曾下令对利比亚进行空袭，以报复对在西柏林的美军士兵经常光顾的迪斯科歌厅的恐怖爆炸活动。像里根总统的空中打击一样，克林顿的轰炸目的也是意在对一些可能鼓励反美恐怖活动的小国提出警告。后来有争论说，克林顿利用科学实验来为对苏丹的轰炸辩解，是那一决定的不寻常的一面。[44]

自针对美国的国外和国内的爆炸袭击发生之后，白宫便为一种“永久性危机模式”所支配。在国家安全委员会，理查德·克拉克把基地组织作为他的主攻目标，他与美国中央情报局、国务院、司法部及联邦调查局一道，制订摧毁基地网的战略。[45]

科学顾问与灾难预言

克林顿把生物武器提高到对国家安全的威胁的高度，所作的与此相关的第一个高级任命是海军部部长理查德·丹齐格（Richard Danzig）。[46]丹齐格与克林顿同是耶稣法学院的毕业生，他曾密切跟踪奥姆真理教事件，认为它是未来大规模杀伤恐怖活动的一种可能模式。他对国防部所进行的一系列技术研究（从测试空气的生物探测仪到改进的疫苗）计划、防卫部队训练及对生物袭击进行预先打击和应对的理论发展抱乐观态度。

因为担心恐怖分子可能利用转基因的生物媒介，1997 年克林顿总统去向微生物学家咨询。像丹齐格一样，克林顿也借助于乔舒亚·莱德伯格，他曾为美国的情报和防务部门当了几十年顾问。[47]他很早就警告人们可能会有古怪的传染病造成大规模侵害的瘟疫。当 1968 年出现了一次小规模的这种瘟疫（马尔堡病，亦称“青猴病”）暴发时，莱德伯格在《华盛顿邮报》上写道：“全球性瘟疫……随时在威胁着人类。”[48]1997 年他又提出了同样的灾难即将来临的预言，并随时间的变化对警告进行了调整：“设想一下，如果在世贸中心（1993）或俄克拉荷马市这样的爆炸事件中加入一公斤炭疽孢子，像微生物榴霰弹一样发生爆炸，那将会造成怎样的后果。（设想一下）这将给救护工作、公共卫生带来的影响和所造成的恐慌。我只要提一下埃伯拉病毒，你就会知道我之所言不虚。”[49]

克林顿总统的另一个科学顾问是克雷格·文特（Craig Venter），他是基因组研究所和赛勒拉公司（第一个作出基因组排序的公司）的创建人。文特提出对危险病原体的染色体进行排序，这可能有助于研究更好的对抗它们的方法。[50]像文特一样，莱德伯格也提倡技术解决方案，通过基础研究开发新的药物和疫苗，它们也可以被用来防止新的传染性疾病。[51]

1997 年 11 月国防部部长威廉·柯恩（William Cohen）出现在电视上，他要观众警惕即将出现的大规模生物武器威胁。他举起一袋两公斤重的砂糖说，如果有飞机在华盛顿市投下同样重量的炭疽热病菌，将杀死一半市民。在说明了可能出现这种可怕的袭击之后，作为防卫措施柯恩又提出纳恩—卢格—多米尼奇法案，它是国防部将实施的分散式国内防卫计划。

柯恩讲话的另一部分还提出用药物对美国驻国外的军队提供保护。通过一项新的炭疽疫苗接种计划，230 万美军人员将全部能够避免遭受来自伊拉克这样的敌对国或恐怖组织的生物武器的威胁。这一免疫计划是海军部部长丹齐格的构想，他还动员莱德伯格去说服那些不愿实施的五角大楼领导者。[52]现在炭疽疫苗接种已经成为被派往高危地区如中东及朝鲜半岛的驻防人员的例行做法。这一新计划还附带有联邦政府向一家专门为军队提供疫苗的公司提供资助。前参谋长联席会议主席威廉·克罗（William Crowe）为该公司董事会成员，并在国会上为该公司作证。

宣传公众在大规模杀伤武器面前的脆弱性本身也是一种冒险的做法，特别是还没有太多的对付手段的时候。谁知道这种宣传会引起什么样的想法？柯恩讲话后出现了大量炭疽菌恐吓事件，数百封装有砂糖或其他白色粉末的信封被寄送给个人、学校、办公处和教堂，引起恐慌和混乱。[53]另一个后果是媒体在电视、电影和报纸上利用人们对“有意制造的瘟疫”的恐惧心理来牟利，而政治和医务界的人士则告诫人们，恐怖分子的袭击不是是否会来，而是什么时候来。

1999年，在经过几年的低数额拨款之后，大规模杀伤防卫计划的预算猛增到100亿美元，其中50%拨给国防部，其余大部分拨给司法部和国务院。

虽然丹齐格部长呼吁军队与负责生物武器民防工作的联邦机构“加强合作关系”，这种合作一直是不确定的。1994年克林顿表示了对《国防授权法》（National Defense Authorization Act）的支持，该法使国防部有权处理针对核武器、化学和生物武器的袭击的备战和应对工作。万一出现大规模的灾难，如原子弹袭击等，军方将负责疏散幸存者，但军队在应对化学和生物武器袭击方面的作用是不确定的。后来国会拨款给十几个柯恩称为快速鉴定与初始侦察小组（Rapid Assessment and Initial Detection，RAID）的单位，使其加入地方的应对计划中，但这一做法在实践中证明是不成功的。

1998 年五角大楼提议成立一个全国军事指挥部，以协调国民卫队与其他对紧急事态作出反应的军队部门的工作。但此举后来由于美国民权联盟和舆论界有影响的人士的抗议而撤销了。后者提出的理由是，如果跨越了美国内战后通过《地方保安队法》（Posse Comitatus Act）中所确定的军队与警察管理的界线，人权就会受到侵犯。[54]

1998 年克林顿发布了一项新的决策令（PDD — 62），进一步明确界定了联邦反恐怖活动的责任，并使之完全由民事机构承担。司法部内，联邦调查局将负责“危机处理”：挫败或阻止恐怖袭击，逮捕恐怖分子，搜集刑事审讯证据。联邦紧急事务管理署负责“善后处理”：提供医疗，疏散处于危险中的人口，恢复政府管理工作。后来由于大规模恐怖袭击的增加而使有关的联邦机构数目增加到四十多个，对上述两项任务作了重新界定。

生物袭击的民防模拟

美国全国各大城市在联邦政府的协助下开展了生物、化学和放射性（“肮脏的炸弹”）袭击的模拟演习，以促进地方官员对紧急状态的反应。警察、消防队员、医务人员演习了由社区自愿者扮演的伤员的救护。但“国内备战”并不是统一的，参与的程度、动员计划、需要联邦政府提供什么物资——计算机、警车、救护车、人员配备和培训等，都由地方政府的领导层决定。[55]

2000 年，为了检测国内备战立法是否加强了全国的备战工作，国会需要司法部和联邦紧急事务管理署与国家安全委员会一道进行一次演习，通过模拟促进政府高级官员对袭击的反应。这一代号为“高级官员”（TOPOFF）的演习是由一个已确立的防务承包公司（科学应用国际公司）指导的。该演习共耗资 100 亿美元左右，在新罕布什尔州的朴次茅斯进行了芥子气模拟袭击，那里的演习进行得很顺利；在科罗拉多州首府丹佛市进行了一次编排好的瘟疫气雾模拟袭击，演习的结果出现混乱（寻找停放假想尸体的太平间出了问题），同时也显示出有限的化学袭击与传染病袭击之间的区别。这一区别是重要的。爆炸或化学袭击马上就可以被看出来并确定位置，疾病暴发在开始时可能是察觉不出的，这种状况可延续数星期。病人可能离开袭击地点而没有意识到自己已被感染，或不了解其病情的严重性，而如果疾病是传染的，就可能传播和助长瘟疫的侵害。

2001 年 7 月进行的另一次代号为“黑色冬天”的生物袭击，模拟重点放在传染病的威胁，特别是对战争规模的影响。该演习是在安德鲁斯空军基地进行的，是一种桌面（tabletop）形式，假设出现了天花瘟疫，演习程序把 13 天的事件压缩为两天。[56]所邀请的参与者或演员是华盛顿的政治知情人士，例如国内备战立法的提倡者参议员萨姆·纳恩在演习中扮演总统。演习主要是由霍普金森生物民防研究中心的人员编排的，设想在全国出现了严重的天花瘟疫，没有足够的疫苗来阻止其蔓延，不得不出动美国军队来制止暴力和社会混乱。接着又出现了世界性瘟疫。

“黑色冬天”所描述的情景后来遭到疾病控制中心科学家和其他传染病专家的批评，认为它夸大了传染率，而对一些已经证明对制止瘟疫很有效的简单方法强调得不够，如家庭护理、戴口罩、洗手，还有或许是最重要的，避免到传染率激增的医院里去。[57]事实上，演习起到了很好的政治辩辞的效果。两星期后，演习的组织者和参与者在国会上作证，支持为储存天花疫苗和国内防卫培训提供资金。[58]演习表明，所设想的生物恐怖袭击的规模根据编排者及其意图的不同，可有很大的差异。

民意测验显示，2002 年美国公民变得更为担心可能出现全国性的天花瘟疫。[59]而专家们对未来出现一种新型的天花疫情的考虑，直接影响了无限推迟世界卫生组织所规定的销毁美国和苏联保留的世界上最后的天花病毒的日期（2002 年 12 月 31 日）。[60]世界卫生组织开展灭绝天花运动之后，1979 年以后没有再出现有关病例。一些把科学看做是对抗生物恐怖活动的关键所在的科学家，设想用研制抗病毒药物来代替现有的疫苗，这种疫苗虽有其价值，但对那些免疫系统受损的人来说已成一种禁忌药。有人担忧萨达姆在最后挣扎时可能使用天花病毒，这为推迟销毁这种病毒提供了政治理由。[61]考虑到未来的这种威胁，可以以之为理由说天花病毒应预保留以作研究之用。

世界卫生组织消灭天花运动的领导者之一、约翰·霍普金森中心（“黑色冬天”的组织者）的创建人唐纳德·A·亨德森（Donald A. Henderson）不同意这种看法。他提出的方案是，政府应销毁病毒，同时储存足够的天花疫苗以防美国出现这种瘟疫。[62]这种疫苗的制作不需要天花病毒本身，亨德森说不需保存这些病毒就可以研制出更好的疫苗。医学研究所提出的一份报告认为销毁病毒不是上策。[63]通过协议世界卫生组织同意了推迟天花病毒的销毁。最易遭受天花重新复活之苦的发展中国家对此提出了抗议。与此同时美国政府着手生产和储存天花疫苗，以防对美国的生物恐怖袭击。

公共卫生与生物恐怖活动

如果说国际恐怖活动造成了一种集体性传染病的威胁，公共医疗卫生看来是一种显然的应对手段。然而美国对公共医疗卫生并不总是支持的，它常常被看做是政府可以借此缩减个人自由和自由市场机制的方式。[64]上世纪 90 年代由于低规格和经费不足，美国公共医疗卫生体制主要是从事疾病预防和残疾人治疗，如防治艾滋病、肝炎病检查、产前护理、儿童免疫接种、防止吸毒、每年为老年人注射流感疫苗及实验室对疾病流行的监测等工作。有关的专业组织和学校也主要是针对国际传染性疾病的问题；在一个全球性旅行、贸易和人口流动越来越频繁的世界上，国家安全系统对于减少威胁更是一个有限和不实际的框架。

1999年，克林顿政府宣布将把公共医疗卫生与国家安全系统结合起来，以对付生物恐怖活动的威胁。[65]但这种结合的方向不是要，譬如说，加强公共医疗卫生补助制（Mediaid）这一国家最全面的公共医疗卫生计划，而是要更多地借助技术，电子疾病监测和报告、更好的医疗论断试验，以及更完善的对水源和食物生产的监测。

从事公共医疗卫生工作的医生们担心，“生物民防”及其对紧急应对的强调，可能会对他们提供日常医疗和保护病人权利的角色造成影响。主张撤销美国生物武器计划的公共医疗卫生的领导人维克多·希德尔认为，在国家的根本性安全目标与对病人的职业责任之间存在着矛盾。他指出：“军事、情报和法律实施部门长期以来实行的保密和欺骗，这与透明和真实性的医务原则相违背。因此它们不是公共医疗卫生部门的适当的合作伙伴，因为后者需要得到公众的信任。”[66]

军事部门的欺骗和保密这个使人烦恼的问题已经玷污了国防部的普遍炭疽疫苗接种计划，五角大楼压制和低调处理这方面的报道。私营医药公司没有得到美国食品及药物管理局有关疫苗生产的批准，仍然依赖从以前的生产商（the State of Michigan）那里接收下来的有问题的疫苗。[67]不愿意接受接种的士兵被不光彩地免除军役。相当多这样的信息只是由于独立批评者如默里尔·纳斯医生和希德尔及军人家属强烈要求国会进行调查才得以公布的。

希德尔等人强调在疾病管理方面的信任和公开，是来自于他们从实践中所得的经验。在任何疾病的流行中，信息——疾病根源、性质和传播方式、什么人受到感染、为什么和在什么地方、受害者如何能尽快得到救助——对于公众的意识和动员及医务部门的早期诊断和挽救生命极为重要。[68]1979 年斯维尔德洛夫斯克的疾病暴发提供了一个小规模的最坏的情形，它表明军方和政府的保密会给公众带来多么大的危害。大规模的疾病暴发加上大量这样的错误信息和误导信息，将是一场真正的灾难。

上个千年结束时没有出现所预言的生物恐怖袭击事件，但所觉察的生物武器威胁在冷战结束后不是在减少，而是在继续增加。

第九章

国家安全与生物武器威胁

2001年9月11日基地组织对美国的袭击以及随后出现的炭疽菌邮件攻击，导致克林顿时代制定的国家安全与生物武器防卫政策进一步加强，联邦情报系统预算再次提高。全美国已有的国内防卫计划及技术防备手段，如对新药物的空中探测器，得到更多的资助。9·11事件的一个大变化是布什政府对这种空前的外国袭击作出回应的组织规模。1997年美国曾轰炸阿富汗和苏丹，这种小规模的动用武力与以反恐名义实行的军事入侵（不管威胁是来自训练营地还是伊拉克的大规模杀伤武器）已无法相比。新成立的国土安全部远远超过了前10年中散乱和分权的防卫计划。克林顿对一些公共卫生技术的加强已无法与把美国的生物技术纳入反生物恐怖活动计划的广泛政策相比。

但这些扩大的政策措施的每一项都导致了信息流动和公众对政府的信任方面的难题。对伊拉克的入侵最终导致这样的披露：布什政府歪曲情报以使美国人相信萨达姆的威胁在即。随后的暴力和耗资巨大的军事占领进一步削弱了公众对政府的信任。国土安全部从一开始就面临着这样的问题：它向公众发布可信的警报依赖的是情报信息，即使有时危机并没有出现。紧急状态能够无限期地维持吗？另一个问题是，地方上首先作出反应的人是华盛顿信息圈子里的人吗？或者，像在炭疽菌邮件袭击事件出现时的情形，医生和被攻击的受害者将是最后知道危险的人吗？最后，政府大规模地聘用生物学家参与生物袭击防卫工作，预示着基础科学研究将要有新的保密规定，而在此之前，以福利为目的和意图的基础科研是公开的。

保密和国防研究

即使在 9・11 事件之前，布什总统已经预示将回到里根总统时代的政策，即强调国家防卫要依靠武力和技术，它不是国际协议的补充，而是要取而代之。作为拥有世界上最强大的军事力量的国家领导，布什政府显示它比里根总统或老布什总统时期更无视军控条约。2001 年 7 月美国政府退出了关于制订一个依法核查和遵守《生物武器公约》的议定书的谈判。政府一直不同意批准《全面禁止核武器条约》。2002 年 7 月布什政府又使美国退出了 1972 年《反弹道导弹条约》。这些决策及 2003 年在未受挑衅的情况下对伊拉克的入侵，使得国际上产生了这样的看法：美国使自已置身于反对武装侵略的国际准则之外。

从一开始布什政府就持这样的立场：即军事秘密和医药的商业利益超过以强制执行措施加强《生物武器公约》的谈判。在拒绝了谈判后，2001 年 12 月布什政府又对讨论议定书的特设委员会施压，欲使其彻底解散。作为妥协，委员会主席、匈牙利大使梯伯尔・托斯（Tibor Tóth）同意了一个继续进行条约实施谈判的三年计划，议程中不再包括核查。讨论的问题被限制在不损害军方和商业利益的范围，国家可以独立地执行一项总的协议。这些议事项目是：国家制定惩罚性立法；国家对危险病原体进行监控；对传说和怀疑出现的疾病流行进行调查和提出应对措施；人类和动植物传染病的监控与防治；科学家行为准则的制定。

华盛顿拒绝透明性的原因可从2001年9月三位调查记者写的一本名为《细菌》(*Germs*)的书中看出来。该书揭露出美国的混淆防御性和进攻性界线的生物武器研制计划，[1]包括研制和测试一种苏联式的炭疽炸弹；建立一个用公开的市场上出售的材料生产生物武器的设施；研发一种抗疫苗的炭疽菌等。这些计划是在严格保密下进行的，以至在记者们透露之前，克林顿安全委员会的成员及总统本人对前两项计划也未有所闻，当时记者们还没有把这些信息向公众透露。

在生产炭疽弹计划方面，中央情报局咨询了有关的科学家，其中包括莱德伯格，他建议就是否可能违背《生物武器公约》进行法律上的审查。中央情报局的律师们认为该计划在防御性研究允许的范围内。同时他们认为第二项计划，即国防部减少威胁防卫署提出的建立小型、多功能的生物武器生产设施，也没有超出范围。第三项计划，研发一种抗疫苗的炭疽菌，意在仿照苏联在90年代初进行并在公开杂志上发表的一项试验。[2]当中央情报局建议美国进行自身类型的试验时，克林顿政府显出犹豫不决。在布什政府上台后的最初几个月，国家安全委员会予以批准，委员们认为国防部有权在生物武器防卫的名义下进行病原体转基因研究，"以保护美国人的生命"。[3]国防部于是批准了国防情报局秘密进行病原体研究的"杰弗逊计划"(Project Jefferson)，对有关病毒进行改造。

这些计划的透露证实了布什政府的极端的国家立场，也显示美国军方和情报部门拥有跨越条约的限制而不受公众的审查、超出其他国家容忍的范围的权力。[4]

伊拉克与大规模杀伤武器

9·11事件以后，联合国安理会成员及国际社会对那年末美国入侵阿富汗、推翻塔利班政权的行动予以了普遍支持。所有大国都经历过对平民的恐怖暴力，对于基地组织给美国造成的损失抱有很大的同情。但对 2003 年美国所计划的入侵，安理会存在着巨大的分歧。在一些国家看来，这种入侵显示了无视国际法限制的危险。[5]但是没有国家或国家联盟能够阻止美国的决定，而英国则站在布什政府一边。美国的最高决策层已作出了推翻萨达姆政权的决定。[6]

在寻求公众支持的过程中，布什总统和英国首相布莱尔以萨达姆的大规模杀伤武器的威胁近在眼前作为对伊战争的主要理由。为了配合布莱尔在国会的讲话，首相办公室 2002 年 9 月 24 日向伦敦《权威晚间消息》(*Evening Standard*) 公布了一份情报资料，题为《45 分钟内发动袭击》(45 minutes from attack)，揭示萨达姆将以射程能够达到英国在塞浦路斯的军事基地的化学武器在短时间内进行突袭。[7]与此同时，法国、俄罗斯、德国则主张继续牵制伊拉克，以给联合国视察员更多的时间完成其任务。为预防入侵，联合国安理会通过了 1441 号决议，要求伊拉克立即无条件和积极地配合。不久，安理会的联合国监测、核查和视察委员会便开始了对伊拉克的实地视察。

与 9 · 11 事件毫无关联，布什政府多年前就决心摧毁伊拉克政权。布什政府的副总统理查德 · 切尼在 1991 年时曾担任老布什的国防部部长。当时他曾主张以严厉的抵制政策对付无赖国家，对这些国家的侵略行为将给予大规模的军事报复，“彻底炸毁”其大规模杀伤武器设施。[8]对伊战争的停火中止了海湾战争，使这一政策未能实行，但在 2001 年切尼有了实行的机会。

联合国监测、核查和视察委员会的一系列视察未能说服美国政府，伊拉克不再是一个直接的、严重的威胁。2003 年 1 月 27 日，联合国监测、核查和视察委员会执行理事汉斯 · 布里克斯 (Hans

Blix）向联合国报告了到那时为止视察进展的情况。[9]他说："总的来说，伊拉克配合得相当好……需指出的最重要的一点是，我们所想视察的所有地点都得到了提供。"联合国监测、核查和视察委员会的一百多名经过培训的视察员共进行了三百多次视察，其中有20次是到从来没有去过的地方。武器检查组不久还得到了8架直升飞机，以提高视察的进度。德国许诺提供无人监视车以监察出现的变化。布里克斯还说有时伊拉克官员们不愿意配合，但当压力增加时，他们看来还是愿意协助。有关生物武器方面，布里克斯报告说，没有发现什么东西，只是有少量炭疽菌库存"可能仍然存在"，"需要找到并依据联合国监测、核查和视察委员会的检查予以销毁，或者得到可靠的证据表明它们确已在1991年时被销毁"。

那年2月初，美国国防部部长鲍威尔曾在联合国作了90分钟演说，附带有幻灯片和录像带的播放，内容包括美国所掌握的有关伊拉克计划的情报资料。他在演说中特别强调了可生产细菌武器的流动车辆，幻灯片显示了据称参与了这项活动的卡车、面包车和货车车厢。鲍威尔举起一小管炭疽激化物对在场的听众说，这样"几勺"装在邮件中的炭疽菌在2001年曾杀死了五个人并引起了极大的恐慌和混乱。

可是鲍威尔没有提到联合国监测、核查和视察委员会的视察员曾系统地追寻美国的情报，但在可疑的地点并没有发现化学和生物武器的证据。此后不久，布里克斯再次向联合国作报告，其中提出美、英情报有误的问题。与此同时，国际原子能机构总干事穆罕默德·巴拉迪（Mohamed Elbaradei）报告说，该机构没有发现伊拉克在进行核武器或与核武器有关的活动。他所领导的机构曾在1995年根据遏制政策监督伊拉克核设施的拆除，有关生产后来没有再进行。鲍威尔有关伊拉克有核武器计划是一个"事实"的断言导致错误的推测，以为伊拉克的核威胁近在眼前。他的断言曾被布什政府的许多官员所重复。[10]不过，萨达姆手下的人没有充分合作仍然是个事实。

不顾联合国视察员的报告，美国和英国军队仍于2003年3月19日对伊拉克发动了进攻。同年5月布什总统宣布停止大规模军事行动。在此后若干个月里，没有在伊拉克发现大规模杀伤武器及远距离导弹。2004年1月，美国在伊拉克调查组的负责人、前联合国原子能委员会的调查员大卫·凯（David Kay）在经过六个月的调查后得出结论说，萨达姆的大规模杀伤武器已在联合国监测、核查和视察委员会的视察过程中于上世纪90年代被销毁。[11]

英国国内对布莱尔首相夸大伊拉克大规模杀伤武器的做法展开了严厉的批评。布莱尔的两名内阁成员因在此问题上提出抗议而辞职。2003年7月英国新闻报道的标题充满了对布莱尔的指责，说他为了参与对伊拉克的入侵而歪曲情报信息。英国国防部和外交部顾问、有名望的前联合国调查员大卫·凯利（David Kelly）因公开卷入这场争论而自杀。由赫顿（Hutton）爵士领导的负责调查凯利死因的全国委员会引发了更多的新闻话题，虽然该委员会并未发现不轨的证据而且避免对布莱尔的参谋人员错误地解释情报资料提出批评。

与此同时，美国新闻界对布什政府利用情报信息只作了温和的批评。布什总统在2003年的国情咨文中指称，伊拉克曾试图从一个非洲国家进口铀。同年7月新闻界透露，中央情报局并没有认可这种指称，它是由国家安全委员会的一个成员加入布什的讲话中的。[12]布什的另一项指称结果证明也是错误的，即伊拉克为生产核武器而进口特种铝管。布什政府后来提出的对伊战争的理由——因为萨达姆是一个暴君，他曾经使用过大规模杀伤武器，而且可能再次使用——被普遍认可为展开一场看来是打赢了的战争的充分理由。

炭疽菌信件与政府的反应

上世纪90年代，美国政府的计算局及其他批评者指出，美国国内的防务准备极不协调，如发生大规模恐怖袭击将是没有效率的。[13]2001年秋季所发生的炭疽菌邮件事件意外地以一个实例证明了其组织上的问题和对受害人造成的影响。

炭疽菌邮件事件给政府部门一个出其不意的打击，他们在作出应对时矛盾重重。疾病控制中心负有医治流行病和防止其蔓延的责任。联邦调查局意在对犯罪行为进行调查。军事和情报部门、美国邮电局、环保总署以及其他诸多联邦和地方机构都要参与。官僚部门内和彼此之间的信息交流经常被阻隔，在10月中旬到月底的危机高峰期每天要开三次新闻发布会，而每次发布的信息都充满矛盾，让人费解。[14]

这些炭疽菌信件有可能是从新泽西州普林斯顿的邮箱分两批发出的，第一批的五封信是9月18日寄给媒体办公室的，一封寄给美国媒体公司，那是佛罗里达州伯卡罗顿市的一家出版社，其余几封是寄给纽约市的广播员和编辑的。所有这些最早的信件都被认为不过是通常的恶意信件，有的没有被打开。2001年10月3日，当第五名受害人罗伯特·史蒂文斯在佛罗里达州被诊断受到感染时，位于亚特兰大的疾病控制中心派出了一个调查组，调查史蒂文斯受感染的原因。他们的第一个猜测是，史蒂文斯是由土壤中的孢子感染而患病的，没有留心受其他渠道的生物媒介感染的可能性。当疾病控制中心的工作人员在史蒂文斯的办公地点美国媒体公司发现有炭疽孢子时，联邦调查局接管了领导权，开始把这起发病事件作为刑事案件进行调查。揭发出的证据表明，基地组织在这一地区离美国媒体公司不远处设有据点。这一信件可能源自一位与美国政府有关系的科学家这一想法只是后来才逐渐确定下来的，至少在公众的头脑中是如此。

在疾病控制中心看来，炭疽热是一种稀有病，对公众健康不构成危险，而联邦调查局对炭疽孢子作为选择的媒介只有有限的了解。自从国防部部长柯恩有关炭疽菌的讲话发表以后，联邦调查局被告知曾有数百封装有白砂糖或其他粉末的恐吓信被收到。有关炭疽菌的最全面的知识是美国进攻性计划研究出的，而那些原理大多已被忘记了。在炭疽菌信件袭击事件出现以前，疾病控制中心和联邦调查局是不可能分享信息的，虽然联邦调查局与德特里克堡的工作人员确曾就生物恐怖活动的潜在威胁进行过交流。此外，由于邮件袭击十分罕见，只有少数官员能够想象邮寄孢子如何被以危险的方式散播。

2000 年，当炭疽菌恐吓信件被寄到加拿大议会后，萨菲尔德防务研究机构的科学家们曾用炭疽菌激化物 BG 孢子进行了炭疽孢子如何通过一个在普通办公地点打开的信封散播的试验。萨菲尔德防务研究机构的科学家们发现，即使有 0.1 克的炭疽菌激化物 BG 孢子散播到整个办公室的空气中，也比所有已预计的量大得多，而一个吸入了这种空气的人所吸入的炭疽孢子数比预计的人类 LD50（受感染人群半数死亡）的剂量要多几千倍。[15]报告指出，这种信件中的病菌还可通过未封严的信封边缘漏出。这种最初保密的信息曾被告知美国联邦调查局和军方，而疾病控制中心并不知道。在得知佛罗里达州的第一起炭疽菌信件袭击事件后，萨菲尔德防务研究机构的科学家们曾用电子邮件向疾病控制中心发送了报告，但那里人员缺乏，以致在炭疽菌信件事件接近结束时才读到这个报告。

萨菲尔德防务研究机构的报告猜测孢子可能从信封未封严的角上

漏出。没有人设想或测试过邮件分类机械对邮件的影响，以及直径为一微米的炭疽孢子是否可能透过信封纸漏出，这种纸常常有看不见的三微米大的孔隙。很少有人知道邮政设施处常有的空气振动。由于缺乏对这些方面的了解，使得很难估计炭疽菌信件对邮政工人造成的危险。

在估计炭疽菌信件的危险方面的另一个更大的障碍，是对剂量反应的不必要的茫然。卫生与公共事业部及其所属的疾病控制中心的负责人对于美国以前的生物武器计划所作的研究几乎一无所知，不知道他们曾经用被认为效果最佳的直径为一到七微米的孢子所制造的炭疽菌气雾。危机期间，没有人向曾经研究过这一问题的德特里克堡的科学家进行过详细咨询，[16]否则他们会告诉疾病控制中心的负责人，多年来陆军曾以 8 000 到 1 万的孢子吸入（导致受感染人群半数死亡）作为估计弹药装填的标准剂量的基础。但这种以动物研究所作的推算并不是想说明，低于这个剂量的吸入对人来说就是安全的。虽然可能性极小，但实际上只要吸入一粒孢子或只有少数几粒在肺上沉着就会萌发和引起感染及死亡。1979 年斯维尔德洛夫斯克陶瓷工厂泄漏事件发生时，依据美国陆军的计算方法对每个人的吸入剂量所作的估算结果是，只要吸入 9 粒孢子就可导致感染。[17]然而政府官员和媒体只是反复强调 8 000 到 1 万孢子为域值，似乎低于这一水平的炭疽菌污染的环境就不会造成威胁。但是对低于这一水平的污染如何测量呢？疾病控制中心和联邦调查局对估计炭疽危险的环境样本测试技术都不掌握。

中央政府应对炭疽菌邮件事件中的一个成功之处是国家实验室应对网络的调动。这一建立于 1999 年的网络包括 100 个与美国陆军传染病医学研究所和疾病控制中心协作的公共卫生实验室。该网络承担了邮件袭击危机期间充斥于各地方机构和联邦调查局的数千份炭疽菌恐吓材料中大部分的分析任务。

在对炭疽菌邮件袭击事件的应对中，疾病控制中心还表明分发药物和简单的病菌接触检测比较容易有效地做到。在整个炭疽菌邮件危机期间，疾病控制中心和地方卫生健康的负责人得以利用克林顿执政时期所建立的国家药品库存，3.3 万人接受了病菌接触后的药物治疗，所用的药物多为环丙沙星（Ciprofloxacin）或盐酸强力霉素（Doxycycline）。很难说是否所有这些人都有受到侵染的危险，但一些人确实以此免除了感染和可能的死亡。这里，分发抗生素的时机是一个重要问题，最好是早期，在炭疽菌产生致命毒素之前分发。而这种时机的掌握要靠公众的警觉和信息的灵通。

在华盛顿

直到 2001 年 10 月 12 日，在史蒂文斯去世后一个星期，才弄清楚多起炭疽感染事件是由炭疽菌信件引起的，那时已有数十乃至数百人受到炭疽孢子的侵袭。10 月 12 日在纽约发现了一封寄给 NBC 新闻节目主持人汤姆·布罗考（Tom Brokaw）的装有炭疽孢子的信件。疾病控制中心和联邦调查局的官员对新闻媒体的办公室进行了一次普遍搜查。这之后又在《纽约邮报》的办公室发现了另一封没有封口的炭疽菌信件。接着发现了两起纽约新闻工作者受皮肤性炭疽热感染的病例，起初曾被误诊。一位 ABC 新闻制作人的男孩 9 月份到他母亲的新闻办公室去了一趟，结果也传染上皮肤性炭疽热，一开始也被误诊。

在布罗考的信件被发现之前，邮寄第一批炭疽菌信件的罪犯可能因为信件没有被发现和在媒体上报道而感到沮丧。10 月 8 日前后，从普林斯顿发出了第二批炭疽菌信件，两封寄给华盛顿市的民主党参议员，其中一封于10月15日星期一早晨在哈特办公楼汤姆·达施勒（Tom Daschle，时为参议院多数派的领袖）的办公室被打开。一小时之内，国会山警方确认粉末为炭疽菌。主治医师办公室的工作人员向四十多个很有可能接触了炭疽菌的参议院工作人员分发了环丙沙星，要他们服用60天药片，并向在哈特办公楼（该楼所受的感染比最初意识到的要严重）工作的参议院和政府工作人员发放了抗菌素。

达施勒的信件中剩余的炭疽孢子（不到一克）立刻被送往德特里克堡进行分析。在第二天举行的新闻发布会上，达施勒参议员称炭疽菌信件中的物质是“武器级的”。在一份给国会领导人的部门互通内部简报上也用了这一描述语。在国会的国土安全办公室，前宾夕法尼亚州州长汤姆·里奇（Tom Ridge）不同意对炭疽孢子的这种描述。不过，即使与第一批信件中的孢子相比，达施勒的信件中的细菌残留量要少得多且易于扩散，其配制技术十分复杂，表明可能出自一个很熟练的科学家和国家支持的研制计划。当所寄送的炭疽菌被认为属于艾美斯菌株（Ames strain）时，美国的研制计划（该计划多年前对之命名并仍在进行试验）被进一步牵扯进来。联邦调查局2002年所进行的进一步检测表明，这些孢子是在寄送前两年内配制的。

至此，尽管联邦调查局看来怀疑是一位以前曾在德特里克堡工作过、后来参与了情报项目的科学家所为，刑事调查却中止了。联邦调查局把这一起事件勾画为一个心怀不满的美国生物学家成为了生物恐怖分子，这使政府对以前被视为无害的科学家群体的看法发生了改变。即使一名美国实验室的工作人员也可能对国家安全构成威胁。

布伦特伍德邮局雇员

炭疽孢子的散播使邮政工人面临严重的危险，特别是那些信件靠机械分拣和识码的邮局——新泽西哈米尔顿为特伦顿地区服务的邮局及华盛顿的布伦特伍德邮局（以街名命名）。受炭疽菌感染的22人中有7人是美国邮政工人。另一位受感染的人在国务院邮件室工作，那里收到的第二封华盛顿地区的信件本来是寄给参议员帕特里克·利希（Patrick Leahy）的，由于机械分拣的错误被误送到那里。另一个受害人是美国媒体公司的工作人员。[18]

达施勒的信件被拆开一个星期后，有孢子从该信件和其他信件中泄漏的证据已经越来越多，但并没有引起邮政工人的警惕。10月17日星期三，在附近的德克森办公楼邮件室里发现了炭疽孢子，那里的信件是寄给哈特办公楼的。像几天前为安全起见关闭了众议员的办公室一样，各参议员的办公室也被关闭了。哈特办公楼的除污染工作用了几个月的时间。在接着的两天里出现了更多的警示。佛罗里达州伯卡罗顿市的一名邮政工人被诊断出皮肤性炭疽热，可能是第二批信件中的物质（它们看来比第一批信件中的更易散播）感染的。星期五又查出一例皮肤性炭疽热。这使哈米尔特邮局被关闭，向工作人员分发了抗菌素。

在国会提高效益的压力下，美国邮政公司无意关闭任何邮局。占地4.6万平方米的布伦特伍德邮局有将近两千名雇员，负责处理联邦政府的大部分邮件。由于没有意识到炭疽孢子的散播能力和少剂量即可造成感染，疾病控制中心的官员以为感染的概率不大。邮政工作在继续进行，而没有分发抗生素和提醒人们对疾病症状的警觉。

华盛顿地区感染炭疽热的五例病人中有四人是布伦特伍德邮政局的工人。第一例病人叫勒罗伊·里奇蒙德（Leroy Richmond），他是10月19日星期五晚上在医院辨认诊断出的。那天下午他曾被卫生维护组织的一位医生误诊，那位医生没有像其他在危机期间的医生一样，把病人的类似感冒的症状与其工作的地点联系起来。作为曾分拣过达施勒的信件的邮局，布伦特伍德邮局整个星期都成了新闻报道的对象。10月12日在达施勒的信件被第17号数字编码分拣机处理后不到一小时，里奇蒙德（他把口罩借给了另外一个工人）对机器周围进行清扫，另一个按规定戴了口罩的工人在用气压清理机器。里奇蒙德坚持要求把自己送到医院去，那里急诊室的一位医生最后把他的病案与布伦特伍德邮局联系起来，并通报了疾病控制中心。

10月20日星期六，另一名病人被送进医院，他在门诊部被诊断为患了吸入性炭疽热。与此同时，疾病控制中心在等待亚特兰大对里奇蒙德的诊断的确认，该确认于星期六早晨七点传到。当天早晨布伦特伍德邮局的另一名地面清洁工呼叫911，在送到华盛顿医院后不久就因吸入性炭疽热而死亡。也是在同一天早晨，第四名工人，在第17号数字编码分拣机工作的约瑟夫·柯希恩（Joseph Curseen）在教堂晕倒，在当地医院诊断为脱水，被送回家中。后来他被急救车送往一所医院，第二天也因炭疽热死亡。

10月21日星期六下午，布伦特伍德邮局被关闭，惊恐不安的工人们得知有三名员工住进了医院。也许是为了维持镇定，疾病控制中心和华盛顿卫生部门的官员们在分发抗菌素时没有太过声张。一场摇滚音乐会堵塞了去附近医院的通路，工人们被带到市内的一座大楼里，在那里的一个临时医护站他们可得到抗生素和通鼻药签。负责人告诉他们，他们也可以在那里等待，第二天被送到医院去。

由于没有把吸入性炭疽热的危险向邮政工人们传达并描述其症

状，没有在监视邮政系统的患病者方面与当地的医生明确地沟通，导致了人员的死亡。疾病控制中心等单位注意了少数患病或死亡的人而没有及时关注数量更多的没有抗菌素就可能受感染的人。一位分析家总结道：公共卫生系统的反应是“迅速和全面的，但它本来可以防止进一步的传播”。对于布伦特伍德邮局的危险的低估也可以作为一个生物医疗的例子，它说明组织上的想法如何可能导致对严重危险的忽视，从而增加其发生的可能性。[19]

接着又有两人偶然死于炭疽热，这使得举国对邮政污染的担忧延长了时日。61 岁的纽约一家医院的工作人员凯西·努耶恩（Kathy Nguyen）2001 年 10 月底死亡，可能是接触了交叉感染的邮件。94 岁的奥塔莉·伦德格林（Ottalie Lundgren）在康涅狄格的农村地区死于吸入性炭疽热。她所在地区的邮局已证明受过炭疽菌的污染，这表明她的信件上所沾染的痕量很可能是使她感染的原因。利希的信件中的孢子污染了外交邮件，其中有一件是发往叶卡捷琳堡（前斯维尔德洛夫斯克）的，在当地为查明孢子的来源，美国求助了一些曾参与过 1979 年瘟疫控制的公共卫生官员。

2002 年 2 月，到其他单位就职的原布伦特伍德邮局的雇员组织了一个叫做“受感染的布伦特伍德”的支援团体，处理由炭疽菌信件引起的死亡、疾病、精神压力和抗菌素过敏等问题，而各联邦机构都不愿承担有关的责任。没有追查出肇事者这一点使得社会团体对法律的实施和对政府失去了信任。布伦特伍德邮局用了两年的时间进行除污工作，许多工人不愿意再回去工作。

由一位前司法部律师组织的华盛顿法律辩护团体“司法观察”，接手了布伦特伍德工人的案子。2002 年 12 月，该团体得到布伦特伍德邮局经理的一本日记，其中他写道，在邮局关闭的四天之前，他知道邮局受到“热”炭疽孢子的侵染。“司法观察”于是代表布伦特伍德邮局的工人提起了一项集体起诉，要求对政府的危机处理进行刑事调查。

国土安全部

2003年11月25日布什总统签署了《国土安全法案》(Homeland Security Act)，使之成为法律。25个机构受到影响，数万政府雇员将被调到新的部门。国会很快批准了布什对国土安全部部长所提出的人选汤姆·里奇。

新的国土安全部所规定的工作是："防止对美国国内的恐怖袭击，减少美国对恐怖活动的薄弱环节，将恐怖袭击造成的破坏减到最小并从事恢复工作。"[20]国土安全部调入了移民与归化局以监控和保护外国来访者。此外还调入了联邦应急管理局，并承担一些与恐怖活动无关的工作——水灾、飓风、地震等天灾造成的难民的安置工作，以及工业事故的处理。

由于国土资源部负有把恐怖威胁的情报资料向全国转发、向全国通报危险级别（红色、橘黄色、黄色等）的责任，该部的工作常常是保密的，许多活动的有关报告不能根据《信息自由法》的规定而得到。该部与签约者的顾问会议不受《联邦顾问委员会法》中向公众敞开的要求的限制。

9·11事件后的一个总的趋势是有关联邦官僚机构保密的加强，全国公共卫生机构第一次被允许对其计划会议和报告进行保密，联邦调查局的反恐活动也加强了，其预算从2001财政年度的5.95亿美元增加到2002年的10.6亿美元。[21]

此外，国防部有关国土安全的活动也增加了，该部在2003年时应对大规模杀伤武器破坏的各方面的附属机构已有23个。[22]军方介入加强的一个体现是，2002 年 10 月在科罗拉多州组建了美国北方空军师，以协调对于来自陆上、海上及空中的对美国本土大规模武器袭击的防卫，对民用机构提供“技术支持”及“协助执法；协助法律和秩序的恢复；出借专有设备；（以及）协助善后处理”。[23]

国防部还在恐怖袭击演习中应用了被称为先进概念技术演示的军事行动指挥和控制系统。2002 年 12 月，一次复杂的先进概念技术演示演习模拟了 20 个从纽约到夏威夷的有关的恐怖袭击，有 50 个联邦机构参加，包括美国城市法律执行官、联邦调查局、中央情报局及酒烟火器局。“成为以国土安全为目标的各机构联合进行的最大的实际规模现场技术演练。”[24]这方面的演习后来与国土安全部协作，作为军方从联邦到州到地方对民防工作的促进。

国土资源部承担联邦对地方国内防卫的责任，提供紧急救护人员、演习和设备所需的资金，要求各州制定更合理的应对计划。然而，由于 2001 年开始的经济衰落，地方计划因警察、消防人员及负责日常公共保安的政府工作人员的裁员而缩减。联邦政府的反生物恐怖活动组织也开始提出在疾病流行的紧急状态下有关公民私人权利的伦理和法律问题。[25]

国土资源部还通过模拟袭击的设想情形继续对联邦组织的反应进行评估。2003 年 5 月该部与国防部一起进行一次 TOPOFF2 演习，与 2001 年进行的第一次演习一样，其目的是为了检验联邦机构在紧急状态下的表现。假想的袭击在地域上比第一次 TOPOFF 演习有所扩大，演习是以城市为基础的，一直延伸到加拿大境内的北方城市集中的广阔地区，TOPOFF 的预算也从 1 000 万美元增加到 1 600 万美元。2003 年的演习模拟了在西雅图城市地区的放射物袭击以及相关的影响芝加哥城市和郊区的肺鼠疫袭击。19 个联邦机构、红十字会和加拿大政府参加了为期五天的演习，假想的袭击者是一个称为

GLODO 的国际恐怖组织。演习结束后，有关情况被列为保密，这表明 TOPOFF 所揭示的有关国家薄弱环节的信息被官员们认为是需要对国家的敌人和美国公众保密的。

技术解决方案：天花疫苗计划

在第二届布什政府时期，国内防备和民用生物防护计划的提倡者们继续在谈论重新振兴美国的公共卫生体制。[26]但是公共卫生仍然意味着（甚至比克林顿政府时期更为强调）依靠技术来解决国防问题。在布什政府时期，药物防护成为生物防护政策的核心。

2002 年 12 月 13 日，由于确信存在着“黑色冬天”类型的天花的威胁，布什总统宣布实施全国天花接种计划。[27]有关伊拉克可能有生物武器工厂的宣传（特别是在 2003 年入侵伊拉克之前的那段时间）以及生物武器恐怖活动威胁的传言，使得公众中有很多人参与了这一计划，各州和疾病控制中心作好了后勤支持方面的准备。此外，公民的参与是自愿的，这样便减少了那些实施接种的人和政府的法律责任。

正如可能预见的那样，这一天花接种计划在实施中很难绕过人们对疫苗可能是对人体的一种污染源的忧虑，[28]当疫苗比所预计的瘟疫流行看来可能对健康有更大的危险时，疑虑便产生了。福特总统执政期间所实行的猪流感接种计划就是引发争议的错误估计，当时导致二十多人死亡，数百人患病，而流感并未发生，由此引起对政府健康计划的广泛不信任。[29]依赖情报资料来预计瘟疫或许是必要的，但却是有问题的，即使对军队也是如此。20 世纪 90 年代五角大楼的普遍炭疽疫苗接种计划导致四百多名拒绝接种的士兵蒙受羞辱地退役，二十多名国民警卫队飞行员辞职，他们担心严重的不可预测的接种副作用比任何生物武器有更大的危险。[30]

天花接种计划的第一阶段是 50 万被派往中东或其他可能有高风险的地区的军人和政府雇员的强制性接种。2003 年 1 月开始的第一阶段还包括 50 万“第一线”的公民医护人员和特别“天花应对小队”中的紧急救护人员的自愿接种。在 2003 年 3—4 月开始的天花接种第二阶段中，1 000 万医护人员和紧急救护人员可以自愿选择接种。2003 年开始的第三阶段疫苗接种开始向一般的美国公众提供（第四和第五阶段是在出现天花疫情时的紧急防范措施，这指的是隔离和大规模接种）。

与炭疽疫苗不同，美国可提供的最多的天花疫苗（称为 Dry-vax）有一段很出名的历史。[31]这种疫苗是用一种分岔的针头注射的，六到八天内见效，在受感染后四天内接种将能显著减少致病和死亡的可能。[32]接种这种天花疫苗的反应包括注射处刺痛和头疼、淋巴结肿大和疲劳。也曾见有头肿（脑炎），但这种情况不多。天花疫苗普遍接种导致的死亡率理论上估计高达 1%，即 1 000 万人接种就可能有 1 万人死亡。①除非事先意识到危险因素。接种的禁忌包括湿疹等皮肤病、孕妇、免疫系统有损伤或服用免疫抑制药物者。但辨别这些危险因素是有困难的。例如，疾病控制中心估计美国人中大约有 30 万不自知的艾滋病感染者。天花接种指导材料中建议进行艾滋病测试，但对这种预防措施没有作强行规定。此外，注射之后，接种处会出现病毒细胞脱落，引发疾病（称为“接触性牛痘”），这对其他人是有危险的。

2003 年中少数人出现副作用的报道即导致公众接种人数的减

① 原书此处疑有误。1 000 万人的 1% 应为 10 万人，但这个数字显然过大。故原估计的理论死亡率大概应为 1‰。事实上，这个比率看来仍然偏大。——译者注

少。未预见到的心脏症状（心脏不相容）曾引起相当的惊慌。[33]3 月 31 日，在 25 万第一次接种的士兵当中有 14 人（年龄从 21 岁到 33 岁）出现了心脏问题，即心肌炎或心包炎，或二者兼有。其他 10 万接种的军人则没有出现这种发炎问题。总体上，军方对天花疫苗接种计划持积极的态度。

到 2003 年 3 月底，美国全国有不到 3 万公民接种了疫苗，这只是预计参加接种人数的一小部分。其中有 3 人引起心脏病发作，两人比较严重，另有 7 人引发其他与心脏有关的问题。疾病控制中心在描述 3 个最早患心脏病的接种者（55 岁到 64 岁）时说，他们事先已经有“明显界定的危险因素”，如血内胆固醇过高、吸烟和以前的心脏病史。接种五天后因心脏病死去的一位 55 岁的国民卫队成员看来也有类似的情况。许多人没有对接种造成或促发心脏病进行区别。以天花气雾进行恐怖袭击的威胁看来比这些报道的疾病和死亡更遥远，特别是 5 月份伊拉克战争宣布结束，生物武器的威胁也从新闻报道中消失了。有 15 个州立即停止了接种计划，有许多医院也自行退出。

联邦政府继续其对计划的承诺，虽然支持这种承诺的情报资料（它们一直是模糊的）仍然是不确定的。2003 年 7 月，疾病控制中心接受了 1 亿美元拨款，分发给各州，以提高接种率。曾组织过“黑色冬天”模拟的约翰·霍普金森医院的医生们仍对接种天花疫苗以减少恐怖活动的危险持乐观态度。[34]

生物防护科学

2002 年制定的《生物恐怖活动法》（Bioterrorism Act）是国会对“保卫公众健康安全”所作出的最全面的反应，对所觉察的威胁的这种技术解决获得了历来最多的赞成票。[35]该项立法要求加强对饮用水源和食物的监察，要求秘密储存药品、疫苗（特别是天花疫苗）和其他急救药物。它强调了“加速应对研究与开发”的重要性，即对可能用病原体进行恐怖袭击进行研究，责成卫生与公众服务部提供资金，与国防部和能源部的联合基因组研究所进行合作。拥有一个庞大的医疗系统的退伍军人事务部被提议作为进行生物医学研究和开发的资源之一，并拨款 3 300 万美元用于此目的。法案确认，“加速大学中心和实验室中所进行的重要工作将能大大加强美国防卫生物武器威胁或袭击的能力”。

2004 年的国土安全部预算资金分配（总计 297 亿美元）表明政府对于技术发明的重视，以之作为对抗对平民进行的非对称的大规模杀伤武器袭击威胁的手段。尽管天花疫苗接种计划以失败告终，但这没有妨碍布什政府把最大的一项单一预算投入“生物盾牌”（Bio-shield）计划，那是一项责成医药公司研制更有效的疫苗和药物的计划。“生物盾牌”是里根在生物医药方面的“星球大战”计划，其设想的目标是提供全面的防范生物武器的措施，但它面临着许多不定数，包括有关的威胁、技术、全国性免疫或其他活动的组织。在 10 年之内，医药公司将接受 56 亿美元的拨款，其中 2004 年的拨款为 8.9 亿美元。该预算所拨的款项中 4.5 亿美元是用于研发对抗针对平民的生物武器、放射性武器、化学武器、核武器和烈性炸药的袭击。预算包括 4 000 万美元用于研制城市生物探测器，5 000 万美元用于建立都市医疗反应系统，以加强对疾病的报告。

特别为了对付生物恐怖活动，布什政府对生物医学科学投入了新的关键性资金。国家卫生研究院的国家过敏与传染病研究所是全世界该类机构中规模最大的，所从事的研究项目种类最多也最先进，该研究所得到新增的 170 亿美元拨款（全所的总预算为 40 亿美元），以开始新疫苗、抗生素和早期诊断方面的研究。7 000 万美元还通过国土安全部拨给了设于重点大学和研究所的 8 到 10 个地方优选中心（Regional Centers of Excellence）。还计划增加研究危险病原体的第四级遏制实验室（lever 4 containment laboratory）的数目。

国家卫生研究院的国家过敏与传染病研究所主要针对的是一些广为人知的感染媒介（天花、炭疽热、野兔病、鼠疫、肉毒菌、出血热病毒等），但 1984 起任该研究所主任的安东尼·弗希（Anthony Fauci）称，对于那些在当前对公众的健康威胁不大或没有威胁的病原体的研究能够对一般传染病有重要发现。例如对天花或埃伯拉病毒的研究可以发现一种抗其他病毒的药物，对炭疽热毒素的研究可以发现一种有其他用途的抗毒素。弗希把向反生物恐怖活动研究的转移与 20 世纪 80 年代艾滋病研究的发展相比，当时公众和年轻的科学家们都需要接受有关其重要性的教育。他总结说："需要加速和不懈地努力，把更多有能力的科学研究人员吸引到反生物恐怖活动研究的领域中来。"[36]

基础科学与生物防护计划的结合意味着一些大学和医学中心的科学家们将受到自"二战"以来未曾经历过的国家安全的限制，在美国进行进攻性研制计划期间曾有过这种限制，在尼克松作出决策后撤除了。重点是对公共领域中的病原体、设施和科学家实行有关规定。20 世纪 90 年代已经有过一些不严格的规定，例如 1996 年制定的《反恐怖活动和有效死亡惩罚法》（Anti-Terrorism and Effective Death Penalty Act）规定，当出现列入名单的病原体从一个实验室向另一个实验室转移时，要正式向疾病控制中心报告。当时的假定是，所有的生物医学家都是从事防治疾病的工作的。2002 年的《生物恐怖活动法》则要求有关的研究和医学设施部门对疾病控制中心所选定 42 种媒介的工作情况进行报告。政府将对这个病原体信息库进行保密，除非出现紧急公共健康情况（例如突发事件、生物恐怖袭击或其他不寻常的疾病暴发）或要对国会委员会进行报告。

有关部门还要把有合法需要接触病原体的雇员的名单提交给美国卫生与福利部部长及美国司法部部长办公室。然后这些名单要在犯罪、移民、国家安全及其他电子数据库中进行核查，看是否存在“受限人员”的情况。2001年10月实行的美国《爱国法》（PL107—156）对“受限人员”的规定是：重罪犯、司法逃逸者、被不光彩地免除军役的人员、精神障碍者、非法外籍人员、从支持恐怖活动国家来的外籍人员。[37]根据新的法律，司法部部长可以确认某人为列入暴力犯罪或恐怖活动名单的嫌疑犯，或涉嫌为某一外国军事或情报部门工作的间谍。这一规定适用于公开的非政府实验室，这里的假定是，政府监控其自身的危险病原体保密研究。

为了使国家免受生物武器的威胁（不管这些武器在哪里和由谁掌握），有关的生物学家被要求放弃一定程度的公开性和自由交往，也被要求放弃选择其他的研究途径。不管他们选择作哪方面的研究，某些新的技术和发现如果发表了都可能被敌人加以利用。突然间，整个生物研究活动都变成了可疑的对象。早在2001年11月初，科学杂志《自然》（*Nature*）就有一篇社论发问道，随着生物恐怖活动的出现，生物科学的清白无辜时期是否就结束了。[38]

从2001年9月到2003年底，美国政府对可能的生物武器威胁采取了一种咄咄逼人的民族主义的姿态。美国入侵伊拉克的目的之一就是想铲除那里的生物武器威胁；美国组建了一个新的联邦民防部，特别强调的就是生物防御；美国把通过制药和其他技术实施化学防御变为其生物学研究方面的一个重要部分。

美国9·11事件后采取的这些措施在未来多年里都会对机构建制产生影响。在下一章里我们将考察这些可能的影响以及在生物民防方面可能采取的制约措施。

第十章

生物武器

制止扩散

正如第一次世界大战期间的化学和第二次世界大战期间的物理学一样，今天的生物学也面临着可能被利用来进行含有敌意的活动。强大的国际商业活动推动着这一基础科学，它所促成的发明既可有医药市场价值，也可被用于破坏性的目的。如果被国家加以利用，生物武器科学和技术就可能对人类构成有史以来最严重的问题。新一代生物武器如果被大力开发就会具有技术上的竞争力，特别用于对人的控制和主宰。如果不从政治上对生物武器的威力加以限制，它就可能引进改变战争方式的科学方法，增加使平民受害的手段。

目前的问题是，是否有足够的国家和国际的限制危险的手段，特别是在对科学知识本身存在争议的时候。以往，各种各样有时是偶然的因素（法律规定、公众的忽视、技术阻碍、政治领导等）的组合防止了生物武器的使用。但是总体上说，世界是幸运的，有影响的政治家们在关键时刻采取了行动，20 世纪总的历史趋势是朝着透明和公开的管理体制发展的。

以往的历史表明，防止生物武器扩散是一个十分复杂的问题，不可能通过单一的一项限制措施而得到解决。[1]对威胁和措施的理性估计是通往解决扩散问题的第一步，这一问题应被视为在潜在性上比以往任何时候都要严重，这在很大程度上是因为，人类的创造性和人类的恶意是一个恒常的东西。历史还告诉我们，如果没有长期的致力于限制扩散的努力，我们就是在拿未来进行赌博。[2]

信任与不信任

美国为自身利益的界定确立了一个标准，世界各国对之不得不作出反应。甚至在9·11事件和2001年的炭疽菌信件袭击之前，美国已经开始从加强《生物武器公约》的国际努力方面撤退，另一方面它仍在加强自身的国土安全政策。布什政府加强了美国的单边主义，对国际关系采取一种对立的姿态，像里根时代一样，依赖于明显的军事力量。9·11事件之后“两条战线作战”是布什总统对于美国对外的战斗性和对内加强民防姿态的恰当写照。[3]

美国拒斥加强《生物武器公约》的核心是相信美国的特别可信任性，因此它可以解释和实施它所选择的法律规定。美国认为其亲密的盟友特别是英国也是可信任的，而与之形成对比的是伊拉克、朝鲜、利比亚、叙利亚和伊朗等国，美国认为它们构成最严重的威胁，因为它们过于封闭和背信弃义，不会遵守法律。另一些国家如印度和巴基斯坦，还有后来的俄罗斯，它们军事力量强，国家又大，不会无视国际法，但仍然不可完全信任。

这种把世界分为“富国”和“穷国”的看法是发达的工业国家常常共有的，并且影响到它们对限制大规模杀伤武器条约的谈判。根据这一观点，世界好像被分为对其所拥有的核武器可以信赖的“负责任”的西方国家和对其所拥有的武器不可信赖（或要防止其拥有）的“不负责”的非西方国家。从这一观点出发，军控只不过是北方对南方所施加的限制网络上的一个因素，包括出口控制、强大的生物和化学武器防卫，以及“坚决和有效的”军事反应策略。[4]

另一个相对的政治观点认为，世界各国在减少大规模杀伤武器和一般的战争和暴力威胁方面有着不可分割的共同利益。这种观点认为，生物医学带来的利益应由富裕国家和有经济需要的国家共同分享。这种看法推动包括科学家和医生在内的各国民众为禁止生物武器而努力。这种观点不是与美国和西方的价值观相对立的，它所基于的是扩大到世界范围的公开化和民主参与，它所鼓励的是非政府组织和基层组织，以及把文明社会作为对现有威胁的长期解决办法的一部分。[5]

这两种观点并不像它们看起来那样明显地对立。尽管存在着全球化的推动力，主权国家的政府和国家法律在减少武器扩散方面仍然保持着其重要性。发达工业国家的倡议如果有广泛合作的选择，就有可能起到关键的促进作用。基于信任的国际措施对于说服许多国家的政府也是很重要的，使它们相信通过譬如说相互的实地视察和科学合作实行公开化，要胜于继续各自保密。

《生物武器公约》与美国的军事秘密

目前有151个国家是《生物武器公约》的缔约国，132个国家是《日内瓦议定书》的缔约国，这是对国际法规的强有力的誓约。人们常常提到，《生物武器公约》在减少扩散方面的一个重大缺陷是缺乏核查和遵守条款。那么，这个问题如何能得到解决呢？

美国政府反对加强这一条约的有关议定书的签订，是出于强调自身的特别的军事保密的需要，以及制药工业专利权的需要。这一双重需要的论点提出了这样的问题：在武器范畴内，一个国家的安全是否可与所有其他国家甚至像英国这样的欧洲盟国（赞同对条约的遵守和透明性）严格分开。

美国的防御性计划是世界上最大的，这是美国政府常常低调面对的一个事实。但是多大规模——更重要的，什么程度的保密——是国家利益（根本上说是公民的利益）或其盟国的利益所需要的？美国政府所支持的“1991 年《生物武器公约》建立信任措施”，要求各国公布所进行的合法的防御性项目和地点，但没有触动保密性工作的实质。这一公布所要求的是各国对条约的遵守，而不是透明性。此外，其目的在于区分合法项目和常常是秘而不宣的非法项目。[6]美国本应该不需要那些地点和一般性质必须保密的生物防御计划。但是，什么程度的保密是过度的保密？

如果像中央情报局和国防部暗中进行的计划所提出的，美国不公布计划和地点有着切身的利益，那么它可能在从事有扩散风险因而对公众有危险的工作。作为拥有世界上最强的军事力量的国家，美国可能对生物武器研究确定宽泛的和危险的标准，例如在防御计划内的升级可以提高生物武器的实验室技术和运载技术。小规模的随意计划，如 2001 年向新闻界透露的那些计划，在预计所怀疑的敌人所进行的研制时，可以为新的生物媒介或大的精确规模的攻击模拟铺平道路。而到一定的时候，其他国家或组织也会掌握同样或类似的新媒介、药物、炸弹或导弹方面的技术。

美国认为生物武器的威胁对自身是遥远的这一想法一般是可以相信的，但几次国内的犯罪包括 2001 年的炭疽菌邮件事件，显示了美国国内存在的（或许来自它自身的计划）的威胁。美国情报和国防部门的官员可能想探知敌方在做什么，但它自身的生物防御计划所获得的秘密知识和材料，却可能被越来越多的接触计划和掌握了特别技能的美国人用于敌意的活动。

为了公众的安全而透明化这并不需要头版标题的宣传，但却需要监督和责任制。没有公众审查的大量美国军事资金在过去助长了生物武器扩散，它也会再度造成危险。

法律制约与制药工业

美国对加强《生物武器公约》的第二项反对是有关制药公司的专利权保护问题。在《生物武器公约》议定书的谈判期间，美国制药和生物技术工业的游说者美国药物研究与生产公司强烈反对国际小组的实地视察，认为是一种经济威胁。[7]

美国医药公司的合作对于一个有效的《生物武器公约》是至关重要的。它们目前的立场与1925年美国参议院就批准《日内瓦议定书》进行辩论时化学工业的立场差不多。当时美国公司之间以及美国工业与欧洲化学制造公司之间的竞争十分激烈，而非西方世界的广大殖民地和新兴国家在工业能力和消费方面则远为落后。

20世纪90年代，制药和生物工业经过多年的基础研究获得了空前的回报，而这种基础研究大部分是联邦政府资助的。早先公众对组合DNA的担心已经通过成立监督机构和联邦政府的监督委员会得到了解决。[8]对革命性的技术突破如基因拼接的开发利用预计是十分有利可图的。在这种竞争的环境下，保护专利和商业信息的保密至关重要。

不难预料，支持工业的布什政府主张保护工业的保密权。但是制药工业与其他工业的不同之处在于，其产品能够直接促进健康和挽救生命，因而有着一种在发达工业国家里普遍由政府为公民的利益而进行资助的价值。另一方面，这些公司要对其股东负责，守护自己的领地。例如，2001年几乎所有大的制药公司都参与起诉，反对南非进口廉价的普通艾滋病药物的企图，该行业担心这将开创一个全球性的先例。[9]但是负面的报道（后来这一起诉撤销了）促使一些大公司与世界卫生组织合作为一些需要的国家提供了廉价的补助性艾滋病药物。

各国在对制药公司所要求的义务和对其的控制方面是不同的。在这方面，西欧国家可能是全世界独特的，它要求制药行业为了公众的利益而实行公开化并履行义务。可能正因为如此，西欧制药公司比美国药物研究与生产商协会倾向于接受议定书的条款和视察的提议。英国是议定书的强烈支持者，对于新兴生物技术的政治背景允许公众和环保主义者检查实验室和生产程序。这种对于社会参与的强调来源于第二次世界大战期间政府对于公众健康和安全所承担的责任，这使得后来在英国形成了以地方公民委员会为基础的社会化医疗。德国则更为强调医药行业对公众的义务，因为生产商可能对环境方面造成影响。[10]

相反，美国对生物技术采取的方针是保护生产过程不受监控，重点放在产品上，它们的价值由联邦管理员和市场来判断，消费者个人如有不满可通过司法寻求赔偿。美国的这种侧重于产品的政策是美国医药产业抵制《生物武器公约》议定书的由来。但是特设委员会多年的讨论重点是有关大规模生产的视察，这给在寻求专利的敏感的研发阶段的商业秘密保护提供了很大的余地。但即使是对这种生产过程末端的核查美国仍然不满。[11]

由于美国实行的“生物盾牌”计划以及对国家过敏与传染病研究所资助的增加，美国医药公司的利益现在要依赖于存在很多不定数的民防。参与民防的公司处于比它们的负责人所意识到的风险更大的地位。它们要想获利只有通过基础研究取得技术上的发明，例如普遍有效的抗病毒药物，或某些在对抗鲜为人知的生物武器媒介方面比传统防御更有效的药物。如果医药公司参与到全国性的疫苗接种和药物分发的活动中，它们就会成为英雄，但是如果出现虚假警报或夸大了风险，它们就会被看做是疾病和死亡的制造者。甚至在那之前出现的实验室事故、试验过程中导致人员受伤的产品、犯生物罪的科学家、广泛的猴子或其他动物试验 —— 所有这些都会影响行业的形象。从长远来看，生物技术公司的领导者可能最终会希望在防止生物武器扩散方面起更大的作用，如美国化学公司在越战和化学药物被用于战争后所做的那样。[12]

美国一心想保护本国的制药业，却没有考虑到其他国家 —— 例如俄罗斯、印度和巴西可能发生的情况，这些国家的国有的和受国家保护的生物化学公司是很容易被军方利用的。在没有核查和遵守措施制约的情况下，那些“缝隙国家”就有更大的可能发展第二代、第三代和第四代生物武器。伊拉克和南非就是例子，它们就是在对其活动没有政治警觉的时代，实现了扩散。现在还能容忍这种不警觉的态度吗？

法律完备性观念

对《生物武器公约》议定书和法律限制持积极态度的英国认为，如果没有要求所有国家同意核查的措施（对有关计划的公布和视察）的压力，恐怖分子在世界范围的机会就会增加：“加强国家对生物和毒素媒介的控制是国际合作的必要组成部分，以确保这些东西不落入恐怖分子手中。”[13]如果国家行使权力，它具有限制潜在扩散的法律手段。英国学者、《生物武器公约》分析专家尼古拉斯·西姆斯（Nicholas Sims）认为，《生物武器公约》审查会议批准了五项法律条约要求，但并不是所有条约国都在遵照执行。[14]

这些协议的第一项涉及第4条（Article Ⅳ），它要求各国为履行公约义务制定国家立法。这些义务之一是针对公约所禁止的活动制定国家性惩罚条例。

1991年各国同意提交表E，报告每年对公约遵守的情况。各国的法律实行的情况不平衡，进展缓慢（美国1989年由立法机构批准），这违背了《生物武器公约》的一项法律要求，因此影响到对条约的遵守。设于伦敦的核查、调研、培训与信息中心最近的一项调查显示，在146个参与的国家中有47%的国家制定了授权法，另有7%在制定过程中。[15]非洲的遵守情况最差，只有16%的国家有这种法律，而欧洲有73%的国家通过了所要求的立法。56个国家（占世界国家总数的37%）没有向伦敦的核查、调研、培训与信息中心提供有关资料，它们几乎都是位于麻烦地区的国家，其中包括巴基斯坦、苏丹、朝鲜，以及沙特阿拉伯、卡塔尔和印尼。

第二项要求是提供国家所采取的有关措施的信息，它涉及国家对立法的实施，也是第四条所要求的。通过通报国内立法贯彻《生物武器公约》禁限条款的手段，各国显示了它们如何有效和严格地把禁限条款转换为自己国家的立法，成为对一个世界范围的标准法律限制网络的补充。

根据《生物武器公约》的第8条（Article Ⅷ），审查会议提出的第三项要求是敦促《生物武器公约》缔约国中还没有签署《日内瓦议定书》的国家签署该条约。目前还有25个《生物武器公约》的缔约国没有批准或加入《日内瓦议定书》，同样，它们中的大多数也是在世界的麻烦地区，中东、非洲、东欧和南美。西姆斯说，拒绝接受《日内瓦议定书》是一种削弱《生物武器公约》的"遁词"。

第四，关于对《日内瓦议定书》的保留，即可以使用同样的手段进行报复（这使得法国和英国得以制定本国原先的计划），一个国家在成为《生物武器公约》的约国后应撤销这种保留。第1条（Article Ⅰ）的条件是绝对的：禁止生物和毒素武器的研发、生产、储存、获取、保留，以便“完全和永远排除其使用的可能”。有二十多个国家，包括印度北朝鲜持有这种保留，这应被理解为对《生物武器公约》的无视。

最后，《生物武器公约》的第9条（Article Ⅸ）要求各国支持关于全面禁止化学武器的谈判。现在，成为《化学武器公约》的缔约国被视为一项义务，它是那一谈判的结果。但是仍有十几个《生物武器公约》的缔约国家没有参加《化学武器公约》。

化学和生物武器的国际控告

一些国家没有有关贯彻第6条（Article Ⅵ）的国家立法，这一漏洞由于没有关于生物和化学武器的国际控告法而变得更为严重。如果弥补了这一漏洞，将使得违法的个人在支持这种法律的国家内难逃司法的审判。

1996年初，一个科学家和律师小组着手制订一个新的融合《生物武器公约》和《化学武器公约》的禁限条款的法律公约，它将使任何研发、生产、获取、储存、保留、使用化学或生物武器的人，支持、鼓励、引诱、命令或指使别人从事这些活动的人，威胁或从事使用这些武器的准备活动的人，成为违反国际法的罪犯。[16]

有七个业已实施的国际法可资借鉴，其中每一个都提供了某种可纳入新的化学和生物武器犯罪条约中的扩大的司法管辖的方法，它使得不论在哪个国家犯罪都得到同样的惩罚。现有的条约如1970年《航空线劫持公约》（Airline Hijacking Convention）、1979年《人质劫持公约》（Hostage-Taking Convention）、1984年《反虐待公约》

（Convention Against Torture）在被指控的犯罪者被发现的任何缔约国都是适用的，即使该国与犯罪行为没有领土上的联系，或与犯罪者、受害者等有民族上的联系。借此，1998 年英国作为 1984 年《反虐待公约》的缔约国使得前智利总统皮诺克在伦敦被拘留，并被引渡到西班牙。

所提议的控告条约根据将沿袭《生物武器公约》和《化学武器公约》，重点放在犯罪的意图即活动的目的上，而不是对特殊生物媒介的确定上。这样，可以预计新媒介和运载手段的技术变化和研发，许多物质的商业使用将受到保护。像其他类似有关反人类罪的条约一样，有关争议的解决规定及适当的程序也是条约建议的一部分。

可能制订这类犯罪条约反映了主持国际正义的世界气候。虽然美国现政府反对成立国际刑事法庭，其他许多国家包括美国的一些亲密盟国都参与了其事。起诉战争罪犯是第二次世界大战后虽有争议但早已确立的历史做法。这一历史做法中包括联合国安理会就 20 世纪 90 年代卢旺达和 80 年代前南斯拉夫发生的大规模屠杀事件设立起诉罪犯的法庭。1998 年的《国际刑事法院罗马规约》（Rome Statute of the International Criminal Court）引入有关在战争中使用化学武器的刑罚，用《日内瓦议定书》的措辞，禁止使用“窒息、有毒或其他气体及所有类似液体，物质或装置”。该规约还规定了国家层次的违法责任，对这种违法的定义是：“作为一项计划或政策的一部分，或作为一项大规模的委托这种犯罪的一部分所犯的”罪行。[17]

强化对生物武器扩散的法律限制注定是一个加强在各种不同背景下的规定的缓慢而困难的过程，由于生物武器的威胁是全球性的，因此国际性的法律制订对于保护生物恐怖袭击的主要对象（美国国内和世界各地的美国公民）是至关重要的。像一切法律一样，只有得到合法权力机构的支持并附有其他限制加强的情况下才能取得成功。

危险病原体的托管与国际控制

在控制危险生物病原体以制止其扩散方面，各国已采取过许多方式，通常的重点是放在贸易限制上。20 世纪 80 年代，在对于伊拉克对伊朗使用化学武器作出反应时，发达工业国家组织（现被称为澳大利亚集团）聚集在巴黎，达成了对化学武器媒介及其前体和技术限制出口的协议。澳大利亚集团后来又把这一限制扩大到包括生物媒介和设备。

通过对某些化学品、生物媒介和双重使用设备实行出口许可证的措施，澳大利亚集团的目的是阻止这些用品被用于化学和生物武器的扩散。到 2000 年止，共有 51 种病原体微生物和 29 种毒素被列入该集团出口控制的核心媒介的名单。

澳大利亚集团明显地把世界分为穷国和富国，其 34 个成员国中没有一个属于贫穷的发展中国家。一些被排除在外的国家担心澳大利亚集团对双重使用技术的限制会对它们的经济造成威胁。[18]

美国依靠贸易限制来控制某些较小的国家。1991 年，在它与伊拉克的关系恶化之前，美国通过了《化学和生物武器控制法》（Chemical and Biological Weapons Control Act），其中规定美国将中止与任何可能出口用于扩散的媒介和设备的国家进行贸易。这一立法特别禁止与伊朗、利比亚、叙利亚、朝鲜、古巴等国进行贸易。1992 年美国国会通过了《伊朗 — 伊拉克防武器扩散法》（Iran-Iraq Arms Nonproliferation Act），禁止进行可能导致具有大规模杀伤武器能力的贸易。2000 年的《伊朗反扩散法》（Iran Nonproliferation Act）专门针对伊朗，对与之进行大规模杀伤武器技术贸易的外国人进行制裁，其中包括澳大利亚集团和 1993 年《化学武器公约》中所列的媒介。

2002年布什政府以类似的模式实行对大规模杀伤武器技术的控制，这次是鼓励大国之间分享情报和封锁大规模杀伤武器物资和设备的货运。2003年5月31日，布什总统宣布了扩散安全行动（Proliferation Security Initiative），这是一项与九个欧洲盟国及澳大利亚和日本的合作计划，旨在封锁大规模杀伤武器的海、空、陆运输并且加速有关的情报交流。[19]在几个月内开始进行了一系列封锁搜捕模拟，澳大利亚在珊瑚海，西班牙在西地中海，法国在其地中海沿海，英国则进行了一次空中桌面演习。扩散安全行动被描绘为一项“活动”而非一个组织，其目的是建立一个“反扩散合作网，使扩散者难于进行大规模杀伤武器和与导弹有关的技术方面的贸易”。[20]

由澳大利亚集团和扩散安全行动所实行的这种贸易控制对生物武器媒介来说可能没有像对化学武器或核武器那样有效。具有各种不同性质的微生物病原体可以以微量进行转送，然后大量繁殖，繁殖和加工生物媒介和培养基所需的设备都是普通设备。那些负责封锁搜捕者往往对违法者带有民族上的偏见，但是可能很难发现犯罪证据。有关病原体控制的其他建议通过把重点放在科学权威机构对危险病原体的监督上而避免了国家间的信任问题。有这样一个计划，它在现有的机构和国家机制的基础上，建立不同层次的科学同人审查，以控制重组DAN研究和对实验室动物和人体进行的研究。20世纪70年代，美国国家卫生研究所成立了重组DNA咨询委员会，对有潜在危险的研究进行审查，地方研究机构逐渐接管控制权，在这个国家机构之上有一个类似于世界卫生组织天花病毒咨询委员会（该机构负责监督美国和俄罗斯的天花研究）的国际组织，对有关研究进行监督。[21]这一计划以及其他国际上对研究进行的监督主要是监督意外的生物危险，而不是有意进行的秘密活动。但是通过增加透明度和组建国际网络，它们也可用来制止秘密活动。对秘密的但被认为是合法的生物防御工作实行有效的监督需要克服的一个障碍是，美国反对对它在这一领域内的活动实行任何国际监控。

国土安全与国家科学：公众的信任

在讨论《生物武器公约》议定书期间，白宫声称它因为负有保护美国公民不受生物恐怖袭击的责任，故美国要求保密是有理由的。[22]国土安全部成立时，它把国防部的以及能源部、农业部和其他联邦政府的国内防御计划都纳入其中。

国土安全部是一个试验性举措，它与其他部与机构的关系还在发展确立中。随着其组织文化的定型，它所面临的最大挑战是逐渐获得公众的信任，这对它的使命——为了居民自身的利益而把他们调动起来——是必要的。对国土安全部的信任依赖于它所提出的危险告诫的可信性。如果国土安全部保密，拒不回答公众的询问，它对公民社会安全所承担的义务就会引起怀疑。

在国土安全部的义务方面，它接手了一个20世纪90年代制定的需要重新评估和修改的国内防卫计划。国内防卫准备存在的一个问题是，公众通常被限制为一个被动的角色，作为“反应者”或假想的大规模杀伤武器袭击中的受害者，而不是鼓励他们扮演主动的角色，或在对紧急事态作出反应时提供良策和反馈。[23]此外，由于地方警察和救火队员的裁员，紧急救护人员的队伍被削弱了。一个州可能有足够的联邦反生物恐怖活动的训练经费，但在街上的警察却很少。这一变化使居民的日常安全保障降低了，使公众的安全保卫更多地依赖于联邦对紧急事态的处理，而对二者之间的差距间隙没有设法去弥补。那么，州和城市一级在国内防卫准备和国土安全的决策方面有什么自主权呢？

国土安全部面临的另一个问题是，随着危机管理变为例行化，官僚机构会失去对实际危险的察觉。政治科学家托马斯·谢林（Thomas Schelling）在对于1941年日本对珍珠港的偷袭进行评论时说，政府机构往往造成一种对危险“预计的贫乏，即只日常性地专注于少数熟悉的而不大可能发生的危险”。[24]自9·11袭击和炭疽菌邮件事件以后，联邦官员们学会了在目标和方法上进行跨机构的沟通。国土安全部的成立加速了这种沟通，增强整体上的专业经验的交流。可能出现的危险是，负责任的政府官员只专注于在一个理性环境下的日常责任，而往往忽视了不寻常的构想和新的解决问题和洞察危险的框架。

现在在国土安全部内和外部负责国土安全的联邦政府官员还必须对情报资料加以考虑：什么人能接触，什么人不能接触，以及对情报的分析。由于保密，使地方对突发事件和疾病暴发的应对计划的制定变得更为复杂。在紧急事态下，上下官员和跨部门间的信息沟通是十分重要的，而且应当与公众分享。例如，有什么事情联邦紧急事务管理署的官员能够知道而对疾病暴发作出应对的地方医生不能知道的吗？或者换一种表述问题的方式，有什么关于不寻常疾病发生的官方信息不能让要进行自我和家庭保护的公民知道的吗？回答可能是根本没有。1979年的斯维尔德洛夫斯克事件和2001年的炭疽菌邮件死亡事件都说明了保密和错误信息会使对公众的风险增加。今后的突发事件会再次证明，信息的阻隔会导致生命财产的损失，而准确的信息沟通能够减少风险。

虽然这一点在当前的政策中被忽视了，但是基本的、可提供的、高质量的医疗服务和公共卫生计划与门诊的结合，其重要性在于，它们是对导致人员死亡的疾病暴发的最好的防护。这是罗斯伯里 1942 年提出的看法，今天仍然适用。流行病是钻空子的，它们的目标是抵抗力薄弱的人群。一个社会的普遍卫生水平越高，消除差距，大规模疾病暴发的杀伤力就越小。

基本的可提供的医疗还有一个好处是，在紧急事件发生时，人们应当事先知道到哪里去寻求医疗保护，如何尽快地到达那里或进行接触。在这方面，如果已经在地方诊所、卫生维护组织或医院进行了基础护理，就会有很大的帮助。在灾难特别是严重流行病发生时，基层的知情的参与是至关重要的，因为要阻止疾病流行，就需要公众知道疾病是如何传播的，在数天或数星期之内应当怎样做。在任何不寻常的疾病暴发之前，就应当对公众进行教育，使他们知道日常防范和制止流行病的重要性，了解疾病的危险性和症状。这一个层次的保护是不需要进行民防动员的，在社区中心、诊所、学校通过大众媒体和电子设备进行适当的公共卫生教育就足够了。没有知情的公众的合作，美国的技术投资 —— 新的实验室和生物学研究、生物检测装置、药品和疫苗储备 —— 都近乎是无效的。

国土安全部控制生物恐怖活动的严格的国家计划注定是要受到挑战的。来自任何根源的对美国造成严重威胁的疾病流行是难于与其他国家所受到的威胁和反应分开的。预计哪些国家 —— 富国或穷国或介于二者之间的国家 —— 将出现流行病也是很困难的。多年来，传染病专家们一直在警告新的传染性疾病在国际上流行的危险，艾滋病就是一个最突出的例子，最近的例子是 2003 年暴发的严重呼吸系统综合征（SARS）。①最近的一份医学研究所报告表明，严重的疾病暴发所造成的共同风险比人们想象的要更广泛。[25]在一个各国之间快速和频繁往来的时代，动物和人的流行病往往跨越国界而蔓延，譬如

① 亦称“非典型性肺炎”，简称“非典”。—— 译者注

西尼罗河病毒在美洲的流行，每年出现的季节性流感，以及 2003 年出现的 SARS 瘟疫。像过去的大规模瘟疫一样，现在每年造成数百万人死亡的可预防性传染病如艾滋病、疟疾、肺结核、霍乱等是导致绝望和恐怖活动的贫困和暴力长期循环的一部分。[26]人类生活的这种倒退是与导致整体战争和战略武器的人类生活的贬值相类似的。新参与国土安全和生物防护工作的联邦政府官员会发现他们事实上也是在思索一个更广泛的社会瘟疫现实。[27]

生物学家和生物防护

迄今，在对抗生物恐怖活动方面，联邦政策的重点是放在有创见性的技术方法上。例如，国土安全部成立的国土安全高级研究计划署，其模式是仿照国防部的类似机构，后者旨在对国防部外的新的国防技术研究提供资助。

大部分技术投资是放在基础生物医学科学上，也是为了制造对付生物媒介的“魔弹”（magic bullets）。2004 年全部国土安全研究与开发预算经费（约 20 亿美元）的大部分都拨给了国家过敏与传染病研究所，供该所的实验室和外部项目研究医药产品。[28]这使得保护全体美国国民的民防目标与促进商业的政策结合起来。这种基于技术发明政策的设想是，只要普遍性地针对一种实际的生物恐怖威胁，科学研究就能战胜每一种已确立的生物媒介及其嬗变，或者可能实现可适用于整个疾病和毒素范畴的防卫。

美国政府寻求把生物和有关的科学纳入民防计划的做法，对这些领域中的科学家来说预示一种重大的变化。2002 年 3 月初，国防部发布了一个通知，提出对有关科学研究的目的和做法进行限制，以此作为控制生物武器技术转移的手段。这种对其他类型的武器适用的手段，对于庞大而难以指挥的生物技术领域是难以奏效的，这一领域既是美国的也是国际的。美国联邦调查局曾向国会作出一项估计，有2.2万个美国实验室可藏有危险病原体，它们是对人和动物的流行病研究留下的存货。[29]从理论上讲，任何经过生物实验室培训的科学家都可对国家安全造成危害，如果他执意要这样做的话。联邦计划要求把实验室和人员注册写入2002年《反生物恐怖法》(Bioterrorism Act)是实现对潜在威胁控制的一个综合性步骤。同一立法还涉及对生物学家提供资助，以研究对付生物恐怖威胁的手段，这将使更多的科学研究被置于政府的监控之下，使之与以保卫国家安全为目标的更广泛的军事防卫和商业促进架构保持一致。

很少有从事传染病研究的美国科学家有与政府的秘密活动相关的经历，也没有过工作的选择、材料以及科研成果的发表要受限制的经历。与核物理学家和工程技术人员不同，生物学家的研究完全出于为民造福的目的，最好是能得到广泛的应用。

自第二次世界大战以来，通过同行审查的程序，生物学家们自主地掌握着联邦所提供的大量经费的分配，没有什么附加条件。但有些时候确也受到强制性联邦政治的干预。例如，20世纪50年代，罗斯伯里—卡巴特报告的合作者之一卡巴特由于被一位同事指控为共产党员，被列入了黑名单。结果，尽管他对“二战”有贡献，并且直到1947年仍担当着计划的顾问，但是他有几年失去了联邦的研究经费。然而科学研究更大的特点在于不受政府的强行干预（当然不是不受政府的管理），如里根总统颁布的189号国家安全决策指示，其中确认基础研究的成果不应受限制，除非它们属于保密项目的一部分。[30]这一决定保证了科学家对于其研究的公开审评和承认，同时也增加了政府的资助流向顶级的有创造性的科研人员的可能性。

对于从事生物防护研究的生物和其他领域的科学家来说，他们的研究目标的确定要服从于国家的安全计划，而后者是以美国的利益为最主要的考虑的。保护美国公民的利益（这是生物防护计划所宣称的目标）这种做法把受益者局限于一个民族，并且意在不使敌人获得，不管他们是从宽的还是窄的角度来定义的。朝鲜和伊朗人可能被列入这一名单。巴基斯坦也可能被加入，这随政治旨意而定。

在 2002 年《反生物恐怖法》制定和新的联邦资金注入国家卫生研究院的国家过敏与传染病研究所之后，有可能施加国家安全限制的做法，引起了涉及国家安全部、国防部、全国卫生研究所、科学组织以及最突出的美国微生物研究协会的争议。现在每年有新增的数十亿美元注入有关炭疽热、天花和其他所选择的媒介的研究，生物学家们被告诫注意他们的研究可能促成的危害，他们的研究也可能出于必要而被列入保密级别，或者是"敏感但不保密的"。如果宽泛地确定评估参数，大量科研论文包括一些意图与生物武器无关的文章都可能被理解为与国家安全威胁有关。一项新的实验室技术、一个新的技术仪器，或者一个未预见的对病原体或药物的发现，都可能被限制发表，由此造成研究人员、其所在的机构或广而言之的科学的损失。可以预见，可能的自上而下的对科学出版物的审查成了一个有争议的问题。能否应由科学家自己来审查他们的工作？或者，是否应全面公开？

有三篇原创性研究论文使这一争论变得更为激烈，一篇是有关通过遗传基因改变在实验室动物身上增强鼠痘毒素的毒性的，另一篇是关于通过实验室试剂生产传染脊髓灰质炎病毒的，第三篇是关于增强牛痘病毒的毒素的。[31]在一些人看来，这些研究可以对恐怖分子提供启发，因此不应当公开发表。科学家中的反对意见是，这些信息的发表增加了对抗通过更多的研究作出危险的发现的可能性，这一问题的解决会更快，因为有更多的科学家参与。在这场辩论的进行过程中却很少有人提出这样的问题：为什么恐怖分子已掌握了生物媒介和小规模运载手段几十年，却很少使用它们。

发行有 11 份科学杂志的美国微生物研究协会的做法是对科学研究报告进行督察，并且规定了一些做法，使审查人员对文章涉及的国家安全风险方面进行检查，特别是对那些列入名单的媒介。此外，2003 年 2 月，包括《自然》和《科学》(*Science*) 在内的一些主要科学杂志的编辑们发表了一个联合声明，题为《科学出版与安全》，申明了他们对投稿的监督责任。他们承认，他们有时会禁止一些可能引起“危害”的文章的发表，虽然审查的标准一直没有制定。[32]

禁止有潜在危险的科学知识的发表即使不是不可能的，也是很难做到的。全世界有一万多种有关生命科学的杂志，近年来每年的投稿数已达近 50 万篇，在国家卫生研究所的支持下，已有六千多种这类电子版杂志。[33]美国公民并不一定掌握了所有主要的杂志或专业组织，他们也不是研究论文的投稿者的多数。严格和广泛的审查制度肯定会影响这方面信息的交流，带来难以预计的后果。

如果生物技术可以被恐怖分子用来危害公众的利益，那么科学家可以集体进行什么样的控制呢？2003 年国家研究委员会特别委员会的报告所持的态度是：应当由科学家来掌握有关什么研究构成了对国家安全威胁的判断。[34]该委员会的一个主要的组织方面的建议是，使重组 DNA 咨询委员会形成一个分层监督体制模式，以定义“受关注的试验”，如抗病原体疫苗的研究，这些试验要经同行的审查后才能进行和发表详细结果。[35]

参与生物研究的科学家个人可能要为自己对所研究的项目的公开化是否保有权利这个初级的问题伤脑筋。有关保密和敏感的生物防护研究的政策、法律和实践可以有各种解释方法，这需要多年的时间才能逐步确定。国家研究委员会小组在其报告中告诫说：“鉴于美国在生物防护研究上投资的增加，美国以一种公开的、透明的方式从事合法的研究是十分重要的。”[36]

这种公开化的要求是建立在两个原则基础上的。其一是，科学的广义使命是增加知识；其二是，医学是基于人道的原则的，它是高于民族或其他标准的。还有第三个原则来自公共卫生，即公民有权对疾病的风险和他们自己的防护选择有全面、清晰和准确的信息。但另一方面，生物防护研究显然是与国家安全相联系的，美国军方、情报和国土安全部门可合法地要求其保密，或对成果的发表加以限制。这种限制与对参与核研究和对其他保密研究的政府科学家所实行的限制是类似的，它们是武器研制计划的一部分。把生物学变为国防工业的一部分，即有它自己的洛斯阿拉莫斯（Los Alamos）①或政府的其他秘密研究据点，是不明智的，因为生物学的目的是间接的。

美国科学与医学的特点也与国家安全这一狭隘界定的目标有着潜在的冲突。美国的生物学家与全世界的同事保持着合作，经常参加国际会议和发表研究成果。这种信息分享应当由美国政府来削减吗？在美国国内，美国生物学从它对外国精英和专家的培养和依赖方面来说，也是国际性的。每年美国科学学位的三分之一、工程学位的二分之一是授予外国学生的，他们中的许多人都在美国就了业。[37]几十年来，美国的学术医学机构是外国医学院毕业生的培养基地，他们的总人数占公共卫生和城市医务人员的三分之一以上。2003 年美国全国卫生研究所的技术人员中半数为非美国公民。[38]

9·11 事件和炭疽菌邮件事件以后，联邦对于培养外国科技人员的担心逐渐形成。例如，2002 年 10 月布什总统发布的决策令（PDD—2）允许美国政府“禁止某些国际学生接受敏感领域的

① 洛斯阿拉莫斯是美国两个设计核武器的机构之一，位于墨西哥州。——译者注

教育和培训，包括可以直接应用于大规模杀伤武器的研制和使用的学科领域”。总统令意在对危险性科学实行保护性限制，但是要确定哪些学生对国家安全构成威胁以及对“敏感领域”作出界定，却是要花几年时间才能厘清的。

例如，由2003年的天花防疫活动所显示的，可能对公众有风险的大的生物防御活动可能要缩减规模。原来很有雄心的第四级生物安全遏制实验室遭到戴维斯、加利福尼亚、波士顿、马萨诸塞、加尔维斯敦、得克萨斯等地居民社区的反对，反对者对斯维尔德洛夫斯克类型的气雾事件和其他疾病灾难感到担心。

生物防御研究总的来说有一种遏制效用，因为敌人是不会去费心研究美国已经有有效保护手段的媒介的，但问题是媒介种类之多是防不胜防的。而第四级实验室生物防御研究不幸具有增加公众受感染风险的可能，因此对整个企业的规模、所使用的物质要进行仔细和进行性的评估。对有选择的媒介进行更多的研究就会增加危险病原体的储备，因此也就增加了对实验室工作人员以及偷盗者和生物犯罪者的风险。在负责发放全国生物研究资助的国家卫生研究院的国家过敏与传染病研究所，生物防御研究是从标准的生物武器媒介开始的，如炭疽热、天花、野兔病、病毒性出血热等病原体，研究可以扩展到其他几十种媒介以及经过基因改变的病原体。

国家卫生研究院的国家过敏与传染病研究所主任安东尼·弗希建议所有新一代生物学家都应加入生物防御研究的领域，但是接受培训的专门从事生物媒介工作的科学家数量的增加本身也会增加对公民安全的威胁。随着研发从实验室走向最后的标准产品，将有更多的科技人员获得有关对动物和人进行新疫苗、药物和其他产品的试验的经验，这些经验可能包括生物袭击模拟试验中的气雾接触试验。但是在生物防御研究的扩展中，科学家却没有考虑它所带来的风险，或者想一想，在政府发出生物恐怖袭击警告15年后，为什么这样的袭击一次也没有发生过。显然，联邦对于生物恐怖活动的技术解决方案大多排除了政治分析和行动。

如果对生物武器的限制失灵了，前所未有的风险就会增加。如果历史可资借鉴的话，可以说，生物武器威胁的增加是与政府的保密、封闭的军事文化以及由此而产生的对公众责任心的缺乏是成正比的。

回首上一世纪，我们可以为在规避生物武器的风险方面迄今为止所取得的进步感到乐观。法国在第二次世界大战以后恢复了生物武器计划，后来又再次放弃。英国于20世纪50年代终止了其计划，成为条约谈判的带头者。日本军队骇人听闻的计划大部分已暴露，由于它曾实行的大屠杀，它一直是一个伟大文化中的令人痛心的野蛮行为的实例。美国的进攻性计划也已是明日黄花，德克里克堡巨大的霍顿试验场已成为马里兰州国家注册的旅游景点。政治庞然大物、极权国家苏联把它的计划带进了历史的坟墓。今天反生物武器的国际性共识可以认为是把它作为一场新的反对源于全球化、贫困、种族和宗教狂热的复杂战争。总的来说，加强《生物武器公约》为对生物武器的全球性限制提供了唯一的最好希望。

像过去一样，透明性是反生物武器扩散的最佳方法。事实上，生物武器是一类不同的威胁，这在于其规模、来源的可变性，也在于它的多种可能的媒介以及对居民可能造成的影响，包括心理的影响和社会的扰乱、疾病和死亡。对生物武器和生物恐怖活动可以提出一个根本性的论点：政策的目标应是各个方面可靠信息的无阻碍的流动，这包括公共教育、科学研究、疾病报道和诊断、法医调查、情报、政府监督及国际条约遵守措施。军事和情报部门可能犹豫不决，制药公司可能会提出抗议。这要依靠政府的领导者来表明，它们的第一要务在于保护公众的生命，这一点是无条件的。

由于其国力和民主传统，美国在全面、长期限制生物武器方面负有特殊的责任。如20世纪所显示的，政府的保密导致了生物学的退化，这给心理上无戒备的作为攻击目标的民众增加了死亡的风险。对于重复出现的计划和比过去更严重的威胁的对抗之法是培植一种国际关系，这种关系的特点是增加相互信任，缩小导致世界分裂和阻碍交流的严重的经济上的不平等。

如果美国能够在一个本国国防需要国际合作的政治复杂的世界上调整其角色，美国是具有担当这一使命的领导者的独特条件的。在疾病传播所涉及的所有问题上，信息的自由分享是自我保护的关键。如冷战结束后，参议员丹尼尔·帕特里克·莫尼汉（Daniel Patrick Moynihan）在评论冷战保密和武器扩散时所言："现在公开化是美国唯一的独具的优势条件。"[39]但这一有利条件是极易丧失的，由于短视的国土安全政策，由于不能与其他国家搞好关系，因此导致对我们自身及我们的后代的风险。在军事史上生物武器是一种失败的发明，但愿它永远如此。

参考书目

前　言

1. Frederic J. Brown, *Chemical Warfare: A Study in Restraints*(Princeton, NJ: Princeton University Press, 1968), 290—316; Stockholm International Peace Research Institute(SIPRI), *The Problem of Chemical and Biological warfare*, vol. 1, *The Rise of CB Weapons*(New York: Humanities Press, 1971), 294—335.
2. Thomas C. Schelling, *The Strategy of Conflict*(Cambridge, MA: Harvard University Press, 1960), 231.
3. Ulrich Beck, *Risk Society: Towards a New Modernity*(London: Sage, 1992).

导　论

1. Mark Wheelis, "Biological Warfare Before 1914", in Erhard Geissler and John Ellis van Courtland Moon, eds., *Biological and Toxin Weapons: Research, Development and Use from the Middle Ages to 1945* (New York: Oxford University Press, 1999), 8—34; Elizabeth A. Fenn, *Pox Americana: The Great Smallpox Epidemic of 1775—1782*(New York: Hill and Wang, 2001), 88—91.
2. For details on early chemical and biological treaties, see Stockholm International Peace Research Institute(SIPRI), *The Problem of Chemical and Biological Warfare*, vol. 3, *Chemical and Biological Warfare and the Law of War*(New York: Humanities Press, 1973), and vol. 4, *Chemical and Biological Disarmament Negotiations, 1920—1970* (New York: Humanities Press, 1971). The principal author of this six-volume series is Julian Perry Robinson.
3. Frits Kalshoven, "Arms, Armaments, and International Law", *Hague Academy of International Law*191(1985): 191—339.
4. Guilio Douhet, *Command of the Air* (London: Faber & Faber, 1942); Alfred F. Hurley, *Billy Mitchell: Crusader for Air Power*(Bloomington: Indiana University Press, 1975); see also John Buckley, *Air Power in the Age of Total War*(Bloom-

ington:Indiana University Pres,1999).

5. See John Keegan, *The Face of Battle* (New York: Viking, 1977), for the historic overview of how weapons technology distances the attacker from the attacked.
6. This famous phrase is attributed to Fritz Haber, a pioneer of gas warfare who received the 1918 Nobel Prize in chemistry.
7. See Brian Balmer, *Britain and Biological Warfare: Expert Advice and Science Policy, 1930—1965* (New York: Palgrave, 2001), 51—52.
8. Arthur Marwick, *Britain in the Century of Total War: War, Peace and Social Change* (Boston: Little, Brown, 1968).
9. Balmer, *Britain and Biological Warfare*, 72—73.
10. Frederic J. Brown, *Chemical Warfare: A Study in Restraints* (Princeton, NJ: Princeton University Press, 1968); SIPRI, *The Problem of Chemical and Biological Warfare*, vol. 1, *The Rise of CB Weapons* (New York: Humanities Press, 1971), 294—335. For the classic organizational analysis of how the use of nuclear weapons was avoided, see Graham T. Allison and Philip Zelikow, *Explaining the Cuban Missile Crisis*, 2d ed. (Glenview, IL: Longman, 1999).
11. See Barry Posen, *The Sources of Military Doctrine* (Ithaca, NY: Cornell University Press, 1984), 13.
12. See Thomas C. Schelling, *The Strategy of Conflict* (Cambridge, MA: Harvard University Press, 1980), 208—212.
13. Max Weber, "Bureaucracy", in H. H. Gerth and C. Wright Mills, eds., *Essays in Sociology* (New York: Oxford University Press, 1946), 230—243; Aaron Wildavsky, "The Self-Evaluating Organization", *Public Administration Review* 32 (September - October 1972), 509—520.
14. Rita R. Colwell and Raymond A. Zilinskas, "Bioethics and the Prevention of Biological Warfare", in Raymond A. Zilinskas, ed., *Biological Warfare: Modern Offense and Defense* (London: Lynne Rienner, 2000), 225—245.
15. Hugh Gusterson, *Nuclear Rites: An Anthropologist Among Weapons Scientists* (Berkeley: University of California Press, 1996), 40—43.
16. See Ken Alibek with Stephen Handelman, *Biohazard: The Chilling True Story of the Largest Covert Biological Weapons Program in the World* (New York: Random House, 1999), 262.
17. France reinitiated its program after World War II. It acceded to the Biological Weapons Convention in 1984.
18. Mary Kaldor, *New and Old Wars: Organized Violence in a Global Era* (Cambridge, MA: Polity Press, 1999), 2—3; on regional conflict, see also Edward N. Luttwak, "Towards Post-heroic Warfare", *Foreign Affairs* 74, no. 3 (1995):

109—123.
19. Michael Waizer, *Just and Unjust Wars: A Moral Argument with Historical Illustrations* (New York: Basic Books, 1977), 197—206.
20. Matthew Meselson, "Bioterrorism: What Can Be Done?" in Robert B. Silvers and Barbara Epstein, eds., *Striking Terror: America's New War* (New York: New York Review Books, 2002), 257—276.

第一章

1. See Robert S. Desowitz, *The Malaria Capers: More Tales of Parasites and People, Research, and Reality* (New York: Norton, 1991), for a popular overview of the history of "miasma" and malaria research; see also Gordon Harrison, *Mosquitoes, Malaria, and Man: A History of the Hostilities Since 1880* (London: J. Murray, 1978); Alain Corbin, *The Foul and the Fragrant: Odour and the French Social Imagination* (Oxford: Berg, 1986); on fatalism, see Yi-Fu Tuan, *Landscapes of Fear* (Minneapolis: University of Minnesota Press, 1982), 88—104.
2. Mark Wheelis, "Biological Sabotage in World War I", in Erhard Geissler and John Ellis van Courtland Moon, eds., *Biological and Toxin Weapons: Research, Development and Use from the Middle Ages to 1945* (New York: Oxford University Press, 1999), 35—62.
3. Ibid., 62.
4. Theodor Rosebury and Elvin A. Kabat, with the assistance of Martin H. Boldt, "Bacterial Warfare", *Journal of Immunology* 56, no. 1 (1947): 7—96.
5. For background on the impact of medical science since 1700, see William H. McNeill, *Plagues and Peoples* (New York: Doubleday, 1977), 208—257. For broad historical overview, see Jared Diamond, *Guns, Germs, and Steel: The Fates of Human Societies* (New York: Norton, 1999).
6. Norman Longmate, *King Cholera: The Biography of Disease* (London: H. Hamilton, 1966), 1—5.
7. Joseph Robins, *The Miasma: Epidemic and Panic in Nineteenth Century Ireland* (Dublin: Institute of Public Administration, 1995), 62—110.
8. Ibid., 9—31.
9. Isobel Grundy, *Lady Mary Wortley Montagu: Comet of the Enlightenment* (New York: Oxford University Press, 1999); McNeill, *Plagues and People*, 223—227.
10. Olivier Lepick, "French Activities Related to Biological Warfare", in Geissler and Moon, *Biological and Toxin Weapons*, 70—90. Lepick's article gives an overview of the French program until 1940.
11. Wheelis, "Biological Sabotage", 56.

12. Lepick, "*French Activities*", 72; Erhard Geissler "Biological Warfare Activities in Germany, 1923—1945", in Geissler and Moon, *Biological and Toxin Weapons*, 91—126. Although German intelligence procured a secret French document on anthrax spores as a biological weapons agent. German medical and veterinary experts who read it were skeptical about their military usefulness.
13. Quoted and summarized in Lepick, "French Activities", 76—78.
14. Lepick, "French Activities", 77.
15. Quoted in Sir Norman Angell, *The Menace to Our National Defence* (London: Hamish Hamilton, 1934), 61. Angell reviews air retaliation as defense in total war.
16. Throughout the 1930s, influenced by Trillat, French biologists, among others, felt that dried agents were nearly useless. See R. DuPérié, "La guerre bactérienne", *Journal de Médecine de Bordeaux* (10 January 1935): 7—9; Médecin-Colonel Le Bordellès, "La guerre bactériologique de la défense passive antimicrobienne", *Le Bulletin Médical* 53, no. 10 (1939): 179—185; Giannino de Cesare, "La guerra microbia", *Minerva Medica* 26 (1935): 733—737.
17. Major Leon A. Fox, "Bacterial Warfare: The Use of Biologic Agents in Warfare", *The Military Surgeon* 72, no. 3 (1933): 189—207. Fox writes, "No living organism will withstand the temperature generated by an exploding artillery shell" (205).
18. See A. Rochaix, "Epidémies provoquées: A propos de la guerre bactérienne", *Revued Hygiène* 58, no. 3 (1936): 161—180, for summaries of Trillat. Rochaix notes that Louis Pasteur might have been first to have the idea of provoking epidemics, in 1887, when he successfully used chicken cholera to exterminate rabbits that threatened the Pommery champagne cellar in Rheims. The next year Pasteur sent one of his scientists to Australia, but the disease proved less effective and workers, fearful of contagion, mounted a campaign against the Pasteur process (169—170).
19. Andy Thomas, *Effects of Chemical Warfare: A Selective Review and Bibliography of British State Papers* (London: Taylor & Francis, 1985), 49.
20. R. S. Young, "The Use and Abuse of Fear: France and the Air Menace in the 1930's", *Intelligence and National Security* 2, no. 4 (1987): 88.
21. Dupérié, "La guerre bactéerienne", 9; see Rochaix, "Epidémies provoquées", 174.
22. Jean Duffour, "La guerre bactériologique", *Journal de Médecine de Bordeaux* (16—23 October 1937): 333—349.
23. Le Bordellès, "La guerre bactériologique", 184—185.
24. Fox, "Bacterial Warfare", 207.
25. Rosebury and Kabat, "Bacterial Warfare". For general reference, scc C. A. Mims,

The Pathogenesis of Infectious Disease, 3d ed. (New York: Academic Press, 1987). See also Frederick R. Sidell, Ernest T. Takafuji, and David R. Franz, eds., *Medical Aspects of Chemical and Biological Warfare* (Washington, DC: Office of the Surgeon General, Department of the Army, 1997), 437—685. These pages cover general history, medicine and principal antihuman agents; and David R. Franz, Peter B. Jahrling, Arthur M. Friedlander, et al., "Clinical Recognition and Management of Patients Exposed to Biological Agents", in Joshua Lederberg, ed., *Biological Weapons: Limiting the Threat* (Cambridge, MA: MIT Press, 1999), 37—80.

26. Rosebury and Kabat, "Bacterial Warfare", 20.
27. Rosebury and Kabat knew ahout the Chinese accusations that Japan had used plague-infected fleas against them. See chapter 4 of this book.
28. Quoted in Robert Harris and Jeremy Paxman, *A Higher Form of Killing: The Secret Story of Chemical and Biological Warfare* (New York: Hill and Wang, 1982), 69.
29. Rosebury and Kabat, "Bacterial Warfare", 11.
30. Ibid., 10.
31. For comparison, see World Health Organization, *Health Aspects of Chemical and Biological Weapons* (Geneva: World Health Organization, 1970), 60—83.
32. Rosebury and Kabat, "Bacterial Warfare", 42.
33. See H. N. Glassman, "Discussion", *Bacteriologic Review* 30 (1966): 657—659; Matthew Meselson, Jeanne Guillemin, Martin Hugh-Jones, A. Langmuir, Ilona Popova, Alexis Shelokov, and Olga Yampolskaya, "The Sverdlovsk Anthrax Outbreak of 1979", *Science* 266 (518): 1202—1208; Jeanne Guillemin, *Anthrax: The Investigation of a Deadly Outbreak* (Berkeley: University of California Press, 1999), 278—279.
34. Rosebury and Kabat, "Bacterial Warfare", 45.
35. Ibid., 14.
36. Ibid., 31.
37. John Duffy, *The Sanitarians: A History of American Public Health* (Urbana: University of Illinois Press, 1990), 256—264.
38. Theodor Rosebury, *Peace or Pestilence? Biological Warfare and How to Avoid It* (New York: McGraw-Hill, 1949).

第二章

1. Barry R. Posen, *Inadvertent Escalation: Conventional War and Nuclear Risks* (Ithaca, NY: Cornell University Press, 1992), 20. In his discussion of determi-

nants of escalation, Posen applies the idea of Carl von Clausewitz, *On War* (Princeton, NJ: Princeton University Press, 1976), 117—118, concerning the contradictory, false, and uncertain intelligence in war, often referred to as the "fog of war", and the difficulties faulty information poses for military decision makers.

2. H. Wickham Steed, "Aerial Warfare: Secret German Warfare", *The Nineteenth Century and After* 116(July 1934): 1—15; "The Future of Warfare", *The Nineteenth Century and After* 116(August 1934): 129—140.
3. Steed, "Aerial Warfare", 1.
4. See critical comments by Ernst Burkhardt under "Correspondence", *The Nineteenth Century and After* 116(September 1934): 331—336; and Wickham Steed's rejoinder, ibid., 337—339. See also Martin Hugh-Jones, "Wickham Steed and German Biological Warfare Research", *Intelligence and National Security* 7, no. 4 (1992): 380—402.
5. Brian Balmer, *Britain and Biological Warfare: Expert Advice and Science Policy, 1930—1965* (London: Palgrave, 2001), 27.
6. Robert Harris and Jeremy Paxman, *A Higher Form of Killing: The Secret Story of Chemical and Biological Warfare* (New York: Hill and Wang, 1982), 65—67, 135.
7. Erhard Geissler, "Biological Warfare Activities in Germany, 1923—1945", in Erhard Geissler and John Ellis van Courtland Moon, eds., *Biological and Toxin Weapons: Research, Development and Use from the Middle Ages to 1945* (New York: Oxford University Press, 1999), 91—126.
8. Stephen Roskill, *Hankey: Man of Secrets*, vol. 3, *1931—1963* (London: Collins, 1974).
9. It is worth noting that the UK program was technically prepared to start research on biological weapons and might have done so eventually, perhaps with initiatives from its chemical corps or that of the United States.
10. See Gradon B. Carter and Graham Pearson (both formerly at Porton Down), "British Biological Warfare and Biological Defence, 1925—1945", in Geissler and Moon, *Biological and Toxin Weapons*, 168—189. "Hankey, later Lord Hankey, must be regarded as the founding father of biological warfare and biological warfare defence in the UK".
11. Balmer, *Britain and Biological Warfare*, 29—54.
12. PRO WO188/650 CBW1 CID Subcommittee on biological warfare (2 November 1936).
13. Gradon B. Carter and Graham S. Pearson, "British Biological Warfare and Biological Defence, 1925—1945", in Geissler and Moon, *Biological and Toxin Weapons*,

168—189. Martin Hugh-Jones ("Wickham Steed", 393) observed Roskill's note that while in military service Hankey had his experience of epidemics as well.

14. Balmer, *Britain and Biological Warfare*, 14—28.
15. Arthur Marwick, *Britain in the Century of Total War: War, Peace and Social Change* (Boston: Little, Brown, 1968), 266.
16. See John Bryden, *Deadly Allies: Canada's Secret War 1937—1947* (Toronto: McClelland & Stewart, 1989), 34—57; Donald Avery, "Canadian Biological and Toxin Warfare", in Geissler and Moon, *Biological and Toxin Weapons*, 190—214.
17. See Lloyd Stevenson, *Sir Frederick Banting* (Toronto: Ryerson Press, 1946), 151—163; and Paul De Kruif's more dramatic version, "Banting: Who Found Insulin", in *Men Against Death* (New York: Harcourt, Brace, 1932), 59—87.
18. Frederick O. Banting, "Memorandum on the Present Situation Regarding Bacterial Weapons" (undated), PRO, WO188/653 10. This statement was brought by Banting to England in November 1939.
19. Banting, "Memorandum", 9.
20. Ibid., 3.
21. Ibid., 8.
22. Quoted in Bryden, *Deadly Allies*, 38.
23. Roskill, *Hankey*, 467—468.
24. PRO, CAB104/234. Letter, Hankey to Group Captain Elliot (26 July 1940). See also Balmer, *Britain and Biological Warfare*, 29—54.
25. John Buckley, *Air Power in the Age of Total War* (Bloomington: Indiana University Press, 1999), 81.
26. Balmer, *Britain and Biological Warfare*, 36—37.
27. Winston Churchill, *The Gathering Storm* (Boston: Little, Brown, 1948), 34.
28. Porton scientists have deemphasized the potential impact the cattle cakes would have had on civilians. See Peter H. Hammond and Gradon B. Carter, *From Biological Weapons to Health Care: Porton Down*, 1940—2000 (New York: Palgrave, 2002), 12—13. Carter and Pearson, "British Biological Warfare", 181—183, describe the production and planned delivery system for the cattle cakes.
29. Bryden, *Deadly Allies*, 40—43.
30. Ibid., 50.
31. Quoted in Harris and Paxman, *Higher Form*, 69. This was the quote that Rosebury and Kabat refer to in their 1942 report.
32. Balmer, *Britain and Biological Warfare*, 45—46.

33. J. B. S. Haldane, *Callinicus: A Defence of Chemical Warfare* (London: Kegan, Paul, Trench, Trubner, 1925), 32.
34. PRO, WO188/654 BIO/5293. Fildes Notes on Professor Murray's Memorandum (7 September 1944).

第三章

1. Brian Balmer, *Britain and Biological Warfare: Expert Advice and Science Policy, 1930—1965* (London: Palgrave, 2001), 188, for a diagram of the British 1947 committee oversight of biological weapons, brought forward from the war years.
2. PRO, WO 188/654, Letter, Professor Newitt to Fildes, 12 February 1942.
3. Secretary of State Henry L. Stimson to Secretary of State Cordell Hull, 18 February 1942, National Archives of the USA, Records of the War Department, General and Special Staffs, RG 165.
4. Robert Harris and Jeremy Paxman, *A Higher Form of Killing: The Secret Story of Chemical and Biological Warfare* (New York: Hill and Wang, 1982), 95—96. See details on Stimson's role in Barton J. Bernstein, "Origins of the Biological Warfare Program", in Susan Wright, ed., *Preventing a Biological Arms Race* (Cambridge, MA: MIT Press, 1990), 9—25. See also Bernstein's previous article, "America's Biological Warfare Program in the Second World War", *Journal of Strategic Studies* 11 (September 1988): 292—317; and the overview in John Ellis van Courtland Moon, "US Biological Warfare Planning and Preparedness: the Dilemmas of Policy", in Erhard Geissler and John Ellis van Courtland Moon, eds., *Biological and Toxin Weapons: Research, Development and Use from the Middle Ages to 1945* (New York: Oxford University Press, 1999), 217—254.
5. Harris and Paxman, *A Higher Form of Killing*, 115—118.
6. Ibid., 118.
7. June 8, 1943, statement, quoted in Frederic J. Brown, *Chemical Warfare: A Study in Restraints* (Princeton, NJ: Princeton University Press, 1968), 264. Bernstein ("Origins", 16) characterizes Roosevelt's attitude as more disengaged, so that he bequeathed to President Harry Truman "an ambiguous legacy regarding biological warfare".
8. William D. Leahy, *I Was There* (New York: McGraw-Hill, 1950), 440. Leahy was also against nuclear weapons: "These new concepts of 'total war' are basically distasteful to the soldier and sailor of my generation. Employment of the atomic bomb in war will take us back in cruelty toward noncombatants to the days of Genghis Khan" (441—442).
9. Leo P. Brophy, Wyndham D. Miles, and Rexmond C. Cochrane, *The Chemical*

Warfare Service: *From Laboratory to Field*(Washington, DC: Office of the Chief of Military History, U. S. Army, 1959), 103.

10. Rexmond C. Cochrane, *Biological Warfare Research in the United States*, vol. II, part D, XXIII: *Chemical Plant Growth*: *History of the Chemical Warfare Service in World War II*(1 *July 1940—15 August 1945*) (Washington, DC: Office of Chief, Chemical Corps, 1947), 19. See "Organization of WRS" flow chart.
11. On accelerated vaccine development during the war, also related to biological weapons, see Kendall L. Hoyt, "The Role of Military-Industrial Relations in the History of Vaccine Innovation", PhD dissertation, MIT, 2002.
12. John Bryden, *Deadly Allies*: *Canada' s Secret War 1937—1947*(Toronto: McClelland & Stewart, 1989), 81—84.
13. Ibid., 121.
14. See Oram C. Woolpert, letter of 24 February 1948, appended to Cochrane, *Biological Warfare Research in the United States.*
15. Brophy, Miles, and Cochrane, *Chemical Warfare Service*, 111.
16. See Woolpert, letter of 24 February 1948, which limits the tested agents to anthrax and plague.
17. See Theodor Rosebury, *Experimental Air-Borne Infection*(Baltimore: Williams and Wilkins, 1947), 48—56.
18. Harris and Paxman, *A Higher Form of Killing*, 103.
19. B. H. Liddell Hart, *History of the Second World War*(New York: G. P. Putnam' s Sons, 1971), 592.
20. PRO, CAB 136/1 Memo by R. G. Peck, 12 January 1944.
21. Bryden, *Deadly Allies*, 138—161.
22. PRO, PREM 3/65.
23. Ibid.
24. Some historians from Porton contend that Churchill was not in favor of biological warfare. See Gradon B. Carter and Graham S. Pearson, "British Biological Warfare and Biological Defense, 1925—45", in Geissler and Moon, eds., *Biological and Toxin Weapons*, 168—189, 181.
25. See Leo P. Brophy and George J. B. Fisher, *The Chemical Warfare Service*: *Organizing for War*(Washington, DC: Office of the Chief of Military History, Department of the Army, 1959).
26. Cochrane, *Biological Warfare Research in the United States*, 209—231.
27. Ibid., 234.
28. See Bryden, *Deadly Allies*, 118—119 and 197—199, for Bryden' s 1989 inter-

view with Baldwin about the Vigo plant.

29. Cochrane, *Biological Warfare Research in the United States*, 77—80.
30. Ibid., 80.
31. The contingency plans were described by Fildes in what appears to be a November 1945 memo (PRO-DEFE 2/1252. Report to the Joint Technical Warfare Committee on "Potentialities of Weapons of Biological Warfare During the Next Ten Years".), with bomber and bomb details on page 3 of the appendix. Harris and Paxman, *A Higher Form of Killing*, reason that the plans must predate the fall of Aachen in October 1944. They may reflect initial enthusiasm for the "N" bomb, an enthusiasm that faded during the summer of 1944 as the United States delayed on bomb production and as it became increasingly clear that the Germans had no biological weapons program (104).
32. Brophy, Miles, and Cochrane, *Chemical Warfare Service*, 112—115.
33. Cochrane, *Biological Warfare Research in the United States*, 479.
34. Ibid., 509.
35. PRO-WO 188/188/654 "Failure of BW Policy in the European Theatre", P. Fildes, 6 June 1944.
36. Baldwin, with his mentor Dr. Fred, continued to be active in advising on biological warfare projects, especially after the war.
37. See Bryden, *Deadly Allies*, 122—127.
38. Quoted in Cochrane, *Biological Warfare Research in the United States*, 189—191, from Secretary of War Stimson and Paul V. McNutt, Administrator, Federal Security Agency, to President Roosevelt, 12 May 1944.
39. Ibid., 226.
40. Harris and Paxman, *A Higher Form of Killing*, 96.
41. Cochrane, *Biological Warfare Research in the United States*, 474—477.
42. Ibid., 478.
43. Ibid.
44. Bernstein, "Origins of the Biological Warfare Program", 17—18.

第四章

1. William M. Creasy, "Presentation to the Secretary of Defense's Ad Hoc Committee on CEBAR", 24 February 1950, Joint Chiefs of Staff Files.
2. Rexmond C. Cochrane, *Biological Warfare Research in the United States*, vol. II, part D, XXIII: *Chemical Plant Growth: History of the Chemical Warfare Service in World War II (1 July 1940—15 August 1945)* (Washington, DC: Office of Chief, Chemical Corps, 1947), 48—488.

3. Theodor Rosebury, *Experimental Air-Borne Infection* (Baltimore: Williams and Wilkins, 1947).
4. Samuel Goudsmit, *Alsos* (Los Angeles: Tomash, 1983); John Gimbel, *Science, Technology and Reparations: Exploitation and Plunder in Postwar Germany* (Stanford, CA: Stanford University Press, 1990).
5. R. W. Home and Morris F. Low, "Postwar Scientific Intelligence Missions to Japan", *Isis* 84 (1993): 527—537. Two MIT scientists led the mission: Karl Compton, president of MIT and head of Field Service at the Office of Scientific Research and Development during the war; and Edward Moreland, dean of engineering and wartime head of the National Defense Research Committee.
6. A. T. Thompson, "Report on Japanese Biological Warfare (BW) Activities, Army Service Forces, Camp Detrick, Maryland", 31 May 1946, Fort Detrick Archives, Supplement 3e.
7. See Linda Hunt, *Secret Agenda: The United States Government, Nazi Scientists, and Project Paperclip*, 1944—1990 (New York: St. Martin's Press, 1991).
8. Sheldon H. Harris, *Factories of Death: Japanese Biological Warfare 1932—45 and the American Cover-up* (London: Routledge, 1994), 169—172. In 1990 Harris visited military archives at Dugway, Utah, and copied extensive documentation of both the amnesty bargain and the Japanese reports of the program.
9. US National Archives and Records Administration, 20 March 2002, press release, "IWG Report to Congress".
10. Summary of Information, Subject Ishii, Shiro, 10 January 1947, Document 41, US Army Intelligence and Security Command Archive, Fort Meade, Maryland.
11. SWNCC (State-War-Navy Coordinating Committee) 351/1, 5 March 1947, Record Group 331, Box 1434. 20, Case 330. US National Archives.
12. Marius B. Jansen, *The Making of Modern Japan* (Cambridge, MA: Harvard University Press, 2000), 668—669.
13. Peter Williams and David Wallace, *Unit 731: The Japanese Army's Secret of Secrets* (Sevenoaks, Kent: Hodder and Stoughton, 1989), 75—80. The colonial army often served as a stepping-stone to Tokyo government positions.
14. Ibid., 76—78, 138. The American version of this book was published by Free Press, 1990, and deleted the parts building a case for US use in the Korean War of biological weapons based on Japanese information, specifically plague-infected fleas.
15. Sheldon Harris, "Japanese Medical Atrocities in World War II: Unit 731 Was Not an Isolated Aberration", International Citizens Forum on War Crimes and Redress, Tokyo, Japan, 11 December 1999.

16. Thompson, "Report", 1946.
17. Williams and Wallace, *Unit 731*, 207.
18. Harris, *Factories of Death*, 203.
19. One of those who received immunity in 1948, Naito Ryiochi, later founded the multinational pharmaceutical company Green Cross Corporation, became a member of the New York Academy of Sciences and received Japan's Order of the Rising Sun in 1982.
20. *Materials on the Trial of Former Servicemen of the Japanese Army Charged with Manufacturing and Employing Bacteriological Weapons* (Moscow: Foreign Language Press, 1950).
21. See chapter 7.
22. Louise Young, *Japan's Total Empire: Manchuria and the Culture of Wartime Imperialism* (Berkeley: University of California Press, 1998), 55—114.
23. Jansen, *Making of Modern Japan*, 587.
24. Muto Sanji, Alessandro Rossi, Kishi Nobusuke, Giovanni Agnelli, and Ayukawa Gisuke, "The Birth of Corporatism", in Richard J. Samuels, ed., *Machiavelli's Children* (Ithaca, NY: Cornell University Press, 2003), 124—151.
25. See Jansen, *Making of Modern Japan*, 566—624.
26. Williams and Wallace, *Unit 731*, 223.
27. Harris, *Factories of Death*, 18.
28. Williams and Wallace, *Unit 731*, 7.
29. Kei-ichi Tsuneishi, "C. Koizumi: As a Promoter of the Ministry of Health and Welfare and an Originator of the BCW Research program", *Historia Scientiarum* 26 (1984): 95—113.
30. Thompson, "Report", 1946.
31. Kei-ichi Tsuneishi, "Research Guarded by Military Secrecy", *Historia Scientiarum* 30 (1986): 79—92.
32. "Japanese Attempts at Bacteriological Warfare in China", 9 July 1942, PRO, PREM 3/65.
33. Ishii was probably behind unsuccessful attempts to spread cholera (via dropped glass vials) in Burma. In 1944, a team of seventeen officers trained by him was sent by ship to cover the Saipan airstrip with plague-infected fleas. En route, an American submarine sank the ship. See Williams and Wallace, *Unit 731*, 81, based on correspondence with Professor Tsuneishi.
34. "Former Japanese Army Targeted Pacific for Germ Bombs", Kyodo News Service, 28 November 1993. The article cites university researchers as its source.

35. Tsuneishi, "C. Koizumi", 104.
36. Norbert E. Fell, Chief, PP-E (Planning Pilot-Engineering) Division, to Assistant Chief of Staff, G-2, GHQ, Far East Command; through Technical Director, Camp Detrick, Commanding Officer, Camp Detrick, 24 June 1947, 11.
37. Edwin V. Hill, M. D., to Gen. Alden C. Waitt, Chief Chemical Corps, Pentagon, Washington, D. C. (12 December 1947).
38. Fell to Assistant Chief of Staff, 10.
39. Martin Furmanski and Sheldon H. Harris conclude that the reports were written up by Ishikawa Tachjio, who later became president of the Kanazawa University School of Medicine; "Effects of Unsophisticated Anthrax Bioweapons I: Clinical and Pathologic Features of Victims: Evidence from Japanese Crimes against Humanity", unpublished manuscript, October 2001, 4. Of less interest were six cases of gastrointestinal anthrax and one of a death from cutaneous anthrax.
40. See Benno Müller-Hill, *Murderous Science: The Elimination by Scientific Selection of Jews, Gypsies, and Others, Germany 1933—1945* (New York: Oxford University Press, 1988); Robert Jay Lifton, *Nazi Doctors: Medical Killing and the Psychology of Genocide* (New York: Basic Books, 1986); and Robert Proctor, *Racial Hygiene: Medicine Under the Nazis* (Cambridge, MA: Harvard University Press, 1988).
41. Aaron Epstein, "MD: U. S. Hid Japan's Experiments on POWs", *Miami Herald* 7 December 1985.
42. Fell to Assistant Chief of Staff, 2.
43. Harris, *Factories of Death*, 222.
44. Hill to Waitt.
45. The *Post* article, by John Saar, was "WWll Germ Deaths Laid to Japan", 19 November 1976.
46. Robert Gomer, John W. Powell, and Bert V. A. Röling, "Japan's Biological Weapons: 1930—1945", *The Bulletin of the Atomic Scientists*, October 1981, 43—53. The substance of this article appeared under Powell's name in *Journal of Concerned Asian Scholars* 12, no. 4 (1980): 2—17.
47. Tokyo: Kai-nei-sha Publishers. See also Kei'ichi Tsuneishi and Tomizo Asano, *The Bacteriological Warfare Unit and the Suicide of Two Physicians* (Tokyo: Shincho-Sha, 1982). Tsuneishi, "Research", includes the summary list of autopsy cases obtained from the Japanese as part of the immunity bargain.
48. Williams and Wallace, *Unit 731*, 189.
49. Tamura Yoshio, "Unit 731", in Haruko Taya Cook and Theodore F. Cook, *Japan at War: An Oral History* (New York: New Press, 1992), 158—167.

50. Harris, *Factories of Death*, 152.

51. Reported in the *CBW Bulletin* 50(December 2000):38.

52. Reported at the Sixth International Conference on Sino-Japanese Relations(Foster City, CA, March 15, 2000) by Li Yaquan of China, secretary general of the society for the study of Japan's fourteen-year rule in Manchuria.

53. John W. Powell, "Japan's Germ Warfare: The U. S. Cover-up of a War Crime", *Bulletin of Concerned Asian Scholars* 12, no. 4(1980):2—17.

第五章

1. William M. Creasy, "Presentation to the Secretary of Detense's Ad Hoc Committee on CEBAR", 24 February 1950, Joint Chiefs of Staff Files.

2. Seymour Hersh, *Chemical and Biological Warfare: America's Hidden Arsenal* (Indianapolis: Bobbs-Merrill, 1968), 202.

3. Report by the Joint Strategic Plans Committee to the Joint Chiefs of Staff on Statements of Policy and Directives on Biological Warfare, JCS 1837/34, 11 June 1952.

4. Ibid., 289.

5. Ibid., 324.

6. Theodor Rosebury, *Peace or Pestilence? Biological Warfare and How to Avoid It* (New York: McGraw-Hill, 1949), 50. Rosebury details the other media coverage noted here.

7. See Brian Balmer, *Britain and Biological Warfare: Expert Advice and Science Policy, 1930—65* (London: Palgrave, 2001), 70—73, for discussion of the US and UK intelligence evaluations of the Soviet postwar biological threat. Balmer notes, "In the vacuum left by such reports, assessments were frequently based on the assumption that UK and US possibilities reflected Russian capabilities"(72).

8. Rosebury, *Peace or Pestilence*, 150.

9. Study by the Joint Advanced Study Committee on Biological Warfare. JCS, 1837/26, 7 September 1951, 290.

10. Rexmond C. Cochrane, *Biological Warfare Research in the United States*, vol. II, part D, XXIII: *Chemical Plant Growth: History of the Chemical Warfare Service in World War II(1 July 1940—15 August 1945)* (Washington, DC: Office of Chief, Chemical Corps, 1947), 508—512.

11. Hersh, *Chemical and Biological Warfare*, 133—138.

12. Over the decades, the MRD and the MRE gradually extended animal research on inhalational infections beyond anthrax and plague to tuberculosis, brucellosis, tularemia, Venezuelan equine encephalitis virus, rabbitpox virus, influenza, Mar-

burg virus, Ebola virus, Vaccinia virus, and smallpox virus, among other pathogens. See Peter Hammond and Gradon Carter, *From Biological Warfare to Healthcare: Porton Down, 1940—2000* (New York: Palgrave, 2002), 65—66.

13. Hammond and Carter, *From Biological Warfare to Healthcare*, 76—92.
14. Ibid., 66.
15. Balmer, *Britain and Biological Warfare*, 147.
16. P. C. B. Turnbull, "Anthrax Vaccines: Past, Present, and Future", *Vaccine* 9 (August 1991): 533—539. After several years, Harry Smith left Porton for an academic position.
17. Hammond and Carter, *From Biological Warfare to Healthcare*, 102—104; Balmer, *Britain and Biological Warfare*, 98—101.
18. O. H. Wansbrough-Jones, "Future Development of Biological Warfare", PRO, DEFE 2/1252, 7827, 4. On the same page, the author also points out that medical defenses against BW could "render it obsolete, but that in the meanwhile preparedness was recommended...our position will be bad if other countries develop an cffective weapon."
19. Balmer, *Britain and Biological Warfare*, 79—85.
20. Dorothy L. Miller, "History of the Air Force Participation in Biological Warfare Program 1944—1951", Historical Study No. 194, Wright Patterson Air Force Base, Office of the Executive Air Materiel Command, September 1952, 2.
21. Miller, "History of Air Force Participation", 6.
22. The Air Force had its own Air Research and Development Command, which worked directly with CWS, and its logistics and training division, Air Materiel Command. It also had Wright Air Development Center, which made major judgments on biological-warfare projects, and the Air Force Armament Center, in charge of tests at Eglin Air Force Base in Florida and Holloman Air Force Base in New Mexico.
23. *Report of the International Scientific Commission for the Investigation of the Facts Concerning Bacterial Warfare in Korea and China* (Beijing, 1952). The reports of the interviews with the four POWs suggest highly moving performances. The four service men recanted their testimonies once they were released and returned home. See Stockholm International Peace Research Institute (SIPRI), *The Problem of Chemical and Biological Warfare*, vol. 4, 196—223.
24. Numerous articles appeared following the Japanese journalist's report. See Milton Leitenberg, "New Russian Evidence on the Korean War Biological Warfare Allegations: Background and Analysis", *Cold War International History Project Bulletin* 11 (1998): 185—199, and "The Korean War Biological Weapons Alle-

gations: Additional Information and Disclosure", *Asian Perspectives* 24, no. 3 (2000): 159—172; John Ellis van Courfland Moon, "Dubious Allegations", *Bulletin of the Atomic Scientists* 55, no. 3(1999): 70—72.

25. Miller, "History of Air Force Participation", 76.
26. Ibid.
27. Ibid., 79.
28. Ibid., 52—53.
29. See Erving Goffman, *Frame Analysis: An Essay on the Organization of Experience* (Cambridge, MA: Harvard University Press, 1974), 59—62. See also Trevor Pinch, "'Testing—One, Two, Three ... Testing': Toward a Sociology of Testing", *Science, Technology, & Human Values* 18, no. 1(1993): 25—41.
30. Hammond and Carter, *From Biological Warfare to Healthcare*, 21—27.
31. D. W. Henderson and J. D. Morton, "Operation Harness 1947—1949", Ministry of Supply, Biological Warfare Sub-Committee, 20 July 1949. PRO, DEFE 10/263, 4.
32. Ibid., 4—5. Problems abounded at the site: escaped monkeys, working in masks and suits at high temperatures, loading bomb fill by hand, moving sheep into dinghies, shark attacks, one case of brucellosis, and eight cases of venereal disease among personnel. In the end, as Paul Fildes and Lord Stamp pointed out, Operation Harness told little of the long-range effects of pathogens over land, where they were most likely to be used. See Balmer, *Britain and Biological Warfare*, 104—110.
33. Miller, "History of Air Force Participation", 64, writes, "In order to produce an efficient aerosol-producing munition, the general principles governing BW aerosol generation, stability, and dynamics had to be understood. Information had to be obtained about the mechanisms of aerosol formation, the physical stability of various types of aerosols under various environmental conditions, and the dynamics of aerosol dispersion and travel. It was also necessary to relate the generating mechanisms to the biological character of the agent and to its suspending medium, and to determine to what extent the agent-fill might be modified to meet the requirements of the disseminating device. Close coordination was required with other projects dealing with aerosol stability, infectivity or toxicity, and with storage stability".
34. Munition Expenditure Panel, "Preliminary Discussion of Methods for Calculating Munition Expenditure, With Special Reference to the St Jo Program", 11 August 1954, Camp Detrick, Frederick, Maryland.
35. Ibid., 6.

36. In the St Jo report(p. 71), the Salisbury tests are cited as "Diffusion of Smoke in Built-up Area: Porton Technical paper No. 193; and Wind Tunnel Experiments of Diffusion in a Built-up Area: Porton Technical Paper No. 257.
37. See Leonard A. Cole, *Clouds of Secrecy: The Army's Germ Warfare Tests Over Populated Areas*(Lanham, MD: Rowman and Littlefield, 1988).
38. The contractor was the Ralph M. Parsons Company, and the Stanford-Parsons data are cited frequently in the St Jo report.
39. Munition Expenditure Panei, "Preliminary Discussion".
40. Miller, "History of Air Force Participation", 90. Miller goes on to note: "The test program was well conceived and admirably conducted. Coordination among the services was excellent. For the first time the Chemical Corps and the Air Force knew from the beginning what the development work was meant to accomplish. All were agreed upon the basic essentials. Logistic problems were placed alongside research and development in relative importance."
41. Ibid., 194—195. See Nicholas Hahon, *Screening Studies with Variola Virus*(*U*) (Fort Detrick, MD: US Army Chemical Corps, Biological Warfare Laboratories, October 1958)(Control No. 57-FD-S-1620); Mary S. Watson, *Variola Virus: A Survey and Analysis of the Literature*(Fort Detrick, MD: Chemical Corps Research and Development Command, US Army Biological Laboratories, November 1960).
42. US Army, *U. S. Army Activity in the U. S. Biological Warfare Programs*, vol. 1, 24 February 1977, 125—140.
43. Munition Expenditure Panei, "Preliminary Discussion", 9.
44. Jonathan D. Moreno, *Undue Risk: Secret State Experiments on Humans*(New York: W. H. Freeman, 1999), 254—262. The cadre of physicians in charge afterward became formally recognized as the US Army Medical Unit. In 1955, the Army signed a contract with Ohio State University to test tularemia on prisoners at Ohio State penitentiary. Two strains were standarized.
45. P. S. Brachman, S. A. Plotkin, E H. Bumford, et al., "An Epidemic of Inhalation Anthrax: The First in the Twentieth Century", *American Journal of Hygiene* 1960(72): 6—23.
46. JCS 1837/34, 326—330. In this document, Secretary of Defense Robert Lovett appears more willing to forego the retaliation-only policy than the Joint Chiefs.
47. Miller, "History of Air Force Participation", 58.
48. Ibid. Here Miller refers to a longstanding argument about whether the retaliation policy had complicated operational planning and discouraged competent personnel from entering the program. As it was, the Air Force had to have a program,

but "did not have to guarantee results".

49. Quoted in Raymond L. Garthoff, *Soviet Strategy in the Nuclear Age* (New York: Praeger, 1958), 104.
50. US Army, "U. S. Army Activity", chap. 4.
51. In the 1954 US Army Field Manual 27—10, *Law of Land Warfare*, it was stipulated: "Gas warfare and bacteriological warfare are employed by the United States against enemy personnel only in retaliation for their use by the enemy". Quoted in Hersh, *Chemical and Biological Warfare*, 23. In another manual, US Army Field Manual 101—140, *Armed Forces Doctrine for Chemical and Biological Weapons Employment and Defense*, presidential control is clear: "The decision for U. S. forces to use chemical and biological weapons rests with the President of the United States." Quoted in Hersh, *Chemical and Biological Warfare*, 24.
52. Ibid.
53. Balmer, *Britain and Biological Warfare*, 160—162.
54. Quoted in Hersh, *Chemical and Biological Warfare*, 28.
55. Hersh, *Chemical and Biological Warfare*, 34—35.
56. The USG updates on the release of declassified information on SHAD are available at http://deploymentlink.osd.mil/current_issues/shad.
57. John Morrison, *DTC Test* 68—50: *Test Report* (Fort Douglas, UT: Department of the Army, Deseret Test Center, 1969). See Ed Regis, *The Biology of Doom* (New York: Henry Holt, 1999), 200—206. See also ibid., 188—192, on the involvement of the Smithsonian Institution in the Pacific Ocean Biological Survey Program.

第六章

1. Peter Hammond and Gradon Carter, *From Biological Warfare to Healthcare: Porton Down, 1940—2000* (New York: Palgrave, 2002), 120. This retreat from an offensive posture was publicly stated in 1959 by the head of the Ministry of Supply.
2. "Discussion at the 435th Meeting of the National Security Council, February 18, 1960", Dwight D. Eisenhower Library; Eisenhower Papers, 1953—1961 (Ann Whitman file), 5. Two highly placed science advisors, physicist Herbert York and chemist George Kistiakowsky, expressed optimism at this meeting that US scientists could develop chemical and biological weapons on a par with nuclear arms. Both later repudiated this earlier enthusiasm.
3. Ibid., 6.
4. *Boston Globe*, 21 October 1960.

5. Arthur M. Schlesinger Jr. ,*A Thousand Days*(Boston:Houghton Mifflin,1965), 318—319.
6. Committee on Science and Astronautics,US House of Representatives,*Technical lnformation for Congress:A Report to the Subcommittee on Science Research, and Development*(Washington,DC:Government Printing Office,1971),537.
7. Forrest Frank,"U. S. Arms Control Policymaking:The 1972 Bacteriological Treaty Caso",PhD dissertation,Naval War College,1974,35—36.
8. "Memorandum from the Acting Director of the Arms Control and Disarmament Agency" (Adrian Fisher), Washington, 14 March 1962; Kennedy Library, National Security Files, Kaysen Series, Disarmament, Basic Memoranda, 2/62—4 - 4/62,387.
9. Carl Kaysen,"Memorandum for the President",White House,5 April 1962;Kennedy Library,National Security Files,261,ACDA,Disarmament,18-Nation Conference,Geneva,4/1/62—4/11/62.
10. "Memorandum of Conversation",8 October 1963,Arms Control and Disarmament Agency;Kennedy Library,National Security Files,Disarmament,Committee of Principles,3/61—11/63.
11. William C. Foster,"Memorandum for the Members of the Committee of Principals",29 October 1963,Arms Control and Disarmament Agency;McGeorge Bundy, "Memorandum for the Director,Arms Control and Disarmament Agency",White House,5 November 1963;William C. Foster,"Memorandum for the Members of the Committee of Principals",12 November 1963,Arms Control and Disarmament Agency;Kennedy Library,National Security Files,255. During the previous summer,Harvard biologist Matthew Meselson worked for the Arms Control and Disarmament Agency,researching biological weapons policy,and had submitted his report recommending its review to Foster.
12. Charles Mohr,"U. S. Spray Planes Destroy Rice in Viet Cong Territory",*New York Times*,21 December 1965.
13. See Rachel Carson,*Silent Spring*(New York:Houghton Mifflin,1994),34—37.
14. Jean Mayer,"Crop Destruction in Vietnam",*Science* 152,no. 3720(15 April 1966):291.
15. Secretary Rusk Discusses the Use of Tear Gas in Vietnam",*US Department of State Bulletin* 52,no. 1346(12 April 1965):528—529.
16. This incident,widely covered in the press,became known as the Utter affair,after the name of the officer who ordered riot-control gas used,perhaps against certain prohibitions issued by the Pentagon. Those restrictions were later denied.

See Seymour Hersh, *Chemical and Biological Warfare: America's Hidden Arsenal* (Indianapolis: Bobbs-Merrill, 1968), 174—175.

17. Department of Defense, "Riot Control Procurement Programs for Southeast Asia", in *The Geneva Protocol Hearings before the Committee on Foreign Relations, United States Senate, March 1971* (Washington, DC: US Government Printing Office, 1972), 307.
18. Neil Sheehan, "Tear Gas Dropped Before B-52 Raid", *New York Times*, 22 February 1966.
19. See Frank, "U. S. Arms Control Policymaking", 53. In April 1974 Frank interviewed an anonymous Army officer who took credit for developing the fuse and detonators to disperse CS riot control agent from dropped drums in order to increase enemy casualties.
20. For interpretation of treaty law regarding US chemical use in Vietnam, see R. R. Baxter and Thomas Buergenthal, "Legal Aspects of the Geneva Protocol of 1925", *American Journal of International Law* 64, no. 4 (1970): 853—879.
21. Stockholm International Peace Research Institute (SIPRI), *The Problem of Chemical and Biological Warfare*, vol. 4, *CB Disarmament Negotiations, 1920—1970* (New York: Humanities Press, 1971), 243—247. Italy and Egypt ratified the protocol in 1928.
22. P. M. Haas, "Introduction: Epistemic Communities and International Policy Coordination", *International Organization* 46, no. 1, (1992): 1—35.
23. For a contemporary summary and analysis of this activity, see Charles Ruttenberg, "Political Behavior of American Scientists: The Movement Against Chemical and Biological Warfare", PhD dissertation, New York University, 1972.
24. "FAS Asks Clarification of U. S. Policies on Gerin Warfare", *Bulletin of the Atomic Scientists* 8 (June 1952): 130.
25. Pugwash was named after the Nova Scotia village where the group's first supporter, Cyrus Eaton, had a summer estate used for conferences.
26. "'On Chemical and Biological Warfare': Statement of the Fifth Pugwash Conference", *Bulletin of the Atomic Scientists* 15 (October 1959): 337—339. See Julian Perry Robinson, "The Impact of Pugwash on the Debates of Chemical and Biological Weapons", *Annals of the New York Academy of Sciences* 866 (30 December 1998): 224—252.
27. SIPRI, *The Problem of Chemical and Biological Warfare*, 339. See also Joseph Rotblat, *Pugwash: The First Ten Years* (New York: Humanities Press, 1968).
28. Rotblat, *Pugwash*, 206.
29. Supported by the Swedish government, SIPRI was established in 1966 to study

and publish on questions of arms control and disarmament.

30. SIPRI,*The Problem of Chemical and Biological Weapons*,vols. 1—6. Individual volumes are cited throughout this text. Julian Robinson, later codirector of the Harvard Sussex Program on CBW Armament and Arms Limitation,was the author of the indispensable first two volumes in this series.
31. "Letter to the President",*Bioscience* 17(January 1967):10.
32. These and other advocates are represented in Steven Rose,ed. ,*CBW:Chemical and Biological Warfare*(Boston:Beacon Press,1968).
33. Theodor Rosebury,*Peace or Pestilence? Biological Warfare and How to Avoid It*(New York:McGraw-Hill,1949).
34. Joel Primack and Frank von Hippei,"Matthew Meselson and Federal Policy on Chemical and Biological Warfare",in *Advice and Dissent:Scientists in the Political Arena*(New York:Basic Books,1974),143—164.
35. The petition was initially released to the press with the signatures of twenty-two leading scientists,including seven Nobel Prize winners. With the assistance of biochemist Milton Leitenberg, who later devoted his career to the study of chemical and biological arms control,the petition was open to all US scientists with doctoral degrees.
36. Foy D. Kohler, "Memorandum for the Under Secretary: Proposed Presidential Statement on CB Warfare", Department of State, Deputy Undersecretary, 15 March 1967. "While we do not know how Defense will respond to 〔Walter〕 Rostow,in the past the Defense view has been that we should keep open the option for first use of incapacitating weapons(other than riot control agents). In the absence of a convincing case that the option is vital to national security,I feel that on balance,attempting to retain the option is not valid"(2).
37. "Letter from Secretary of Defense McNamara to the President's Special Assistant(Rostow)",3 May 1967;Johnson Library,National Security File,Warfare, Chemical and Biological,51. Copies were sent to Secretary of State Dean Rusk and to Foster at the Arms Control and Disarmament Agency.
38. Hersh,*Chemical and Biological Warfare*,26—27.
39. Senator J. William Fulbright,head of the Foreign Relations Committee,sponsored crucial hearings on chemical and biological weapons throughout this period. Another critic,Senator Joseph Clark,became the first to use congressional power over the budget to restrain CWS funding. See McCarthy,*The Ultimate Folly*,123—137,and Frank,"U. S. Arms Control Policymaking",82.
40. See Philip Boffey and D. S. Greenberg,"6000 Sheep Stricken Near CBW Center",*Science* 159,no. 3822(29 March 1968):1442,for an early report.

41. Philip M. Boffey, "Biological Warfare—Is the Smithsonian Really a Cover?" *Science* 163, no. 3869 (9 February 1969): 791.
42. Joshua Lederberg, "Congress Should Examine Biological Warfare Tests", *Washington Post*, 30 March 1968.
43. McCarthy, *The Ultimate Folly*, ix. Thanks to his aide, Wendell Pigman, McCarthy's book also reproduces documents from this time, such as the Eighteen Nations biological weapons treaty proposal.
44. Hersh, *Chemical and Biological Warfare*, 36. Among other journalists covering chemical and biological weapons issues were Phil Boffey, Anthony Lewis, Charles Mohr, Neil Sheehan, Robert M. Smith, and Nicholas Wade.
45. McCarthy noted that Venezuelan equine encephalitis virus was now found in Utah wildlife, far from its more typical Florida and Louisiana environments, and he questioned the environmental effects of open-air anthrax tests at Dugway and Eniewotok Atoll. McCarthy, *The Ultimate Folly*, 28—29.
46. Ibid., 102—108. McCarthy perhaps influenced his former colleague in the House of Representatives, Secretary of Defense Melvin Laird. On March 13, 1969, McCarthy personally insisted to Laird, with whom he had served in Congress, that he "wanted answers" about chemical and biological weapons (McCarthy, *The Ultimate Folly*, 140). On April 30, Laird requested that the NSC "immediately" issue a study of US chemical and biological warfare policy and programs (Laird, "Memorandum For: Assistant to the President for National Security Affairs", Secretary of Defense, 30 April 1969.) The NSC staff informed Kissinger that such a review was in process (Morton H. Halperin, "Memorandum for Dr. Kissinger. Subject: Memorandum to Secretary Laird on CBW Study", 7 May 1969, White House).
47. Primack and von Hippel, "Matthew Meselson and Federal Policy", 152—154. Frederick Seitz, president of NAS and head of the Defense Department's top science advisory committee, the Defense Science Board, picked Kistiakowsky to chair the panel. Kistiakowsky insisted on picking the panel's members and included Meselson. As a member of the NAS panel, Meselson discovered by a visit to the Rocky Mountain Arsenal that technicians there had considerable experience in dismantling and destroying chemical stockpiles.
48. Henry A. Kissinger and Bernard Brodie, *Bureaucracy, Politics and Strategy* (Los Angeles: Security Studies Project, 1968), 9.
49. Frank, "U. S. Arms Control Policymaking", 78—79. Frank bases this movement on his interviews with anonymous government officials. According to Frank, prior to Nixon's taking office, there was also momentum in the previous adminis-

tration to create a "Johnson peace legacy", which included the renunciation of biological weapons. If so, the opportunity to renounce biological warfare and renew treaty efforts effectively passed to Nixon.

50. Henry Kissinger, *The White House Years* (Boston: Little, Brown, 1979), 215—222. Kissinger describes Congress's trend toward military cutbacks and the Nixon administration's successes in financing the B-1 bomber, the Trident missile, and the cruise missile.
51. Walter Isaacson, *Kissinger: A Biography* (New York: Simon & Schuster, 1990), 204—205. Isaacson characterizes Nixon and Kissinger as two internationalists trying to scale back US responsibilities abroad to forestall full-blown isolationism in reaction to the Vietnam War.
52. McCarthy, *The Ultimate Folly*, 125.
53. "US Policy on Chemical and Biological Warfare and Agents", National Security Study Memorandum 59, National Security Council, 28 May 1969, 9.
54. Primack and von Hippel, "Matthew Meselson and Federal Policy", 150.
55. Matthew Meselson, "The United States and the Geneva Protocol of 1925", September 1969, author's personal files.
56. See Jonathan Tucker, "A Farewell to Germs: The U. S. Renunciation of Biological and Toxin Warfare, 1969—1970", *International Security* 27, no. 1 (2002): 107—148.
57. Interdepartmental Political-Military Group, "US Policy on Chemical and Biological Warfare and Agents: Report to the National Security Council", 10 November 1969.
58. See Han Swyter, "Political Considerations and Analysis of Military Requirements for Chemical and Biological Weapons", *Proceedings of the National Academy of Sciences* 65, no. 1 (January 1970): 261—270.
59. Frank, "U. S. Arms Control Policymaking", 117—122. This distinction was later reflected in the wording of National Security Decision Memorandum 39 of 25 November 1969, announcing Nixon's decision to renounce biological weapons.
60. Nixon's message is reproduced in McCarthy, *The Ultimate Folly*, 169—171. McCarthy (143—144) recounts that this phrase about revulsion was deleted from the press release copy he first received and, after he protested, reinserted as it had been in the original.
61. Richard M. Nixon, "Remarks Announcing Decisions on Chemical and Biological Defense Policies and Programs", 25 November 1969, White House.
62. Hersh, *Chemical and Biological Warfare*, 38. In 1968, McNamara had attempted a policy review, but the effort foundered in disagreements between different

State Department divisions; Frank, "U. S. Arms Control Policymaking", 64—65.

63. In the press conference after the November 25 announcement, where Kissinger spoke for the President, he handled all the questions about biological warfare expertly, stumbling only in his confusion about the definition of toxins. Later he would describe toxins as the issue that "fell between the bureaucratic cracks". See Frank, "U. S. Arms Control Policymaking", 280, and Tucker, "A Farewell to Germs", 136—138.
64. Matthew Meselson, "What Policy for Toxins", *Congressional Record*, 18 February 1979, E1042—E1043.
65. "British Working Paper on Microbiological Warfare", US Arms Control and Disarmament Agency, *Documents on Disarmament* 1968 (Washington, DC: US Government Printing Office, 1969), 570.
66. Susan Wright, "Evolution of Biological Warfare Policy", in Susan Wright, ed., *Preventing a Biological Arms Race* (Cambridge, MA: MIT Press, 1990), 41.
67. For the BWC text, see Wright, *Preventing a Biological Arms Race*, Appendix C, 370—376.
68. Primack and von Hippel, "Matthew Meselson and Federal Policy", 160; Matthew S. Meselson, Arthur H. Westing, John D. Constable, and James E. Cook, "Preliminary Report of the Herbicide Assessment Commission", paper presented at the AAAS Annual Meetings, Chicago, 30 December 1970; reprinted in the *Congressional Record* 118(1972): S3226—S3233.
69. Hearings Before the Committee on Foreign Relations, United States Senate, Ninety-Second Congress, First Session. "The Geneva Protocol of 1925" March 5, 16, 18, 19, 22, and 26 (Washington, DC: US Government Printing Office, 1972).
70. Ibid., "Statement of McGeorge Bundy, President, Ford Foundation", 183—194.
71. *U. S. Army Activity in the U. S. Biological Warfare Programs* 1 (24 February) (Washington, DC: Department of the Army, 1977), 227.
72. Frank, "U. S. Arms Control Policymaking", 285—290; Wright, "Evolution of Biological Warfare Policy", 42; see also Norman M. Covert, *Cutting Edge: A History of Fort Detrick, Maryland, 1943—1993* (Fort Detrick, MD): Public Affairs Office, 1993).
73. Hearings Before the Select Committee to Study Governmental Operations with Respect to Intelligence Activities of the United States Senate, Ninety-fourth Congress, First Session, vol. 1, "Unauthorized Storage of Toxic Agents" September 16, 17, and 18, 1975 (Washington, DC: US Government Printing Office,

1976).
74. See Raymond L. Garthoff, "Polyakov's Run", *Bulletin of the Atomic Scientists* 56, no. 5(2000):37—40.

第七章

1. To sidestep the dual-use problem in the chemical industry, the framers of the 1925 Geneva Protocol opted for the ban on use. Later, at the League of Nations Disarmament Conference in 1932, the delegates advised a ban on all preparations for chemical warfare, requiring state militaries to report regularly all activities that might be relevant to either chemical or biological weapons. Then, in 1933, the United Kingdom proposed a comprehensive prohibition of chemical and biological weapons, banning retaliatory use and procedures for onsite investigation of violations. But, following its widely criticized invasion of Manchuria, Japan quit the League of Nations, and Germany, under Adolf Hitler's leadership, soon followed. In January 1936, the League of Nations postponed any further convocation of the Disarmament Conference, and it never met again. Stockholm International Peace Research Institute(SIPRI), *The Problem of Chemical and Biological Warfare*, vol. 5, *The Prevention of CBW*(New York: Humanities Press, 1971), 141—146.
2. Ibid., vol. 4, *CB Disarmament Negotiations*, 1920—1970, 147—159.
3. The Russian State Military Archive, Yale University, for example, is a major collection of Soviet documents.
4. See Valentin Bojtzov and Erhard Geissler, "Military Biology in the USSR, 1920—1945", in Erhard Geissler and John Ellis van Courtland Moon, eds., *Biological and Toxin Weapons: Research, Development and Use from the Middle Ages to* 1945(New York: Oxford University Press, 1999), 153—167.
5. Col. Walter Hirsch, M. D., "Soviet BW and CW Preparations and Capabilities", US Army Chemical Intelligence Branch, 15 May 1951, Washington, DC(hereafter Hirsch Report).
6. Heinrich Kliewe, "Bacterial War"(translation of "Der Bakterienkrieg"), 19 January 1943, Alsos Mission, report No. C-H/303, War Department, Washington, DC, 1945.
7. On Pasechnik, see Simon Cooper, "Life in the Pursuit of Death", *Seed*, January/February 2003, 68—72, 104—107; Ken Alibek with Stephen Handelman, *Biohazard: The Chilling True Story of the Largest Covert Biological Weapons Program in the World*(New York: Random House, 1999); Igor V. Domaradskij and Wendy Orent, *Biowarrior: Inside the Soviet/Russian Biological War Machine*

(Amherst, NY: Prometheus Press, 2003).

8. Hirsch Report, 84—85; John Buckley, *Air Power in the Age of Total War* (Bloomington: Indiana University Press, 1999), 100—101.
9. According to a Fishman progress report noted in Bojtzov and Geissler, "Military Biology in the USSR", 159.
10. Sally Stoecker, *Forging Stalin's Army: Marshal Tukhachevsky and the Politics of Military Innovation* (Boulder, CO: Westview Press, 1998), 91—93.
11. Hirsch Report, 101.
12. Ivan Velikanov, "Bacterial Warfare", in *Sovietskaja wojennaja enzilopedija* [Soviet Military Encyclopedia] (Moscow, 1933), 2: 100—102; quoted in Bojtzov and Geissler, "Military Biology in the USSR", 155.
13. Hirsch Report, 84.
14. See David Jovarsky, *The Lysenko Affair* (Cambridge, MA: Harvard University Press, 1970); Valery N. Soyfer, *Lysenko and the Tragedy of Soviet Science*, trans. Leo Gruliow and Rebecca Gruliow (New Brunswick, NJ: Rutgers University Press, 1994).
15. Alibek, *Biohazard*, 37.
16. Domaradskij and Orent, "Memoirs", 248.
17. Anthony Rimmington, "The Soviet Union's Offensive Program: Implications for Contemporary Arms Control", in Susan Wright, ed., *Biological Weapons and Disarmament: New Problems* (New York: Rowman & Littlefield, 2001), 103—148. See also Alibek, *Biohazard*, 298—300. Production refers to growing the agents, not to loading munitions.
18. See Alibek, *Biohazard*, 300.
19. Ibid., 81.
20. Ibid., 234—235. Alibek centers on the US Army Medical Research Institute of Infectious Diseases (USAMRIID) as the source of Soviet suspicion, in addition to CIA defiance of Nixon's ban on biological weapons. He also links the US collusion with Japanese scientists directly to the building of the Sverdlovsk facility. See also Raymond L. Garthoff, "Polyakov's Run", *Bulletin of the Atomic Scientists* 56, no. 5 (2000): 37—40, for an analysis of US efforts to convince the Soviets of chemical and biological weapons threats.
21. See Alibek, *Biohazard*, 173.
22. Made before the Berlin Press Association, 13 September 1981, and published by the State Department as No. 311 in its series *Current Policy*. See also US Department of State Special Report No. 98, "Chemical Warfare in Southeast Asia and Afghanistan", 22 March 1982, and US Department of State Special Report

No. 104, "Chemical Warfare in Southeast Asia and Afghanistan: An Update", 11 November 1982.

23. Meselson had long been interested in expert investigations and treaty compliance. See Seymour Hersh, *Chemical and Biological Warfare: America's Hidden Arsenal* (Indianapolis: Bobbs-Merrill, 1968), 308.
24. J. Nowicke and M. Meselson, "Yellow Rain: A Palynological Analysis", *Nature* 309, no. 5965 (1984): 205—206.
25. T. D. Seeley, J. W. Nowicke, M. Meselson, J. Guillemin, and P. Akratanakul, "Yellow Rain", *Scientific American* 253, no. 3 (1985): 128—137.
26. Julian Robinson, Jeanne Guillemin, and Matthew Meselson, "Yellow Rain in Southeast Asia: The Story Collapses", *Foreign Policy* 68 (fall 1987): 108—112.
27. Bangkok telegram 27244, US Embassy to Defense Intelligence Agency, Washington, 30 May 1984, subject: CBW Samples: TH-840523-IDS Through 7DS.
28. Bangkok telegram 11615, US Embassy to Defense Intelligence Agency, Washington, 6 March 1984, subject: CBW Sample TH-840209-1DL through TH-840209-11DL Supplemental Record.
29. Memorandum for record dated 31 August 1981 from SGMI-SA, subject: Telephone conversation with Fred Celec, State Department. See Robinson, Guillemin, and Meselson, "Yellow Rain", 227.
30. Soon after Haig's speech, media attention was given to two unofficial analyses ABC-TV News had obtained a yellow rain sample and gave it to a Rutgers chemist, Joseph Rosen, for analysis. In December 1981, ABC announced a tricothecine finding, but its sample was later revealed as bee feces. See Nowicke and Meselson "Yellow Rain", 205—206.
31. Robinson, Guillemin, and Meselson, "Yellow Rain in Southeast Asia", 110.
32. *House of Commons Official Report* 98, no. 117, col. 92, written answers to questions, 19 May 1986.
33. Alibek (*Biohazard*, 126—131) recounts the death of a Soviet scientist from an accidental laboratory infection of Marburg virus.
34. Dr. Pyotr Burgasov, interview, *60 Minutes*, CBS News, 11 May 2003. Dr. Burgasov was Deputy Minister of Health during the 1979 Sverdlovsk anthrax epidemic and a key figure in its containment. See Jeanne Guillemin, *Anthrax: The Investigation of a Deadly Outbreak* (Berkeley: University of California Press, 1999), 11—22. See also Richard D. McCarthy, *The Ultimate Folly* (New York: Vintage, 1969), 28—29, on US program accidents.
35. Throughout the 1980s Meselson put together expert teams to go to Sverdlovsk,

only to have plans fail, due to Soviet reluctance (Guillemin, *Anthrax*, 92—93).

36. M. Meselson, J. Guillemin, M. Hugh-Jones, A. Langmuir, I. Popova, A. Shelokov, and O. Yampolskaya, "The Sverdlovsk Anthrax Outbreak of 1979", *Science* 266, no. 5188 (1994): 1202—1208; Guillemin, *Anthrax*; F A. Abramova, L. M. Grinberg, O. V. Yampolskaya, and D. H. Walker, "Pathology of Inhalational Anthrax from the Sverdiovsk Outbreak in 1979", *Proceedings of the National Academy of Sciences* 90 (1993): 2291—2293.
37. Alibek, *Biohazard*, 80—81.
38. See, for example, Joshua Lederberg, ed., *Biological Weapons: Limiting the Threat* (Cambridge, MA: MIT Press, 1999), 31, 44, 78, 104.
39. Delayed diagnosis also influenced the 1972 smallpox outbreak in Yugoslavia, another model for possible bioterrorist attack, and the 2001 anthrax postal attacks. See Jeanne Guillemin, "Bioterrorism and the Hazards of Secrecy: A History of Three Epidemic Cases", *Harvard Health Policy Review* 1, no. 4 (2003): 36—50.
40. Guillemin, *Anthrax*, 163—166.
41. In 2000, General Stanislov Petrov, former head of Soviet biological and chemical troops, and others blamed CIA sabotage for the Sverdlovsk anthrax epidemic and accused the Meselson team of concocting its data. S. Petrov, M. Supotnitiskiy, and S. Vey, "Biological Diversion in the Urals", *Nezavisimaya Gazeta*, 23 May 2001, FBIS (Federal Broadcast Information Service) translation. As of December 1999, the Russian Deputy Minister of Health remained on record that the Sverdlovsk epidemic was caused by the distribution of anthrax-infected meat. G. G. Ochinnikov et al., *Siberskaya Yazva* (Moscow: Vunmic, 1999), 218—219, 236—237.
42. Guillemin, *Anthrax*, 163. In 2003 Biopreparat still maintained its Moscow headquarters and its commercial promotion of medical technologies, with some employment of former Fifteenth Directorate officials (author's field notes, June 4, 2003).
43. Stepnogorsk, in Kazakhstan, was not included in this declaration, nor were other resources outside the Russian Federation. See "Former Soviet Biological Weapons Facilities in Kazakhstan: Past, Present, and Future", CNS Occasional Papers, Monterey Institute.
44. This phrase was eliminated from the US State Department translation.
45. On accords, see Anthony H. Cordesman, *Terrorism, Asymmetric Warfare, and Weapons of Mass Destruction* (Westport, CT: Praeger, 2002), 205—206.
46. See the following two overviews. Amy Smithson, *Toxic Archipelago: Preventing Proliferation from the Former Soviet Chemical and Biological Weapons Com-*

plexes(Washington, DC: Henry L. Stimson Center, 1999); and Anthony Rimmington, "From Offence to Defence? Russia's Reform of Its Military Microbiological Sector and the Implications for Western Security", *Journal of Slavic Military Studies*(March 2003):78—98.

47. A. P. Pomerantsev, N. A. Staritsin, Y. V. Mockov, and L. I. Marinin, "Expression of Cereolysine AB Genes in *Bacillus anthracis* Vaccine Strain Ensures Protection Against Experimental Hemolytic Anthrax Infection", *Vaccine* 15(December 1997): 1846—1850. The US media coverage of this research led to Pomerantsev's being temporarily restrained from returning to Russia from a trip to Japan; subsequently, by 2003, he was able to do research at the National Institutes of Health(personal communication).
48. Alibek, *Biohazard*, 121—122.
49. D. A. Henderson, "Pathogen Proliferation: Threats from the Former Soviet Bioweapons Complex", *Politics and the Life Sciences* 19, no. 1(2000):3—16.
50. Rimmington, "From Offence to Defence", 32. See Judith Miller, Stephen Engelberg, and William Broad, *Germs: Biological Weapons and America's Secret War* (New York: Simon & Schuster, 2001), 165—168.
51. David Kelly, "The Trilateral Agreement: Lessons for Biological Weapons Verification", in Trevor Findlay and Oliver Meier, eds., *The Verification Yearbook, 2002*(London: VERTIC, 2002), 98—102.
52. See Benoit Morel and Kyle Olson, eds., *Shadows and Substance: The Chemical Weapons Convention*(Boulder, CO: Westview), 1993; *Ad Hoc Group of Governmental Experts to Identify and Examine Potential Verification Measures from a Scientific and Technical Standpoint Report*, Geneva, 1993.
53. Oliver Thränert, "The Compliance Protocol and the Three Depository Powers", in Wright, *Biological Weapons and Disarmament*, 343—368.

第八章

1. *Ad Hoc Group of Governmental Experts to Identify and Examine Potential Verification Measures from a Scientific and Technical Standpoint Report* Geneva, 1993. See also Marie Isabelle Chevrier, "Preventing Biological Proliferation: Strengthening the Biological Weapons Convention", in Oliver Thränert, ed., *Prevening the Proliferation of Weapons of Mass Destruction: What Role for Arms Control?* (Berlin: Friedrich-Ebert-Stiftung, 1999) 85—98; Jonathan B. Tucker, "Strengthening the BWC: Moving Toward a Compliance Protocol", *Arms Control Today*, January/February 1998, 20—27.
2. See Richard A. Falkenrath, Robert D. Newman, and Bradley A. Thayer,

America's Achilles' Heel: Nuclear, Biological, and Chemical Terrorism and Covert Attack (Cambridge, MA: MIT Press, 1998); Anthony H. Cordesman, *Terrorism, Asymmetric Warfare, and Weapons of Mass Destruction* (Westport, CT: Praeger, 2002); Laura Drake, "Integrated Regional Approaches to Arms Control and Disarmament", in Susan Wright, ed., *Biological Warfare and Disarmament: New Problems/New Perspectives* (New York: Rowman & Littlefield, 2003), 151—180. As a general description of nuclear, chemical, and biological weapons, the term "weapons of mass destruction" requires explanation. Since it refers to weapons that can be or in the case of nuclear and biological weapons development have been aimed indiscriminately at civilians, it is used here and throughout the following chapters.

3. On modern "totalitarian" terrorism, see Michael Walzer, *Just and Unjust War: A Moral Argument with Historical Illustrations* (New York: Basic Books, 1980), 197—204.
4. Ulrich Beck, *Risk Society. Towards a New Modernity* (London: Sage, 1992), 76—78. See also Nicholas Benjamin King, "The Influence of Anxiety: September 11, Bioterrorism, and American Public Health", *Journal of the History of Medicine and Allied Sciences* 58, no. 4 (2003): 433—441.
5. Spencer R. Weart, *Nuclear Fear: A History of Images* (Cambridge, MA: Harvard University Press, 1988), 254—256. Weart describes the shelter movement collapsing within a year as the United States, United Kingdom, and Soviet Union moved to a new spirit of cooperation in 1963, following the Cuban missile crisis. He points out that the agreement not to test nuclear weapons in the atmosphere calmed the public but did not stop the arms race (259—260).
6. See Graham T. Allison and Philip Zelikow, *Explaining the Cuban Missile Crisis*, 2d ed. (Glenview, IL: Longman, 1999).
7. Rebecca S. Bjork, *The Strategic Defense Initiative: Symbolic Containment of the Nuclear Threat* (Albany: State University of New York Press, 1992), 52.
8. Ibid., 74—76. According to Bjork, SDI was considered as protection against threats from small states with long-range missile capacity (such as Iraq), especially by then Defense Secretary Richard Cheney. After the Gulf War, President George H. W. Bush redirected SDI toward providing protection from limited ballistic missile strikes (106—107). The public was not advised that SDI would give the US defensive cover for first or second nuclear strikes, and Reagan himself seemed unclear about the obviously destabilizing effect this system could have on world politics.
9. Brian Balmer, *Britain and Biological Warfare: Expert Advice and Science Policy*,

1930—1965(London: Palgrave, 2001), 72—73. See Barry S. Levy and Victor W. Sidel, *Terrorism and Public Health. A Balanced Approach to Strengthening Systems and Protecting People*(New York:Oxford University Press,2003),3—18.

10. Stuart E. Johnson, "Introduction", in Stuart E. Johnson, *The Niche Threat: Deterring the Use of Chemical and Biological Weapons*(Washington, DC: National Defense University Press, 1977), 3. In the same volume, see Brad Roberts, "Between Panic and Complacency: Calibrating the Chemical and Biological Warfare Problem", 9—42.
11. A comprehensive list of suspect countries, with bibliography, is contained in *Chemical and Biological Weapons: Possession and Programs Past and Present* (Monterey, CA: Monterey Institute of International Studies, 2002).
12. This overview is taken from Avner Cohen, "Israel and Chemical/Biological Weapons: History, Deterrence, and Arms Control", *The Nonproliferation Review* fall/ winter 2001, 27—53. Information about Israel's biological and chemical weapons activities, as with its nuclear weapons, has remained highly secret. The 1998 crash of an El Al plane near Amsterdam let to the discovery that a dual-use chemical for making sarin nerve gas had been on board. Israel was legally pressured to reveal the full nature of twenty tons of cargo, which burned after the crash and caused unusual sickness in the local community. Israel's refusal to comply brought attention to its chemical and biological programs, since the shipment appears to have been destined for IIBR. In 1998, the Institute became the focus of controversy when residents of Ness Ziona protested the center's planned expansion as an environmental hazard. The public protest, which halted the project, did not extend to the chemical and biological weapons program itself.
13. Michael Klare, *Rogue States and Nuclear Outlaws*(New York: Hill and Wang, 1995), 26—28.
14. Graham S. Pearson, *The UNSCOM Saga: Chemical and Biological Weapons Non-Proliferation*(New York: St. Martin's Press, 1999), 11. See also Raymond S. Zilinskas, "Iraq's Biological Weapons Program: The Past as Future?" *Journal of the American Medical Association* 278, no. 5(1997):418—424.
15. Stephen Black, "Investigating Iraq's Biological Weapons Program", in Joshua Lederberg, ed., *Biological Weapons: Limiting the Threat*(Cambridge, MA: MIT Press, 1999), 159—163.
16. Ibid.
17. United Nations, "UNSCOM/IAEA Interview with General Kamal", 22 August 1995, 7. See also Hans Blix, *Disarming Iraq*(New York: Pantheon, 2004), 29—30.

18. Richard Butler, *The Greatest Threat: Iraq, Weapons of Mass Destruction, and the Crisis of Global Security*(New York: Public Affairs, 2000).
19. Scott Ritter, *Endgame: Solving the Iraq Problem——Once and for All* (New York: Simon & Schuster, 1999). Butler addresses Ritter's resignation in *The Greatest Threat*, 178—185.
20. United Nations, *UNSCOM's Comprehensive Review: Status of Verification of Iraq's Biological Warfare Programme* (New York: United Nations, 1998), annex C, item 15.
21. Two senior UNSCOM participants were David Kelly from the United Kingdom and Nikita Smidovich from Russia, who had also been part of the tripartite exchange.
22. United Nations, *UNSCOM's Comprehensive Review*, item 175.
23. Butler, *The Greatest Threat*, 157—159.
24. Chandré Gould and Peter Folb, *Project Coast: Apartheid's Chemical and Biological Warfare Program* (Geneva: United Nations Institute for Disarmament Research, 2002), 11.
25. Ian Martinez, "The History of the Use of Bacteriological and Chemical Agents during Zimbabwe's Liberation War of 1965—1980 by Rhodesian Forces", *Third World Quarterly* 23, no. 6(2002): 1159—1179.
26. Chandré Gould and Peter Folb, "The Rollback of the South African Biological Weapons Program", *INSS Occasional Paper* 37, February 2001, 1—114; Gould and Folb, *Project Coast*, 203. Basson also hired Larry Ford, an American physician who was a right-wing extremist and collaborated on medical projects with Basson. Ford committed suicide at his home in California in 2000. After his death, authorities discovered a small arsenal of conventional weapons, a large container of potassium cyanide, and stores of three pathogens, for cholera, typhoid fever, and brucellosis.
27. See Gould and Folb, *Project Coast*, 223—230.
28. See Paul Farmer, *Pathologies of Power: Health, Human Rights, and the New War on the Poor*(Berkeley: University of California Press, 2002).
29. John V. Parachini, "The World Trade Center Bombers (1993)", in Jonathan Tucker, ed., *Toxic Terror: Assessing Terrorist Use of Chemical and Biological Weapons*(Cambridge, MA: MIT Press, 2000), 185—226.
30. Cordesman, *Terrorism, Asymmetric Warfare, and Weapons of Mass Destruction*, 7, 247—249. Terrorist loners, like McVeigh and the so-called Unabomber, Theodore Kaczynski, alerted the FBI to individuals who might be bioterrorists.
31. Daniel Benjamin and Steven Simon, *The Age of Sacred Terror*(New York: Ran-

dom House, 2003), 230.

32. Jonathan B. Tucker and Jason Pate, "The Minnesota Patriots Council (1991)", in Jonathan B. Tucker, ed., *Toxic Terror: Assessing Terrorist Use of Chemical and Biological Weapons* (Cambridge, MA: MIT Press, 2002), 159—184.
33. Jessica Eve Stern, "Larry Wayne Harris (1998)", in Tucker, *Toxic Terror*, 227—246.
34. See David E. Kaplan and Andrew Marshall, *The Cult at the End of the World* (New York: Crown, 1996); Robert Jay Lifton, *Destroying the World in Order to Save It* (New York: Metropolitan Books, 1999).
35. Seth Carus, "The Rajneeshees (1984)", in Tucker, *Toxic Terror*, 115—137.
36. The US Senate held hearings on the Aum Shinrikyo, the testimony for which was contested by Milton Leitenberg. See 1995 *Hearings on Global Proliferation of Weapons of Mass Destruction: A Case Study of the Aum Shinrikyo, Oct. 31* (Washington, DC: US Government Printing Office, 1995), 41—44, and *US Senate 1996 Committee on Government Affairs Global Proliferation of Weapons of Mass Destruction, Part I* (Washington, DC: US Government Printing Office, 1996), 273—276.
37. Testimony, February 4, 1999. Senate Committee on Appropriations Subcommittee for the Departments of Commerce, Justice, and State, the Judiciary, and Related Agencies.
38. See the balanced analysis in Mark Juergensmeyer, *Terror in the Mind of God: The Global Rise of Religious Violence* (Berkeley: University of California Press, 2000).
39. Quoted in Gideon Rose, "It Could Happen Here: Facing New Terrorism", *Foreign Affairs* 78, no. 2 (1999): 131—137.
40. Walter Laqueur, *The New Terrorism: Fanaticism and the Arms of Mass Destruction* (New York: Oxford University Press, 1999).
41. Samuel P. Huntington, *The Clash of Civilizations and the Remaking of World Order* (New York: Simon & Schuster, 1996).
42. Benjamin and Simon, *The Age of Sacred Terror*, 256—262.
43. Ibid., 357—359; Butler, *The Greatest Threat*, 212—213.
44. On preemptive war, accidental causes, and evidence, see Stephen Van Evera *Causes of War: Power and the Roots of Conflict* (Ithaca, NY: Cornell University Press, 1999), 42—43.
45. Benjamin and Simon, *The Age of Sacred Terror*, 236—239, 265; Judith Miller, Stephen Engelberg, and William Broad, *Germs: Biological Weapons and America's Secret War* (New York: Simon & Schuster, 2001), 231—233; Clarke,

Against All Enemies, 198—204.

46. Richard Danzig, "Biological Warfare: A Nation at Risk—A Time to Act", *INSS Strategic Forum* 58 (Washington, DC: National Defense University, January 1996); Richard Danzig and Pamela B. Berkowsky, "Why Should We Be Concerned About Biological Warfare?" *Journal of the American Medical Association*278, no. 5(1997): 431—432.
47. Lederberg, a government insider, did not sign the 1966 Meselson-Edsall petition and was ambivalent about the US ratification of the Geneva Protocol as it might limit military options to use chemicals in war. See Joshua Lederberg, "Letter and Enclosed Statement to Senator J. W. Fulbright", *Hearings on Geneva Protocol of 1925*, *Committee on Foreign Relations*, *US Senate*(Washington, DC: US Printing Office, 1972), 425—427. See also Miller, Engelberg, and Broad, *Germs*, 140.
48. Joshua Lederberg, "Mankind Had a Near Miss from a Mystery Pandemic", *Washington Post*, 7 September 1968.
49. Quoted in C. J. Peters and Mark Olshaker, *Virus Hunter: Thirty Years of Battling Hot Viruses Around the World*(New York: Anchor Books, 1997), 298.
50. Miller, Engelberg, and Broad, *Germs*, 223—234.
51. Ibid., 198—199.
52. Ibid., 198.
53. Leonard A. Cole, "Risk of Publicity about Bioterrorism: Anthrax Hoaxes and Hype", *American Journal of Infection Control* 27 (December 1999): 470—473. Some of the aggression was free-floating, against co-workers or estranged partners; some was directed against Jews and abortion clinics. A handful involved boys who wanted to get out of school for a day. The highly publicized arrest in February 1998 of Larry Wayne Harris helped spur the hoaxes as well.
54. Editorial, "Thwarting Tomorrow's Terrors", *New York Times*, 23 January 1999. Despite the Act, the US military has a spotty history of being deployed to quell civil unrest, as in 1932 when it stopped the protest of World War I veterans for benefits and in 1943 when it put down black riots in Detroit. In 1968, after Martin Luther King was assassinated, 21 000 soldiers were dispersed to American cities to maintain civil order, and in 1992 Marines were sent to Los Angeles to protect police in the Rodney King riots.
55. Amy E. Smithson and Leslie-Anne Levy, *Ataxia: The Chemical and Biological Terrorism Threat and the US Response* (Washington, DC: Henry L. Stimson Center, 2000), 154.
56. Tara O'Toole and Thomas Inglesby of the Johns Hopkins Center for Civilian

Biodefense Studies and Randy Larsen and Mark DeMier of Analytic Services (ANSER) are listed as principal designers. The Center for Strategic and International Studies and the Memorial Institute for the Prevention of Terrorism were cosponsoring organizations. See Tara O'Toole, Michael Mair, and Thomas V. Inglesby, "Shining Light on 'Dark Winter'", *Clinical Infectious Diseases* 34 (2002):972—983.

57. Martin I. Meltzer, Inger Damon, James W. LeDuc, and J. Donald Millar, "Modeling Potential Responses to Smallpox as a Bioterrorist Weapon", *Emerging Infectious Diseases* 7, no. 6 (2001):959—969; Thomas Mack, "A Different View of Smallpox and Vaccination", *New England Journal of Medicine* 348, no. 5 (2003), 1—4. For a critique from Porton, see Raymond Ganl and Steve Leach, "Transmission Potential of Smallpox in Contemporary Populations", *Nature* 414, no. 13 (2001):748—751.
58. "FEMA's Role in Managing Bioterrorism Attacks and the Impact of Public Health Concerns on Bioterrorism Preparedness", U. S. Senate Government Affairs Subcommittee Hearing on International Security, Proliferation and Federal Services, 23 July 2001. The Bush administration proved more supportive of vaccine production and stockpiling than the Clinton administration. See Cordesman, *Terrorism, Asymmetric Warfare, and Weapons of Mass Destruction*, 252—269.
59. Robert J. Blendon, Catherine M. Des Roches, John M. Benson, Melissa J. Hermann, et al., "The Public and the Smallpox Threat", *New England Journal of Medicine* 348, no. 5 (2002):426—432.
60. David Koplow, *Smallpox: The Fight to Eradicate a Global Scourge* (Berkeley: University of California Press, 2003), 193—204; Jonathan Tucker, *Scourge: The Once and Future Threat of Smallpox* (New York: Atlantic Monthly Press, 2001), 190—230.
61. Tucker, *Scourge*, 182.
62. Ibid., 201.
63. National Institute of Medicine, *Assessment of Future Scientific Needs for Live Variola Virus* (Washington, DC: National Academy Press, 1999).
64. John Duffy, *The Sanitarians: A History of American Public Health* (Urbana: University of Illinois Press, 1990). Noting that the United States is well below other countries in measures of public health, Duffy observes, "This fact can be accounted for in part by America's firm commitment to rugged individualism and personal liberty and to the general suspicion of government controls" (313—314). See also Laurie Garrett, *Betrayal of Trust: The Collapse of Global Public Health* (New York: Hyperion, 2000).

65. Donna Shalala, head of HHS, stated, "This is the first time in American history in which the public health system has been directly integrated into the national security system". US White House Office of the Press Secretary transcript of press briefing, 22 January 1999, with Janet Reno, Attorney General, Donna Shalala, Secretary of Health and Human Services, and Richard Clarke, President's National Coordinator for Security, Infrastructure, and Counterterrorism.
66. Victor W. Sidel, "Defense Against Biological Weapons: Can Immunization and Secondary Prevention Succeed?" in Wright, *Biological Warfare and Disarmament*, 77—101. See also Barry S. Levy and Victor W. Sidel, "Challenges that Terrorism Poses to Public Health", in *Terrorism and Public Health: A Balanced Approach to Strengthening Systems and Protecting People* (New York: Oxford University Press, 2003), 3—18.
67. Jeanne Guillemin, "Soldiers' Rights and Medical Risks: The Protest Against Universal Anthrax Vaccinations", *Human Rights Review*1, no. 4 (2000): 124—139; and "Medical Risks and the Volunteer Army", in Pamela R. Frese and Margaret C. Harrell, *Anthropology and the United States Military: Coming of Age in the Twenty-first Century* (New York: Palgrave, 2003), 29—44.
68. Jeanne Guillemin, "Bioterrorism and the Hazards of Secrecy: A History of Three Epidemic Cases", *Harvard Health Policy Review* 4, no. 1(2003): 36—50.

第九章

1. Judith Miller, Stephen Engelberg, and William Broad, *Germs: Biological Weapons and America's Secret War* (New York: Simon & Schuster, 2001), 293.
2. A. P. Pomerantsev, N. A. Staritsin, Y. V. Mockov, and L. I. Marinin, "Expression of Cereolysine AB Genes in *Bacillus anthracis* Vaccine Strain Ensures Protection against Experimental Hemolytic Anthrax lnfection", *Vaccine* 15 (December 1997): 1846—1850.
3. Miller, Engelberg, and Broad, *Germs*, 310.
4. Susan Wright and Richard Falk, "Rethinking Biological Disarmament", in Susan Wright, ed., *Biological Warfare and Disarmament: New Problems/New Perspectives* (New York: Rowman & Littlefield, 2002), 413—440.
5. John Steinbrunner, "Confusing Ends and Means: The Doctrine of Coercive Preemption", *Arms Control Today* 33, no. 1 (2003): 3—5. Hans Blix, head of UNMOVIC, agreed and gave his perspective in detail in *Disarming Iraq* (New York: Pantheon), 2004.
6. Bob Woodward, *Bush at War* (New York: Simon & Schuster, 2003), 48—49; Richard A. Clarke, *Against All Enemies: Inside America's War on Terror* (New

York: Free Press, 2004), 30—33, 264—273.

7. See John Cassidy, "Letter from London: The David Kelly Affair", *New Yorker*, 8 December 2003.

8. Seth Carus, "Prevention Through Counter-Proliferation", in Ray Zilinskas, ed., *Biological Warfare: Modern Offense and Defense* (Boulder, CO: Lynne Rienner, 1999), 194—196.

9. In his speech Blix reviewed the history, including the December 1999 UN resolution 1284 that asked for cooperation in return for lifting sanctions, which Iraq ignored. Associated Press, "Text of the U. N. Monitoring, Verification and Inspection Commission Executive Chairman Hans Blix's statement to the United Nations on Monday on weapons inspections in Iraq", 27 January 2003. For his fuller account, see Blix, *Disarming Iraq*, 145—150.

10. Blix, *Disarming Iraq*, 151—178.

11. Hearing of the Senate Armed Services Committee: Iraqi Weapons of Mass Destruction, January 28, 2004. David Kay testified, regarding Saddam's arsenal, "We were almost all wrong".

12. On the Bush speech, see Christopher Marquis, "How Powerful Can 16 Words Be?" *New York Times*, 20 July 2003.

13. Amy E. Smithson and Leslie-Anne Levy, *Ataxia: The Chemical and Biological Terrorism Threat and the US Response* (Washington DC: Henry L. Stimson Center, 2000); General Accounting Office, *Bioterrorism: Federal Research and Preparedness Activities* GAO-01-915 (Washington, DC: General Accounting Office), September 2001; Richard A. Falkenrath, "Problems of Preparedness: U. S. Readiness for a Domestic Terrorist Attack", *International Security* 25, no. 4 (spring 2001): 147—186; *Report of the Commission to Assess the Organization of the Federal Government to Combat the Proliferation of Weapons of Mass Destruction* (Washington, DC: US Government Printing Office, 1999). Falkenrath was on the White House staff as a contributor to the framing of the Homeland Security Act of 2003.

14. Information on the anthrax postal attacks is based on the author's field and literature research October 2001 through July 2003. See Jeanne Guillemin, "Bioterrorism and the Hazards of Secrecy: A History of Three Epidemic Cases", *Harvard Health Policy Review* 4, no. 1 (2003): 36—50. An overview of the 2001 anthrax attacks by the author is in the 2004 World Health Organization publication *Public Health Response to Biological and Chemical Weapons: WHO Guidance*, appendix 4. 3 (98—108) "The Deliberate Release of Anthrax Spores though the United States Postal System". See also Leonard A. Cole, *The Anthrax Letters: A*

Medical Detective Story (Washington, DC: National Academies Press, 2003); Marilyn W. Thompson, *The Killer Strain: Anthrax and a Government Exposed* (New York: HarperCollins, 2003).

15. B. Kournikakis, S. J. Armour, C. A. Boulet, M. Spence, and B. Parsons, "Risk Assessment of Anthrax Threat Letters Defence", Research Establishment Suffield (DRES TR-2001-048), September 2001.
16. Scott Shane, "Md. Experts' Key Lessons on Anthrax Go Untapped", *Baltimore Sun*, 4 November 2001.
17. Matthew Meselson, "Note Regarding Source Strength", *ASA Newsletter*, 21 December 2001, 10—11.
18. Daniel B. Jernigan, Pratima L. Raghunathan, Beth P. Bell, Ross Brechner, et al., "Investigation of Bioterrorism-Related Anthrax, United States. Epidemiologic Findings", *Emerging and Infectious Disease* 8, no. 10 (2002): 1019—1028.
19. Philip S. Brachman, "The Public Health Response to the Anthrax Epidemic", in Barry S. Levy and Victor W. Sidel, eds., *Terrorism and Public Health: A Balanced Approach to Strengthening Systems and Protecting People* (New York: Oxford University Press, 2003), 101—117. See Diane Vaughan's analysis of the "normalization of deviance", *The Challenger Launch Decision: Risky Technology, Culture, and Deviance at NASA* (Chicago: University of Chicago Press, 1997); and James R. Chiles, *Inviting Disaster: Lessons from the Edge of Technology* (New York: HarperCollins, 2002).
20. US Department of Homeland Security, *Homeland Security Exercise and Evaluation Program*, vol. I, *Overview and Doctrine* (Washington, DC: Department of Homeland Security, Office of Domestic Preparedness, 2003).
21. Ibid., appendix I, 5.
22. Advisory Panel to Assess Domestic Response Capabilities for Terrorism Involving Weapons of Mass Destruction, *Fourth Annual Report*, *Implementing the National Strategy* (Washington, DC: National Defense Research Institute, 2002), appendix P, 1—3.
23. For an overview of federal agencies tasked to WMD antiterrorism, see Anthony H. Cordesman, *Terrorism, Asymmetric Warfare, and Weapons of Mass Destruction* (Westport, CT: Praeger, 2002), 275—372.
24. Benjamin Riley, "Information Sharing in Homeland Security and Homeland Defense: How the Department of Defense Is Helping", *Journal of Homeland Security*, September 2003, 6. New exercises with NORTHCOM are promised that will be larger and more geographically dispersed than past demonstrations.
25. See James G. Hodge Jr. and Lawrence O. Gostin, "Protecting the Public's

Health in an Era of Bioterrorism", in Jonathan A. Moreno, ed. , *In the Wake of Terror: Medicine and Morality in a Time of Crisis* (Cambridge, MA: MIT Press, 2003), 17—32.

26. For example, Anthony Fauci argued that preparations against bioterrorism should include "classic public health activities at the federal and local levels" including hospital and public health facilities. "Foreword", in Donald A. Henderson, Thomas V. Inglesby, and Tara O'Toole, eds. , *Bioterrorism: Guidelines for Medical and Public Health Management* (Chicago: AMA Press, 2002), vii—viii.
27. Richard Pilch, "Smallpox: The Disease versus the Vaccine", Center for Non-Proliferation Studies, Monterey Institute of International Studies, 3 February 2003.
28. Emily Martin, *Flexible Bodies: The Role of Immunity in American Culture from the Days of Polio to the Age of AIDS* (Boston: Beacon Press, 1994), 196—203; see also Mary Douglas on the immune system and society, "The Self as Risk-taker", in *Risk and Blame: Essays in Cultural Theory* (London: Routledge, 1992), 102—121.
29. Richard V. Neustadt and Harvey V. Feinberg, *The Swine Flu Affair: Decision Making on a Slippery Slope* (Washington, DC: US Department of Health, Education, and Welfare, 1978); Arthur M. Silverstein, *Pure and Impure Science: The Swine Flu Affair* (Baltimore: Johns Hopkins University Press, 1981).
30. Victor Sidel, Meryl Nass, and Todd Ensign, "The Anthrax Dilemma", *Medicine and Global Security* 2, no. 5 (1998): 97—104. See also Institute of Medicine, *Anthrax Vaccine: Is It Safe? Does It Work?* (Washington, DC: National Academy Press, 2002) 92—105. Unlike the live vaccines used in Russia and China, AVA (anthrax vaccine adsorbed) is acellular. By subcutaneous injection, it introduces into the body one of the three anthrax toxin proteins, PA (protective antigen), which, with aluminum hydroxide, stimulates antibodies. Six inoculations over an eighteen-month period seem to produce full immunity; even three shots might convey nearly complete resistance, although tests of human inhalational anthrax are lacking. As critics have pointed out, the vaccine's long-term effects were never studied; relatively few people had taken it. In June 2002 the Bush administration announced the stockpiling of AVA for civilian use. See also Arthur Friedlander, S. L. Welkos, M. L. Pitt, J. W. Ezzell, et al. , "Postexposure Prophylaxis against Experimental lnhalational Anthrax", *Journal of Infectious Diseases* 167, no. 5 (1993): 691—702.
31. C. Dixon, *Smallpox* (London: J & A Churchill, 1962), 1460.
32. Dryvax was manufactured in the 1980s from calf lymph containing live *vaccinia*

virus, much less virulent than smallpox virus. It contained four antibiotics (polymeric B, streptomycin, tetracycline, and neomycin) and was diluted with glycerin and phenol. If in limited supply, the vaccine could be diluted and still offer protection.

33. For an early report of this possible side effect, see J. B. Dalgaard, "Fatal Myocarditis Following Smallpox Virus", *American Heart Journal* 54 (1957): 156—157.
34. John Bartlett, Luciana Borio, Lew Radonovich, Julie Samia Mair, et al., "Smallpox Vaccination in 2003: Key Information for Clinicians", *Clinical Infectious Diseases* 36 (2003): 883—902. This article covers legal liability issues, which are protective of those who administer the vaccine, and outlines the recent Israeli smallpox vaccination campaign in which fifteen thousand people, almost all healthcare workers, were vaccinated. The lead authors and the journal section editors for this article are from the Johns Hopkins Center for Civilian Biodefense Strategies, which later moved to University of Pittsburgh Medical Center and became the Center for Biosecurity.
35. Public Health Security and Bioterrorism Preparedness and Response Act of 2002, Public Law 107—188.
36. Anthony Fauci, "An Expanded Biodefense Role for the National Institutes of Health", *Journal of Homeland Security* (April 2002): 1—3.
37. The Patriot Act had delegated the control of select biological agents to the Attorney General, with HHS as an advisor.
38. Editorial, "The End of Innocence?" *Nature* 414 (15 November 2001): 236.

第十章

1. Graham S. Pearson, "Biological Weapons: The British View", in Brad Roberts, ed., *Biological Weapons: Weapons of the Future?* (Washington, DC: CSIS, 1993) 7—18. See also Malcolm Dando, *The New Biological Weapons: Threat, Proliferation, and Control* (Boulder, CO: Lynne Rienner, 2002); and Mark Wheelis and Malcolm Dando, "Back to Bioweapons?" *Bulletin of the Atomic Scientists* 59 (2003): 40—46.
2. See Jessica Stern, "Dreaded Risks and the Control of Biological Weapons", *International Security* 27, no. 3 (2003): 89—123.
3. Bob Woodward, *Bush at War* (New York, Simon & Schuster, 2003), 293.
4. Susan Wright, "Introduction", in Susan Wright, ed., *Biological Warfare and Disarmament: New Problems/New Perspectives* (New York: Rowman & Littlefieid, 2002), 3—24.

5. Daniel Feakes, "Global Civil Society and Biological and Chemical Weapons", in Helmut Anheier, Marlies Glasius, and Mary Kaldor, eds., *Global Civil Society Yearbook* 2003 (Oxford: Oxford University Press, 2003), 87—117.
6. Douglas J. MacEachin, "Routine and Challenge: Two Pillars of Verification", *The CBW Conventions Bulletin* 39 (March 1998): 1—3.
7. Susan Wright and David Wallace, "Secrecy in the Biotechnology Industry", in Wright, *Biological Warfare and Disarmament*, 369—390.
8. See Sheila Jasanoff, "Three Cultures and the Regulation of Technology", in Martin Bauer, ed., *Resistance to New Technology: Nuclear Power, Information Technology, and Biotechnology* (Cambridge: Cambridge University Press, 1995), 311—334.
9. Associated Press, "Pharmaceutical Companies Sue South Africa over Patent Law", 5 March 2001. The suit was later dropped and an import agreement reached. Within a month, five major companies announced a cooperative project with the WHO: "United Nations Secretary-General to Lead Fight Against AIDS", Press Release SG/2070, AIDS4, 4 April 2001.
10. See Ulrich Beck, *Risk Society: Towards a New Modernity* (London: Sage, 1992): 76. From this German perspective, the public gets a say in technical matters and businesses may find themselves "on the witness bench" or "locked in the pillory".
11. Not all biotechnology leaders agreed. A former US Army Medical Research Institute of Infectious Diseases (USAMRIID) physician who started his own biotechnology company wrote to *Science* in support of the BWC compliance measures. See Thomas Monath and Lance Gordon, "Strengthening the Biological Weapons Convention", *Science* 282 (20 November 1998): 1423. A conference at the Stimson Center in Washington, DC, showed that individual executives were more amenable than PhRMA's position suggested. Stimson Center, *Compliance Through Science: US Pharmaceutical Industry Experts on a Strengthened Bioweapons Nonproliferation Regime* (Washington, DC: Stimson Center, 2002).
12. On chemical industry support, see the editorial, "The CWC and the BWC. Yesterday, Today, and Tomorrow", *CBW Conventions Bulletin* 50 (December 2000): 1—2.
13. "News Chronology", *The CBW Conventions Bulletin* 57 (September 2002): 47.
14. Nicholas A. Sims, "A Proposal for Putting the 26 March 2005 Anniversary to Best Use for the BWC", *The CBW Conventions Bulletin* 62 (December 2003): 1—6.

15. Angela Woodward, *Time to Lay Down the Law: National Legislation to Enforce the BWC* (London: VERTIC, 2003), 13. Article IV reads, "Each State Party to this Convention shall, in accordance to its constitutional processes, take any necessary measures to prohibit and prevent the development, production, stockpiling, acquisition or retention of the agents, toxins, weapons, equipment and means of delivery specified in article I of the Convention, within the territory of such State, under its jurisdiction or under its control anywhere". In Wright, *Biological Warfare and Disarmament*, 372.
16. Matthew Meselson and Julian Perry Robinson, "Draft Convention to Prohibit Biological and Chemical Weapons Under International Criminal Law", in R. Yepes-Enriquez and L. Tabassi, eds., *Treaty Enforcement and International Cooperation in Criminal Matters* (The Hague: OPCW, 2002), 457—469.
17. Rome Statute of the International Criminal Court, Article 8. A/CONF183/9*, 17 July 1998.
18. See Julian Perry Robinson, "Chemical and Biological Weapons Proliferation and Control", in Elizabeth Clegg, Paul Eavis, and John Thurlow, eds., *Proliferation and Export Controls: An Analysis of Sensitive Technologies and Countries of Concern* (London: Deltac Limited and Saferworld, 1995), 29—53.
19. US Department of State, "Proliferation Security Initiative: Statement of Interdiction Principles", 4 September 2003.
20. John Bolton, Under Secretary of State, "Proliferation Brief", 2 December 2003, Institute for Foreign Policy Analysis, Washington, DC. Available with other information on arms control at the website of the Carnegie Endowment for International Peace, http://www.ceip.org.
21. John D. Steinbrunner and Elisa D. Harris, "Controlling Dangerous Pathogens", *Issues in Science and Technology* (spring 2003): 47—54; see also Jonathan Tucker, "Regulating Scientific Research of Potential Relevance to Biological Warfare", in Michael Barletta, ed., *After 9/11: Preventing Mass-Destruction Terrorism and Weapons Proliferation* (Monterey, CA: Monterey Center for Nonproliferation Studies, 2002), 24—27; and Claire M. Fraser and Malcolm R. Dando, "Genomics and Future Biological Weapons: The Need for Preventative Action by the Biomedical Community", *Nature Genetics* 29 (2001): 253—265.
22. Oliver Thränert, "The Compliance Protocol and the Three Depository Powers", in Wright, *Biological Weapons and Disarmament*, 343—368.
23. Monica Schoch-Spana, "Educating, Informing, and Mobilizing the Public", in Barry S. Levy and Victor W. Sidel, eds., *Terrorism and Public Health: A Balanced Approach to Strengthening Systems and Protecting People* (New York:

Oxford University Press, 2003), 118—135.

24. Thomas Schelling, "Foreword", in Roberta Wohlstetter, *Pearl Harbor: Warning and Decision* (Stanford, CA: Stanford University Press, 1967), viii.
25. Martin S. Smolinski, Margaret A. Hamburg, and Joshua Lederberg, eds., *Microbial Threats to Health: Emergence, Detection, and Response* (Washington, DC: National Academies Press, 2003), 59—157. The full list of shared risks is: microbial adaptation and change, human susceptibility to infection, climate and weather, changing ecosystems, human demographics and behavior, economic development and land use, international travel and commerce, technology and industry, breakdown of public health measures, poverty and social inequality, war and famine, lack of political will, and intent to harm (bioterrorism).
26. Paul Farmer, *Pathologies of Power: Health, Human Rights, and the New War on the Poor* (Berkeley: University of California Press, 2003). See also Amartya Sen, *Poverty and Famines* (Oxford: Clarendon Press, 1981) and *Inequality Reexamined* (New York: Russell Sage Foundation, 1992).
27. See Barry R. Bloom, "Bioterrorism and the University", *Harvard Magazine* 106, no. 2 (2001): 48—52. Bloom balances public health realities against the potential bioterrorist threat.
28. The American Association for the Advancement of Science publishes yearly summaries of federal research and development funding.
29. Bernadette Tansey and Erin McCormick, "Feinstein Backs Bill for Government Tracking System", *San Francisco Chronicle*, 12 November 2001.
30. NSDD-189: "Where the national security requires control, the mechanism for control of information generated during federally funded fundamental research in science, technology, and engineering...is classification."
31. R. J. Jackson, A. I. Ramsay, C. D. Christensen, S. Beaton, et al., "Expression of Mouse Interleukin-4 by a Recombinant Ectromelia Virus Suppresses Cytolytic Lymphocyte Responses and Overcomes Genetic Resistance to Mousepox", *Journal of Virology* 75 (2001): 1205—1210; J. Cello, A. V. Paul, and E. Wimmer, "Chemical Synthesis of Poliovirus cDNA: Generation of Infectious Virus in the Absence of Natural Template", *Science* 297 (2002): 1016—1018; A. M. Rosengrad, Y. Liu, Z. Nie, and R. Jimenez, "Variola Virus Immune Evasion Design: Expression of a Highly Efficient Inhibitor of Human Complement", *Proceedings of the National Academy of Science* 99 (2002): 8808—8813.
32. Journal Editors and Authors Group, "Statement on Scientific Publication and Security", *Science* 299, no. 5610 (2003): 1149.
33. National Research Council (NRC) Committee on Research Standards and Prac-

tices to Prevent the Destructive Application of Biotechnology, *Biotechnology in an Age of Terrorism: Confronting the Dual Use Dilemma* (Washington, DC: National Academy Press, 2003), 14.

34. NRC, *Biotechnology Research in an Age of Terrorism.*
35. The other experiments are those that would confer resistance to therapeutic interventions, enhance pathogen virulence or increase its transmissibility, alter its host range, assist in its capacity to go undetected, or improve its suitability as a weapon agent. NRC, *Biotechnology Research in an Age of Terrorism*, 4.
36. Ibid., 9.
37. Maxine Singer, "The Challenge to Science: How to Mobilize American Ingenuity", in Strobe Talbott and Nayan Chanda, eds., *The Age of Terror: America and the World After September 11* (New York: Basic Books, 2001), 195—218.
38. NRC, *Biotechnology Research in an Age of Terrorism*, 14.
39. Daniel Patrick Moynihan, *Secrecy: The American Experience* (New Haven, CT: Yale University Press, 1998), 227.

新知文库

01 《证据：历史上最具争议的法医学案例》[美]科林·埃文斯 著　毕小青 译
02 《香料传奇：一部由诱惑衍生的历史》[澳]杰克·特纳 著　周子平 译
03 《查理曼大帝的桌布：一部开胃的宴会史》[英]尼科拉·弗莱彻 著　李响 译
04 《改变西方世界的 26 个字母》[英]约翰·曼 著　江正文 译
05 《破解古埃及：一场激烈的智力竞争》[英]莱斯利·亚京斯 著　黄中宪 译
06 《狗智慧：它们在想什么》[加]斯坦利·科伦 著　江天帆、马云霏 译
07 《狗故事：人类历史上狗的爪印》[加]斯坦利·科伦 著　江天帆 译
08 《血液的故事》[美]比尔·海斯 著　郎可华 译
09 《君主制的历史》[美]布伦达·拉尔夫·刘易斯 著　荣予、方力维 译
10 《人类基因的历史地图》[美]史蒂夫·奥尔森 著　霍达文 译
11 《隐疾：名人与人格障碍》[德]博尔温·班德洛 著　麦湛雄 译
12 《逼近的瘟疫》[美]劳里·加勒特 著　杨岐鸣、杨宁 译
13 《颜色的故事》[英]维多利亚·芬利 著　姚芸竹 译
14 《我不是杀人犯》[法]弗雷德里克·肖索依 著　孟晖 译
15 《说谎：揭穿商业、政治与婚姻中的骗局》[美]保罗·埃克曼 著　邓伯宸 译　徐国强 校
16 《蛛丝马迹：犯罪现场专家讲述的故事》[美]康妮·弗莱彻 著　毕小青 译
17 《战争的果实：军事冲突如何加速科技创新》[美]迈克尔·怀特 著　卢欣渝 译
18 《口述：最早发现北美洲的中国移民》[加]保罗·夏亚松 著　暴永宁 译
19 《私密的神话：梦之解析》[英]安东尼·史蒂文斯 著　薛绚 译
20 《生物武器：从国家赞助的研制计划到当代生物恐怖活动》[美]珍妮·吉耶曼 著　周子平 译
21 《疯狂实验史》[瑞士]雷托·U·施奈德 著　许阳 译
22 《智商测试：一段闪光的历史，一个失色的点子》[美]斯蒂芬·默多克 著　卢欣渝 译
23 《第三帝国的艺术博物馆：希特勒与"林茨特别任务"》[德]哈恩斯—克里斯蒂安·罗尔 著　孙书柱、刘英兰 译
24 《茶：嗜好、开拓与帝国》[英]罗伊·莫克塞姆 著　毕小青 译
25 《路西法效应：好人是如何变成恶魔的》[美]菲利普·津巴多 著　孙佩妏、陈雅馨 译
26 《阿司匹林传奇》[英]迪尔米德·杰弗里斯 著　暴永宁 译
27 《美味欺诈：食品造假与打假的历史》[英]比·威尔逊 著　周继岚 译
28 《英国人的言行潜规则》[英]凯特·福克斯 著　姚芸竹 译
29 《战争的文化》[美]马丁·范克勒韦尔德 著　李阳 译
30 《大背叛：科学中的欺诈》[美]霍勒斯·弗里兰·贾德森 著　张铁梅、徐国强 译

31 《多重宇宙：一个世界太少了？》[德]托比阿斯·胡阿特、马克斯·劳讷 著　车云 译

32 《现代医学的偶然发现》[美]默顿·迈耶斯 著　周子平 译

33 《咖啡机中的间谍：个人隐私的终结》[英]奥哈拉、沙德博尔特 著　毕小青 译

34 《洞穴奇案》[美]彼得·萨伯 著　陈福勇、张世泰 译

35 《权力的餐桌：从古希腊宴会到爱丽舍宫》[法]让—马克·阿尔贝 著　刘可有、刘惠杰 译

36 《致命元素：毒药的历史》[英]约翰·埃姆斯利 著　毕小青 译

37 《神祇、陵墓与学者：考古学传奇》[德]C. W. 策拉姆 著　张芸、孟薇 译

38 《谋杀手段：用刑侦科学破解致命罪案》[德]马克·贝内克 著　李响 译

39 《为什么不杀光？种族大屠杀的反思》[法]丹尼尔·希罗、克拉克·麦考利 著　薛绚 译

40 《伊索尔德的魔汤：春药的文化史》[德]克劳迪娅·米勒—埃贝林、克里斯蒂安·拉奇 著　王泰智、沈惠珠 译

41 《错引耶稣：〈圣经〉传抄、更改的内幕》[美]巴特·埃尔曼 著　黄恩邻 译

42 《百变小红帽：一则童话中的性、道德及演变》[美]凯瑟琳·奥兰丝汀 著　杨淑智 译

43 《穆斯林发现欧洲：天下大国的视野转换》[美]伯纳德·刘易斯 著　李中文 译

44 《烟火撩人：香烟的历史》[法]迪迪埃·努里松 著　陈睿、李欣 译

45 《菜单中的秘密：爱丽舍宫的飨宴》[日]西川惠 著　尤可欣 译

46 《气候创造历史》[瑞士]许靖华 著　甘锡安 译

47 《特权：哈佛与统治阶层的教育》[美]罗斯·格雷戈里·多塞特 著　珍栎 译

48 《死亡晚餐派对：真实医学探案故事集》[美]乔纳森·埃德罗 著　江孟蓉 译

49 《重返人类演化现场》[美]奇普·沃尔特 著　蔡承志 译

50 《破窗效应：失序世界的关键影响力》[美]乔治·凯林、凯瑟琳·科尔斯 著　陈智文 译

51 《违童之愿：冷战时期美国儿童医学实验秘史》[美]艾伦·M·霍恩布鲁姆、朱迪斯·L·纽曼、格雷戈里·J·多贝尔 著　丁立松 译

52 《活着有多久：关于死亡的科学和哲学》[加]理查德·贝利沃、丹尼斯·金格拉斯 著　白紫阳 译

53 《疯狂实验史Ⅱ》[瑞士]雷托·U·施奈德 著　郭鑫、姚敏多 译

54 《猿形毕露：从猩猩看人类的权力、暴力、爱与性》[美]弗朗斯·德瓦尔 著　陈信宏 译

55 《正常的另一面：美貌、信任与养育的生物学》[美]乔丹·斯莫勒 著　郑嬿 译

56 《奇妙的尘埃》[美]汉娜·霍姆斯 著　陈芝仪 译

57 《卡路里与束身衣：跨越两千年的节食史》[英]路易丝·福克斯克罗夫特 著　王以勤 译

58 《哈希的故事：世界上最具暴利的毒品业内幕》[英]温斯利·克拉克森 著　珍栎 译

59 《黑色盛宴：嗜血动物的奇异生活》[美]比尔·舒特 著　帕特里曼·J·温 绘图　赵越 译

60 《城市的故事》[美]约翰·里斯 著　郝笑丛 译